新能源类专业教学资源库建设配套教材

继电保护技术

韩俊峰 王 爱 主编
班淑珍 杨文菊 杨 晨 张美荣 副主编
戴裕崴 主审

化学工业出版社
·北京·

内容简介

《继电保护技术》根据高职类新能源专业人才的培养目标及“继电保护技术”课程标准编写，以必要、必需为原则，精简理论教学的篇幅，把重点集中于应用方面，保证有足够的实践学时，有利于学生培养实践能力，解决实际工作中所遇到的问题。全书共分为六个学习项目，介绍了继电保护基本认知、电力系统线路、电力变压器、发电机、电动机、母线等多种设备部件的保护技术。

全书采用丰富的实例与图表，为读者构建了一个完整而清晰的继电保护专业技术体系，适合作为高等职业院校相关专业的教学用书，也可供从事继电保护工作的工程技术人员和相关专业人员参考。

图书在版编目（CIP）数据

继电保护技术/韩俊峰，王爱主编. —北京：化学工业出版社，2022.2

新能源类专业教学资源库建设配套教材

ISBN 978-7-122-40456-5

Ⅰ.①继… Ⅱ.①韩…②王… Ⅲ.①继电保护-高等职业教育-教材 Ⅳ.①TM77

中国版本图书馆CIP数据核字（2022）第013323号

责任编辑：葛瑞祎　刘　哲　　装帧设计：韩　飞

责任校对：宋　玮

出版发行：化学工业出版社（北京市东城区青年湖南街13号　邮政编码100011）

印　　装：大厂聚鑫印刷有限责任公司

787mm×1092mm　1/16　印张11½　字数280千字　2022年3月北京第1版第1次印刷

购书咨询：010-64518888　　售后服务：010-64518899

网　　址：http://www.cip.com.cn

凡购买本书，如有缺损质量问题，本社销售中心负责调换。

定　　价：36.00元

新能源类专业教学资源库建设配套教材

建设单位名单

天津轻工职业技术学院（牵头单位）
佛山职业技术学院（牵头单位）
酒泉职业技术学院（牵头单位）

（以下按照汉语拼音排列）
包头职业技术学院
常州轻工职业技术学院
哈尔滨职业技术学院
湖南电气职业技术学院
兰州职业技术学院
乐山职业技术学院
秦皇岛职业技术学院
衢州职业技术学院

新能源类专业教学资源库建设配套教材

序

随着传统能源日益紧缺，新能源的开发与利用得到世界各国的广泛关注，越来越多的国家采取鼓励新能源发展的政策和措施，新能源的生产规模和使用范围正在不断扩大。《京都议定书》签署后，新的温室气体减排机制将进一步促进绿色经济以及可持续发展模式的全面进行，新能源将迎来一个发展的黄金年代。

当前，随着中国的能源与环境问题日趋严重，新能源开发利用受到越来越高的关注。新能源一方面可以作为传统能源的补充，另一方面可以有效降低环境污染。我国新能源开发利用虽然起步较晚，但近年来也以年均超过 25% 的速度增长。自《可再生能源法》正式生效后，政府陆续出台一系列与之配套的行政法规和规章来推动新能源的发展，中国新能源行业进入发展的快车道。

中国在新能源和可再生能源的开发利用方面已经取得显著进展，技术水平已有很大提高，产业化已初具规模。

新能源作为国家加快培育和发展的战略性新兴产业之一，国家已经出台和即将出台的一系列政策措施，将为新能源发展注入动力。随着投资光伏、风电产业的资金、企业不断增多，市场机制不断完善，"十三五"期间光伏、风电企业将加速整合，我国新能源产业发展前景乐观。

2015 年根据教育部教职成函【2015】10 号文件《关于确定职业教育专业教学资源库 2015 年度立项建设项目的通知》，天津轻工职业技术学院联合佛山职业技术学院和酒泉职业技术学院以及分布在全国的 10 大地区、20 个省市的 30 个职业院校，建设国家级新能源类专业教学资源库，得到了 24 个行业龙头、知名企业的支持，建设了 18 门专业核心课程的教育教学资源。

新能源类专业教育教学资源库开发的 18 门课程，是新能源类专业教学中应用比较广、涵盖专业知识面比较宽的课程。18 本配套教材是资源库海量颗粒化资源应用的一个方面，教材利用资源库平台，采用手机 APP 二维码调用资源库中的视频、微课等内容，充分满足学生、教师、企业人员、社会学习者时时、处处学习的需求，大量的资源库教育教学资源可以通过教材的信息化技术应用到全国新能源相关院校的教学过程，为我国职业教育教学改革做出贡献。

戴裕崴

2017 年 6 月 5 日

前 言

“继电保护技术”课程是一门理论性、技术性、适用性及实践性都很强的专业核心课，课程适合采用理实一体化的教学模式，培养学生从“应知”到“应能”的学习过程，通过学习使学生达到巩固理论知识和培养职业道德综合目标。

本教材服务于“继电保护技术”课程，具有鲜明的职业教育特色，注重从实际出发，理实一体，适合高职的人才培养目标。本教材通过六个学习项目全面系统地阐述了继电保护的基础知识、线路保护、变压器保护、发电机保护、电动机保护以及母线保护。

本教材根据高职类新能源专业人才的培养目标及“继电保护技术”课程标准编写，以必要、必需为原则，精简理论教学的篇幅，把重点集中于应用方面，保证有足够的实践学时，有利于学生培养实践能力，解决实际工作中所遇到的问题。

本书由韩俊峰、王爱担任主编，班淑珍、杨文菊、杨晨、张美荣担任副主编，戴裕崴担任主审。具体编写分工如下：学习项目一由包头职业技术学院王爱编写，学习项目二由包头职业技术学院韩俊峰编写，学习项目三由包头轻工职业技术学院班淑珍编写，学习项目四由包头职业技术学院张美荣编写，学习项目五由内蒙古电力（集团）有限责任公司培训中心杨晨编写，学习项目六由新疆职业大学杨文菊、国电电力内蒙古新能源开发有限公司康宏共同编写，附录 1 由康宏提供并整理，附录 2 由国电电力内蒙古新能源开发有限公司苏国梁、李学峰提供并整理。

本教材突出基本知识和基本技能，适合作为高等职业院校相关专业的教学用书，也适合从事继电保护工作的工程技术人员和相关专业人员参考。

由于编者水平有限，疏漏之处在所难免，恳请各位专家和广大读者不吝指正。

编者

目 录

学习项目 一

继电保护技术的基本认知

技能目标

1. 了解继电保护课程的重要性及其相应的岗位职能；

2. 熟知继电保护的任务及其工作原理；

3. 掌握继电保护的四性要求，能够正确分析其工作情况及互相之间的配合；

4. 对断路器、隔离开关的控制与信号回路能正确分析；

5. 能正确分析电压及电流互感器的各种接线方式及其工作性能；

6. 会进行互感器工作特性的测试。

任务 1.1 电力系统继电保护技术的基本知识

继电保护基本认识

1.1.1 电力系统继电保护的基本概念

(1) 电力系统的概念

电力系统的概念有以下两种说法。

① 由生产和输送电能的设备所组成的系统叫电力系统，例如发电机、变压器、母线、输电线路、配电线路等，或者简单说由发、变、输、配、用所组成的系统叫电力系统。

② 有的情况下把一次设备和二次设备统一叫做电力系统。

一次设备：直接生产电能和输送电能的设备，例如发电机、变压器、母线、输电线路、断路器、电抗器、电流互感器、电压互感器等。

二次设备：对一次设备的运行进行监视、测量、控制、信息处理及保护的设备，例如仪表、继电器、自动装置、控制设备、通信及控制电缆等。

(2) 电力系统最关注的问题

由于电力系统故障的后果是十分严重的，它可能直接造成设备损坏、人身伤亡，破坏电力系统安全稳定运行，从而直接或间接地给国民经济带来难以估计的巨大损失，因此电力系统最为关注的是：安全可靠、稳定运行。

(3) 电力系统的三种工况

正常运行状态；故障状态；不正常运行状态。而继电保护主要是在故障状态和不正常运行状态起作用。

① 故障状态　最常见也是最危险的故障是发生各种形式的短路，其次是系统断路及复合故障。

危害：故障点通过很大的短路电流（为负载电流的几倍或几十倍）；短路电流通过电源到短路点的非故障元件，由于发热和电动力的作用（如线路间力的作用）使它们损坏或缩短使用寿命，功能降低；使电压大大下降，供电质量下降，影响用户工作的稳定性（大面积停电），破坏电力系统并列运行的稳定性，引起系统振荡。

② 不正常运行状态　电力系统中电气设备不能正常工作，但未发生故障。

a. 过负荷：负荷超过电气设备额定值，即负载上升，R 下降，负荷电流上升，大于额定电流，即 $I_{fh}>I_N$（载流部分和绝缘材料温度上升，加速绝缘的老化损坏，可能会发展为故障）。

b. 过电压：发电机突然甩负荷或急剧下降。R 上升，I 下降

$$U=E_a-I_aR_a\uparrow \tag{1-1}$$

c. 系统频率下降（低周状态）。

d. 发生轻微振荡。

系统发生事故的原因：自然条件因素（如雷击等）；设备设计不合理，使正常的电流偏离；设备制造或安装中的缺陷，维护不及时造成的绝缘损坏；误操作（带电切刀闸等）及人为因素。

1.1.2　继电保护的任务与作用

继电保护包括继电保护技术和继电保护装置。继电保护技术是一个完整的体系，它主要由电力系统故障分析、继电保护原理及实现、继电保护配置设计、继电保护运行及维护等技术构成。继电保护装置是完成继电保护功能的核心。

继电保护装置：反应电力系统中电气元件发生故障或不正常运行状态，并动作于断路器跳闸或发出信号的一种自动装置（反故障自动装置）。

(1) 继电保护装置基本任务

① 发生故障时，自动、迅速、有选择地将故障元件从电力系统中切除，使非故障部分继续运行。

② 反应电气元件的不正常运行状态，并根据运行维护的条件而动作于信号，以便值班员及时处理，或由装置自动进行调整，或将那些继续运行就会引起损坏或发展成为事故的电气设备予以切除。

③ 继电保护装置还可以与电力系统中的其他自动化装置配合，在条件允许时，采取预定措施，缩短事故停电时间，尽快恢复供电，从而提高电力系统运行的可靠性。

(2) 继电保护装置的分类

① 主保护　反应被保护元件自身的故障并以尽可能短的延时，有选择性地切除故障的保护称为主保护（被保护元件内部发生各种短路故障时）。

一般都希望故障能够被主保护动作切除。据我国某系统统计，最近十年中 220kV 线路的主保护动作次数占全部保护动作次数的 83.7%，154kV 线路主保护动作次数占 76.3%。

② 后备保护　当主保护拒动时起作用，从而动作于相应断路器以切除故障元件。

③ 近后备保护　当主保护拒动时，由本电力设备或线路的另一套保护来实现后备的保

护，装设在本元件断路器处，动作时限比主保护长。当断路器拒绝动作时，由断路器失灵保护实现后备保护。

④ 远后备保护　当主保护或断路器拒动时，由相邻电力设备或线路的保护来实现的后备保护。装设在相邻上一元件断路器处，动作时限比近后备保护时限还要长，故障范围扩大。

1.1.3　继电保护的基本原理及组成

（1）继电保护的组成

为完成继电保护所完成的任务，保护装置应该有能够正确地区分系统正常运行与发生故障或不正常运行状态之间的区别，以实现保护。因此保护装置应由测量部分、逻辑部分及执行部分三部分组成，如图 1.1 所示。

图 1.1　继电保护装置的组成

① 测量部分：测量被保护对象输入的模拟信号，并和已给定的整定值进行比较，从而判断是否应该启动。

② 逻辑部分：根据测量信号部分输出信号的性质（大小顺序等），使被保护按一定的逻辑关系工作，最后确定是否发出跳闸信号。

③ 执行部分：根据逻辑部分送来的信号，执行相应的任务。即：

a. 故障时，动作与跳闸；

b. 不正常运行时，发出信号；

c. 正常运行时，不动作。

（2）继电保护的基本原理

继电保护的原理是利用被保护设备故障前后模拟量的突变，越过门槛电压（阈电压）或电流等其他模拟量时，经逻辑判别环节发出跳闸命令或中央信号。在一般情况下，发生短路之后总是伴随着 I 增大，U 减小（$U=E_a-I_dR_a$）和线路起始端距故障点的阻抗 I 下降，以及相位角的变化。因此，根据电力系统发生故障或不正常运行状态前后这些基本参数的突变为基础构成不同原理的继电保护。

发生短路故障后，利用电流、电压、线路测量阻抗、电压电流间相位、负序和零序分量的出现等的变化，构成相应的保护。如过电流及电流速断保护、低电压及电压速断保护、功率方向保护、序分量保护、距离保护、差动保护、高频保护等。

反应非工频电气量的保护主要有超高压输电线路的行波保护、电力变压器的气体（瓦斯）保护、电力变压器绕组温度过高的过负荷保护等。

对于反应电气元件不正常运行情况的继电保护，主要根据不正常运行情况时电压和电流变化特征来构成。

1.1.4　对继电保护的基本要求

对动作于跳闸的继电保护，在技术上一般应满足四个基本要求：选择性、速动性、灵敏性、可靠性，即保护四性。

对四性的评价：以上四条基本要求，选择性是关键，灵敏性必须足够高，速动性达到要求即可，最重要的是必须满足可靠性的要求。

(1) 选择性

选择性是指电力系统发生故障时，保护装置仅将故障元件切除，而非故障元件仍能正常运行，以尽量缩小停电范围，如图 1.2 所示。

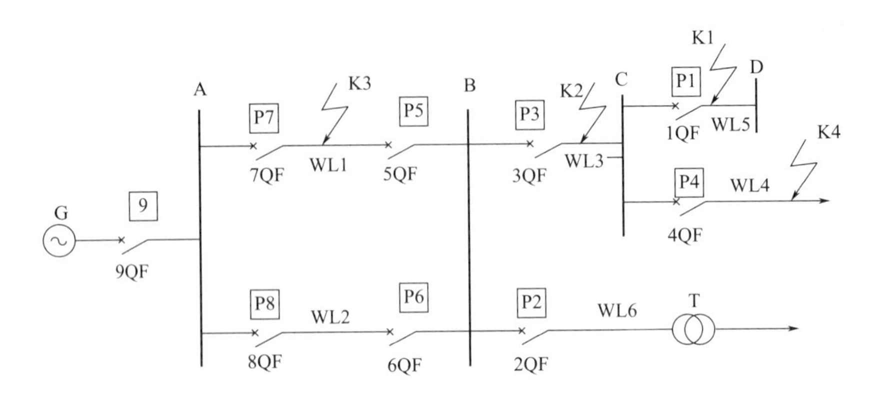

图 1.2 电力系统继电保护

当 K3 点发生短路故障时，应由故障线路 WL1 上的保护 P7 和 P5 动作，将故障线路 WL1 切除，这时变电所 B 则仍可由非故障线路 WL2 继续供电。当 K4 点发生短路故障时，应由线路的保护 P4 动作，使断路器 4QF 跳闸，将故障线路 WL4 切除，这时只有 WL4 停电。由此可见，继电保护有选择性地动作可将停电范围限制到最小，甚至可以做到不中断对用户的供电。

考虑后备保护的问题。当 K1 点发生短路故障时，距短路点最近的保护 P1 应动作切除故障 WL5，但由于某种原因，该处的保护或断路器拒动，故障便不能消除，此时如其前面一条线路（靠近电源侧）的保护 P3 动作，故障也可消除。此时保护 P3 所起的作用就称为相邻元件的远后备保护。同理保护 P5 和 P6 又应该作为保护 P3 的远后备保护。如 K1 点故障，保护 1 装置两套保护装置即主保护和近后备保护，当主保护拒动时，可用近后备保护切除故障线路 WL5。

选择性就是故障点在区内就动作，区外不动作。当主保护未动作时，由近后备或远后备切除故障，使停电面积最小。因远后备保护比较完善（对保护装置 DL、二次回路和直流电源等故障所引起的拒绝动作均起后备作用）且实现简单、经济，应优先采用。

① 主保护　是指装设在本元件断路器处并瞬时动作的保护。一般都希望故障能够被主保护动作切除。

② 后备保护　后备保护可分为近后备和远后备两种。

a. 近后备：装设在本元件断路器处，动作时限比主保护长。当本元件主保护拒动时，才由近后备保护动作来切除故障。

b. 远后备：装设在相邻上一元件断路器处，动作时限比近后备保护时限还要长。当本元件的保护或开关拒动时，利用相邻元件的远后备保护切除故障。

③ 辅助保护　起辅助作用的保护。如为消除方向继电器的电压死区或为加速切除靠近母线附近的线路故障而加装的电流速断保护。

（2）速动性

速动性指快速切除故障，提高系统并列运行的稳定性；减少用户在低电压下的动作时间；减少故障元件的损坏程度，避免故障进一步扩大。

故障切除时间包括保护装置和断路器动作时间，一般快速保护的动作时间为0.06～0.12s，最快的可达0.02～0.04s，一般断路器的跳闸时间为0.06～0.15s，最快的可达0.02～0.06s。

（3）灵敏性

灵敏性是指电气设备或线路在被保护范围内发生故障或不正常运行情况时，保护装置的反应能力。保护装置的灵敏性，通常用灵敏系数来衡量，灵敏系数越大，则保护的灵敏度就越高，反之就越低。

（4）可靠性

可靠性指发生了属于保护应该动作的故障，它能可靠动作，即不发生拒绝动作（拒动）；而在不该动作时，它能可靠不动，即不发生错误动作（简称误动）。

影响可靠性的因素有内在的和外在的。内在的指装置本身的质量，包括元件好坏、结构设计的合理性、制造工艺水平、内外接线是否简明、触点多少等；外在的指运行维护水平、调试是否正确、安装是否正确。

上述四个基本要求是分析研究继电保护性能的基础，也是贯穿全课程的一个基本线索。在它们之间既有矛盾的一面，又有在一定条件下统一的一面。

1.1.5　继电保护技术的发展

① 首先出现了反应电流超过一预定值的过电流保护。熔断器就是最早的、最简单的过电流保护。由于电力系统的发展，熔断器已不能满足选择性和快速性的要求，于是出现了专门作用于断流装置（断路器）的过电流继电器。

② 1890年出现了装于断路器上直接反应一次短路电流的电磁型过电流继电器。20世纪初随着电力系统的发展，继电器才开始广泛应用于电力系统的保护。这个时期可认为是继电保护技术发展的开端。

③ 1901年出现了感应型过电流继电器。

④ 1908年提出了比较被保护元件两端电流的电流差动保护原理。

⑤ 1910年方向性电流保护开始得到应用，在此时期也出现了将电流与电压相比较的保护原理。

⑥ 在1927年前后，出现了利用高压输电线上高频载波电流传送和比较输电线两端功率方向或电流相位的高频保护装置。

⑦ 20世纪50年代，微波中继通信开始应用于电力系统，从而出现了利用微波传送和比较输电线两端故障电气量的微波保护。在1975年前后诞生了行波保护装置。

⑧ 20世纪80年代后，计算机技术融合到继电保护中，形成了微机型继电保护。

继电保护技术的发展如图1.3所示。

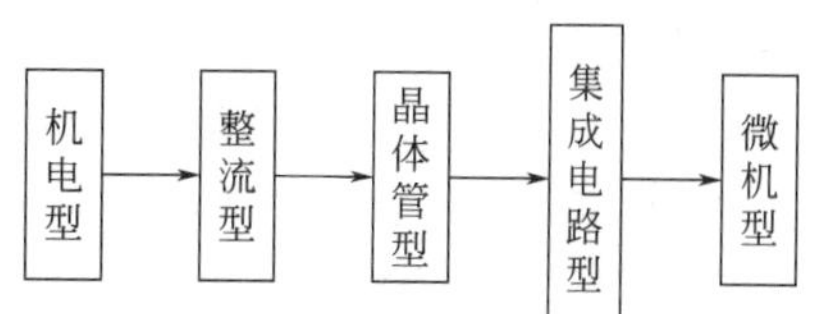

图1.3　继电保护技术的发展

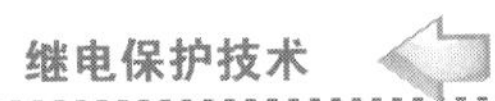

习 题

一、填空题

1. 电力系统相间短路的形式有________短路和________短路。

2. 电力系统接地短路的形式有________接地短路和________接地短路。

3. 电力系统发生相间短路时，________大幅度下降，________明显增大。

4. 电力系统发生故障时，继电保护装置应________，电力系统出现不正常工作时，继电保护装置一般应________。

5. 在电力系统继电保护装置中，由于采用了电子电路，就出现了________型和________型继电保护装置。

6. 继电保护的选择性是指继电保护动作时，只能把________从系统中切除________继续运行。

7. 电力系统切除故障的时间包括________时间和________的时间。

8. 继电保护的灵敏性是指其对________发生故障或不正常工作状态的________。

9. 继电保护的可靠性是指保护在应动作时________，不应动作时________。

10. 继电保护装置一般由测量部分、________和________组成。

二、判断题

1. 电力系统发生故障时，继电保护装置如不能及时动作，就会破坏电力系统运行的稳定性。（ ）

2. 电气设备过负荷时，继电保护应将过负荷设备切除。（ ）

3. 电力系统继电保护装置通常应在保证选择性的前提下，使其快速动作。（ ）

4. 电力系统故障时，继电保护装置只发出信号，不切除故障设备。（ ）

5. 继电保护装置的测量部分是测量被保护元件的某些运行参数与保护的整定值进行比较。（ ）

三、选择题

1. 我国继电保护技术发展先后经历了五个阶段，其发展顺序依次是（ ）。

A. 机电型、晶体管型、整流型、集成电路型、微机型

B. 机电型、整流型、集成电路型、晶体管型、微机型

C. 机电型、整流型、晶体管型、集成电路型、微机型

2. 电力系统最危险的故障是（ ）。

A. 单相接地　　B. 两相短路　　C. 三相短路

3. 电力系统短路时最严重的后果是（ ）。

A. 电弧使故障设备损坏　　B. 使用户的正常工作遭到破坏

C. 破坏电力系统运行的稳定性

4. 继电保护的灵敏系数 K_{lm} 要求（ ）。

A. $K_{lm}<1$　　B. $K_{lm}=1$　　C. $K_{lm}>1$

5. 线路保护一般装设两套，两套保护的作用是（ ）。

A. 主保护　　B. 一套为主保护，另一套为后备保护

C. 后备保护

6. 对于反应故障时参数增大而动作的继电保护，计算继电保护灵敏系数时，应用（ ）。

A. 保护区末端金属性短路　　B. 保护区首端金属性短路

C. 保护区内任何一点金属性短路

7. 对于过电流保护，计算保护灵敏系数时，应用（　　）。

A. 三相短路　　B. 两相短路　　C. 两者都可以

8. 对于反应故障时参数减小而动作的继电保护，计算灵敏系数时应用（　　）。

A. 故障参数的最大计算值　B. 故障参数的最小计算值　C. 两者都可以

四、简答题

1. 电力系统短路可能产生什么样的后果？

2. 继电保护的基本任务是什么？

3. 后备保护的作用是什么？何谓近后备保护和远后备保护？

4. 利用电力系统正常运行和故障时参数的差别，可以构成哪些不同原理的继电保护？

五、分析题

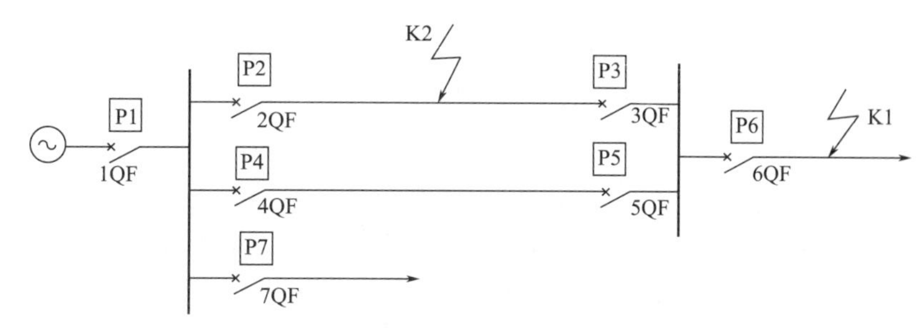

习题图 1

1. 结合四性，分析 D1 和 D2 点发生故障，保护应该怎样动作？

2. 图示网络中，各断路器装有继电保护装置 P1～P7，试回答下列问题：

（1）K1 点短路，如 6QF 拒动，保护如何动作？

（2）K2 点短路，保护如何动作？又如保护 3 拒动，由保护 1 动作跳开 1QF，保护是否有选择性？如 2QF 拒动，由保护 1 动作，保护是否有选择性？

任务 1.2　二次图的基本认识

1.2.1　二次回路的基本知识

（1）二次设备

对一次设备进行测量、保护、监视、控制和调节的设备称为二次设备。它包括测量仪表、继电保护、控制和信号装置等。二次设备通过电压互感器和电流互感器与一次设备相互关联。

（2）二次回路

二次回路是由二次设备组成的回路，它包括交流电压回路、交流电流回路、断路器控制和信号直流回路、继电保护回路以及自动装置直流回路等。二次回路是一个具有多种功能的复杂网络，其内容包括高压电气设备和输电线路的控制、调节、信号、测量与监视、继电保护与自动装置、操作电源等回路。

（3）二次接线图

二次接线图是用二次设备特定的图形符号和文字符号来表示二次设备相互连接情况的电气接线图。

1.2.2 二次接线图的形式

(1) 原理接线图

在原理接线图中，有关的一次设备及回路同二次回路一起画出，所有的电气元件都以整体形式表示，且画有它们之间的连接回路。二次接线图中常见文字符号新旧对照见表1.1。

表1.1 二次接线图中常见文字符号新旧对照

序号	元件名称	新符号	旧符号	序号	元件名称	新符号	旧符号
1	电流继电器	KA	LJ	23	光字牌	HL	GP
2	电压继电器	KV	YJ	24	蜂鸣器	HA	FM
3	时间继电器	KT	SJ	25	电铃	HA	DL
4	中间继电器	KM	ZJ	26	按钮	SB	AN
5	信号继电器	KS	XJ	27	复归按钮	SB	FA
6	温度继电器	KT	WJ	28	音响信号解除按钮	SB	YJA
7	瓦斯继电器	KG	WSJ	29	试验按钮	SB	YA
8	继电保护出口继电器	KCO	BCJ	30	连接片	XB	LP
9	自动重合闸继电器	KRC	ZCJ	31	切换片	XB	QP
10	合闸位置继电器	KCC	HWJ	32	熔断器	FU	RD
11	跳闸位置继电器	KCT	TWJ	33	断路器及其辅助触点	QF	DL
12	闭锁继电器	KCB	BSJ	34	隔离开关及其辅助触点	QS	G
13	监视继电器	KVS	JJ	35	电流互感器	TA	LH
14	脉冲继电器	KM	XMJ	36	电压互感器	TV	YH
15	合闸线圈	YC	HQ	37	直流控制回路电源小母线	+ —	+KM −KM
16	合闸接触器	KM	HC	38	直流信号回路电源小母线	700 −700	+XM −XM
17	跳闸线圈	YT	TQ	39	直流合闸电源小母线	+ —	+HM −HM
18	控制开关	SA	KK	40	预告信号小母线(瞬时)	M709 M710	1YBM 2YBM
19	转换开关	SM	ZK	41	事故音响信号小母线(不发遥信)	M708	SYM
20	一般信号灯	HL	XD	42	辅助小母线	M703	FM
21	红灯	HR	HD	43	“掉牌未复归”光字牌小母线	M716	PM
22	绿灯	HG	LD	44	闪光母线	M100(+)	(+)SM

注：差动继电器——KD；功率继电器——KP；阻抗继电器——KZ。

图形符号中的触电状态如下。

① 失电状态：指电气元件线圈尚未通电的状态。

② 原始状态：指电气元件线圈已投入工作，但尚未使该元件动作的状态。例如，电流

互感器二次回路中的电流继电器在正常工作时属于此状态。

③ 工作状态：指电气元件动作时的状态。例如，电气一次系统发生短路时电流继电器动作。继电器是各种继电保护装置的基本组成元件。继电器的工作特点（继电特性）是：表征外界现象的输入量达到整定值时，其输出电路中的被控电气量将发生预定的阶跃变化。图1.4为某线路的过电流保护原理接线图。

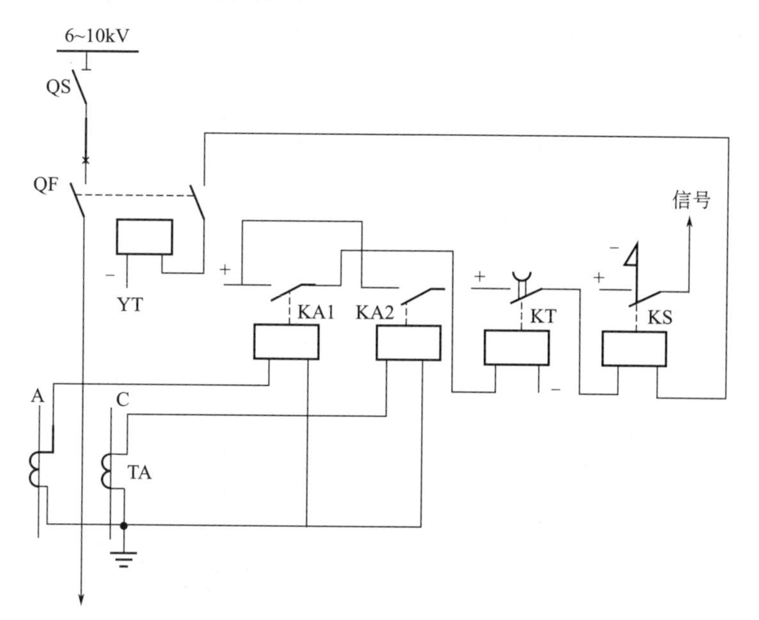

图 1.4　过电流保护原理接线图

KA1，KA2—接于交流 A 相（第一相）和 C 相（第三相）的电流继电器；KT—时间继电器；KS—信号继电器；YT—断路器 QF 的跳闸线圈

过电流保护原理接线图(1)

过电流保护原理接线图(2)

从图 1.4 中可以看出，一次设备和二次设备都以完整的图形符号表示出来，能使我们对整套保护装置的工作原理有一个整体概念。但是这种图存在以下缺点：

① 只能表示继电保护装置的主要元件，而对细节之处无法表示；

② 不能表明继电器之间接线的实际位置，不便于维护和调试；

③ 没有表示出各元件内部的接线情况，如端子编号、回路编号等；

④ 标出的直流“+”“−”极符号多而散，不易看图；

⑤ 对于较复杂的继电保护装置很难表示，即使画出了图，也很难让人看清楚。

（2）展开接线图

展开接线图简称展开图，是另一种方式的接线图，其二次电路按交流和直流分开画，即分为交流回路和直流回路，且电路的每个元件在回路中又被分解成若干部分，如一个继电器被分为带启动线圈的继电器主体和若干个继电器触点。图 1.4 中的 10kV 线路过电流保护可用展开图表示为图 1.5。

由图 1.5 可见，元件的线圈、触点分散在交流回路和直流回路中，故分别叫做交流回路展开图（包括交流电流回路展开图和交流电压回路展开图）以及直流回路展开图。

展开图具有如下优点：

① 容易跟踪回路的动作顺序；

② 在同一个图中可清楚地表示某一次设备的多套保护和自动装置的二次接线回路，这是原理图难以做得到的；

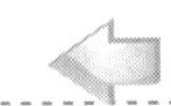

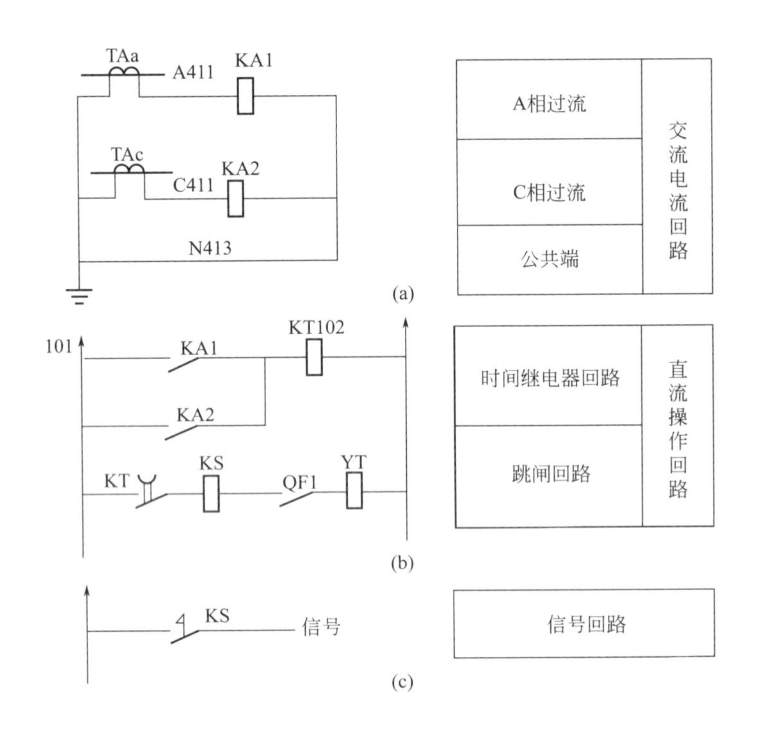

图 1.5 过电流保护展开图

过电流保护
单相保护接线图

③ 易于阅读，容易发现施工中的接线错误。

(3) 安装接线图

① 屏面布置图 屏面布置图是展示在控制屏（台）、继电保护屏和其他监控屏台上二次设备布置情况的图纸，是制造商加工屏台、安装二次设备的依据。

屏面布置应满足下列要求：

a. 凡须经常监视的仪表和继电器都不要布置得太高；

b. 操作元件（如控制开关、调节手轮、按钮等）的高度要适中，使得操作、调节方便，它们之间应留有一定的距离，操作时不致影响相邻的设备；

c. 检查和试验较多的设备应布置在屏的中部，而且同一类型的设备应布置在一起，这样检查和试验都比较方便。此外，屏面布置应力求紧凑和美观。

图 1.6 所示为 10kV 线路控制屏的屏面布置图，屏面左半部为一回出线的二次设备布置，右半部为另一回出线的二次设备布置。

② 屏后接线图 屏后接线图是以屏面布置图为基础，并以原理接线图为依据而绘制的接线图，表明了屏内各二次设备引出端子之间的连接情况，以及设备与端子排的连接情况，它既可被制造厂用于指导屏上配线和接线，也可被施工单位用于现场二次设备的安装。

屏后接线图是站在屏后所看到的接线图。从屏后向屏体看去，看到的一般为：两列垂直布置的端子排处于屏的两侧；处于屏顶的各种小母线、熔断器和小刀闸等；众多的二次设备的背面及其接线端子。

③ 端子排图和电缆联系图 端子排图为屏后接线图的一个组成部分。电缆联系图用于表明控制室内的各二次屏台及配电装置端子箱之间电缆编号、长度和规格，各屏台或配电装置用方框表示，框内注明其名称。

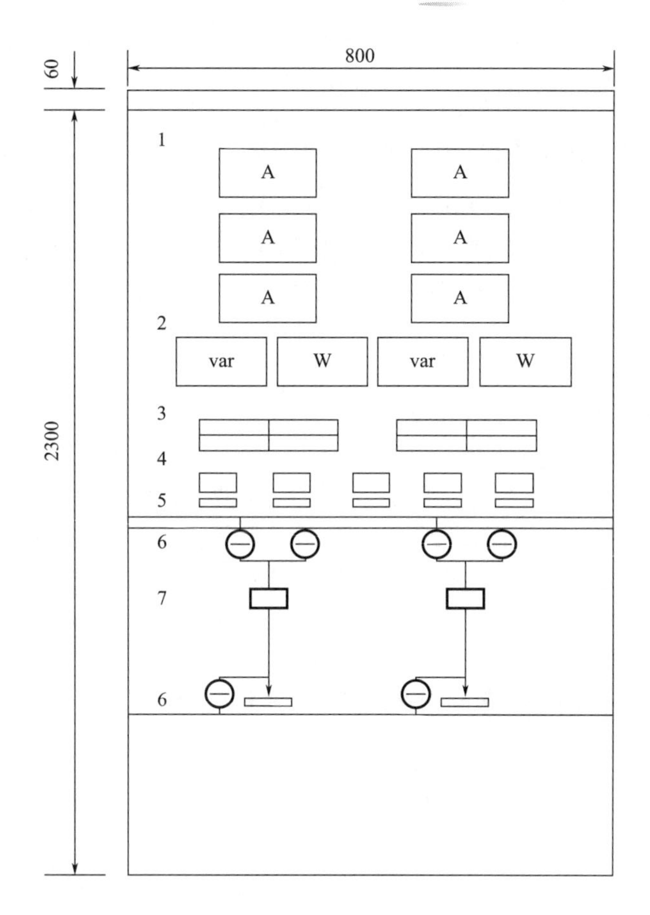

图 1.6 10kV 线路控制屏屏面布置图

1—电流表；2—有功功率表和无功功率表；3—光字牌；4—转换开关和同期开关；5—模拟母线；6—隔离开关位置指示器；7—控制开关

1.2.3 读二次系统图的方法

①“先一次，后二次”，就是当图中有一次接线和二次接线同时存在时，应先看一次部分，弄清是什么设备和工作性质，再看对一次部分起监控作用的二次部分，具体起什么监控作用。

②“先交流，后直流”，就是当图中有交流和直流两种回路同时存在时，应先看交流回路，再看直流回路。因交流回路一般由电流互感器和电压互感器的二次绕组引出，直接反映一次接线的运行状况；而直流回路则是对交流回路各参数的变化所产生的反应（监控和保护作用）。

③“先电源，后接线”，就是不论在交流回路还是直流回路中，二次设备的动作都是由电源驱动的，所以在看图时，应先找到电源（交流回路的电流互感器和电压互感器的二次绕组），再由此顺回路接线往后看：交流沿闭合回路一次分析设备的动作；直流从正电源沿接线找到负电源，并分析各设备的动作。

④“先线圈，后触点”，就是先找到继电器或装置的线圈，再找到其对应的触点。因为只有线圈通电（并达到其启动值），其相应触点才会动作；由触点的通断引起回路的变化，进一步分析整个回路的动作过程。

⑤“先下后上”和“先左后右”，这个要领主要是针对端子排图和屏后安装图而言。看端子排图一定要配合展开图来看。

1.2.4 断路器的控制与信号回路

高压断路器的控制回路，是指控制（操作）高压断路器分、合闸的回路。它取决于断路器操作机构的形式和操作电源的类别。电磁操作机构只能采用直流操作电源，弹簧操作机构和手动操作机构可交直流两用，不过一般采用交流操作电源。

信号回路是用来指示一次系统设备运行状态的二次回路。信号按用途分，有断路器位置信号、事故信号和预告信号等。

断路器位置信号用来显示断路器正常工作的位置状态。一般是红灯亮，表示断路器处在合闸位置；绿灯亮，表示断路器处在分闸位置。

事故信号用来显示断路器在一次系统事故情况下的工作状态。一般是红灯闪光，表示断路器自动合闸；绿灯闪光，表示断路器自动跳闸。此外，还有事故音响信号和光字牌等。

预告信号是在一次系统出现不正常工作状态时或在故障初期发出的报警信号。例如变压器过负荷或者轻瓦斯动作时，就发出区别于上述事故音响信号的另一种预告音响信号，同时光字牌亮，指示出故障的性质和地点，值班员可根据预告信号及时处理。

1.2.4.1 采用手动操作的断路器控制和信号回路

采用手动操作的断路器控制和信号回路原理图

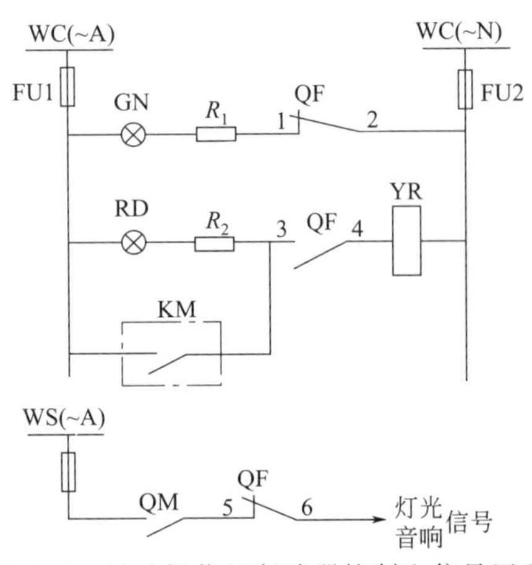

图 1.7 手动操作的断路器控制和信号回路

WC—控制小母线；WS—信号小母线；GN—绿色指示灯；RD—红色指示灯；
R—限流电阻；YR—跳闸线圈（脱扣器）；KM—继电保护出口继电器触点；
QF1～6—断路器 QF 的辅助触点；QM—手动操作机构辅助触点

图 1.7 是手动操作的断路器控制和信号回路。合闸时，推上操作机构手柄使断路器合闸。这时断路器的辅助触点 QF3—4 闭合，红灯 RD 亮，指示断路器 QF 已经合闸。由于有限流电阻 *R*，跳闸线圈 YR 虽有电流通过，但电流很小，不会动作。红灯 RD 亮，还表示跳闸线圈 YR 回路及控制回路的熔断器 FU1、FU2 是完好的，即红灯 RD 同时起着监视跳闸回路完好性的作用。

分闸时，扳下操作机构手柄使断路器分闸。这时断路器的辅助触点 QF3—4 断开，切断跳闸回路，同时辅助触点 QF1—2 闭合，绿灯 GN 亮，指示断路器 QF 已经分闸。绿灯 GN 亮，还表示控制回路的熔断器 FU1、FU2 是完好的，即绿灯 GN 同时起着监视控制回路完好性的作用。

在正常操作断路器分、合闸时，由于操作机构辅助触点 QM 与断路器的辅助触点

QF5—6是同时切换的，总是一开一合，所以事故信号回路总是不通的，因而不会错误地发出事故信号。

当一次电路发生短路故障时，继电保护装置动作，其出口继电器KM的触点闭合，接通跳闸线圈YR的回路（触点QF3—4原已闭合），使断路器QF跳闸。随后触点QF3—4断开，使红灯RD灭，并切断YR的跳闸电源。与此同时，触点QF1—2闭合，使绿灯GN亮。这时操作机构的操作手柄虽然仍在合闸位置，但其黄色指示牌掉下，表示断路器已自动跳闸。同时事故信号回路接通，发出音响和灯光信号。这事故信号回路正是按“不对应原理”来接线的：由于操作机构仍在合闸位置，其辅助触点QM闭合，而断路器因已跳闸，其辅助触点QF5—6也返回闭合，因此事故信号回路接通。当值班员得知事故跳闸信号后，可将操作手柄扳下至分闸位置，这时黄色指示牌随之返回，事故信号也随之解除。

控制回路中分别与指示灯GN和RD串联的电阻R_1和R_2，主要用来防止指示灯的灯座短路时造成控制回路短路或断路器误跳闸。

1.2.4.2 采用电磁操作机构的断路器控制和信号回路

图1.8是采用电磁操作机构的断路器控制和信号回路原理图。其操作电源采用硅整流电容储能的直流系统。控制开关采用双向自复式并具有保持触点的LW5型万能转换开关，其手柄正常为垂直位置（0°）。顺时针扳转45°，为合闸（ON）操作，手松开即自动返回（复位），保持合闸状态。逆时针扳转45°，为分闸（OFF）操作，手松开也自动返回，保持分

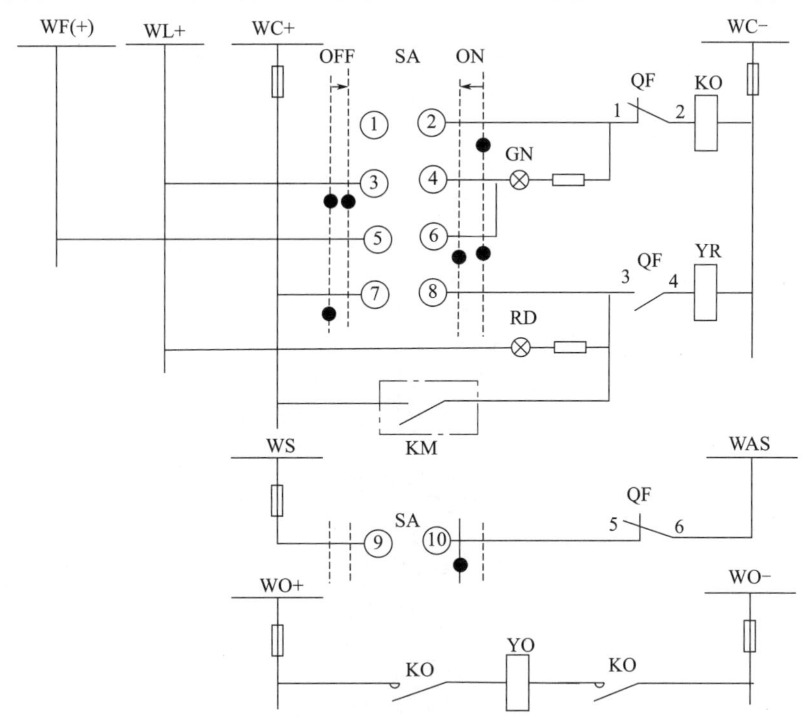

采用电磁操作机构的断路器控制和信号回路原理图(1)

采用电磁操作机构的断路器控制和信号回路原理图(2)

图1.8 采用电磁操作机构的断路器控制和信号回路

WC—控制小母线；WL—灯光信号小母线；WF—闪光信号小母线；WS—信号小母线；WAS—事故音响信号小母线；WO—合闸小母线；SA—控制开关；KO—合闸接触器；YO—电磁合闸线圈；YR—跳闸线圈；KM—继电保护出口继电器触点；QF1～6—断路器QF的辅助触点；GN—绿色指示灯；RD—红色指示灯；ON—合闸操作方向；OFF—分闸操作方向

闸状态。图中虚线上打黑点（•）的触点，表示在此位置时触点接通；而虚线上标出的箭头（→），表示控制开关SA手柄自动返回的方向。

合闸时，将控制开关SA手柄顺时针扳转45°，这时其触点SA1—2接通，合闸接触器KO通电（回路中触点QF1—2原已闭合），其主触点闭合，使电磁合闸线圈YO通电，断路器QF合闸。断路器合闸完成后，SA自动返回，其触点SA1—2断开，QF1—2也断开，切断合闸回路；同时QF3—4闭合，红灯RD亮，指示断路器已经合闸，并监视着跳闸线圈YR回路的完好性。

分闸时，将控制开关SA手柄逆时针扳转45°，这时其触点SA7—8接通，跳闸线圈YR通电（回路中触点QF3—4原已闭合），使断路器QF分闸。断路器分闸后，SA自动返回，其触点SA7—8断开，QF3—4也断开，切断跳闸回路；同时SA3—4闭合，QF1—2也闭合，绿灯GN亮，指示断路器已经分闸，并监视着合闸接触器KO回路的完好性。

由于红绿指示灯兼起监视分、合闸回路完好性的作用，长时间运行，因此耗电较多。为了减少操作电源中储能电容器能量的过多消耗，因此另设灯光指示小母线WL（+），专门

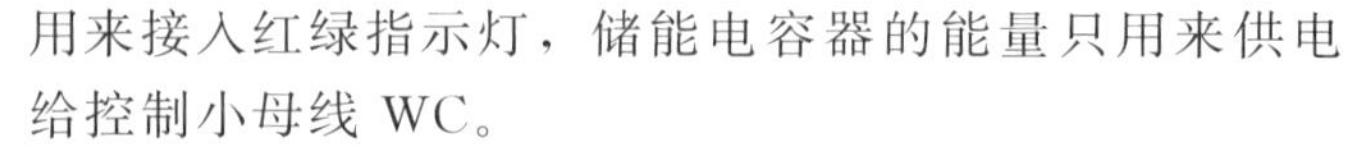

用来接入红绿指示灯，储能电容器的能量只用来供电给控制小母线WC。

当一次电路发生短路故障时，继电保护动作，其出口继电器触点KM闭合，接通跳闸线圈YR回路（回路中触点QF3—4原已闭合），使断路器QF跳闸。随后QF3—4断开，使红灯RD灭，并切断跳闸回路，同时QF1—2闭合，而SA在合闸位置，其触点SA5—6也闭合，从而接通闪光电源WF（+），使绿灯闪光，表示断路器QF自动跳闸。由于QF自动跳闸，SA在合闸位置，其触点SA9—10闭合，而QF已经跳闸，其触点QF5—6也闭合，因此事故音响信号回路接通，又发出音响信号。当值班员得知事故跳闸信号后，可将控制开关SA的操作手柄扳向分闸位置（逆时针扳转45°后松开），使SA的触点与QF的辅助触点恢复对应关系，全部事故信号立即解除。

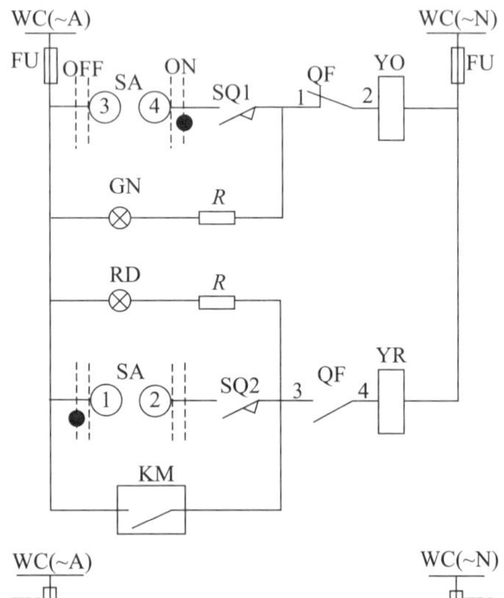

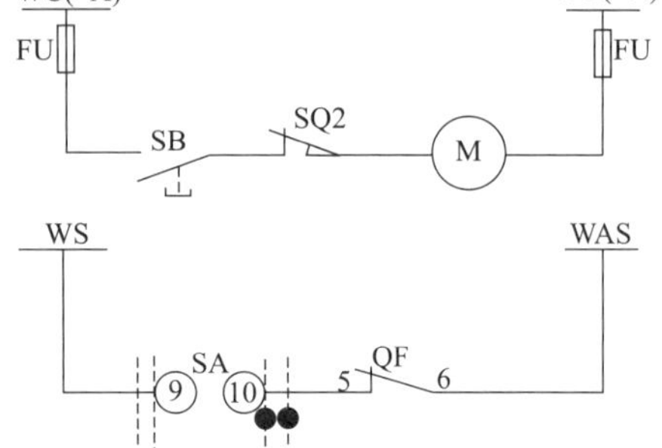

图1.9 采用弹簧操作机构的断路器控制和信号回路

WC—控制小母线；WS—信号小母线；WAS—事故音响信号小母线；SA—控制开关；SB—按钮；SQ—储能位置开关；YO—电磁合闸线圈；YR—跳闸线圈；QF1～6—断路器辅助触点；M—储能电动机；GN—绿色指示灯；RD—红色指示灯；KM—继电保护出口继电器触点

1.2.4.3 采用弹簧操作机构的断路器控制和信号回路

采用弹簧操作机构的断路器控制和信号回路原理图(1)

采用弹簧操作机构的断路器控制和信号回路原理图(2)

图1.9是采用CT7型弹簧操作机构的断路器控制和信号回路原理图，其控制开关SA采用LW2或LW5型万能转换开关。

合闸时，先按下按钮SB，使储能电动机M通电运转（位置开关SQ2原已闭合），从而使合闸弹簧储能。弹簧储能完成后，SQ2自动断开，切断电动机M的回路，同时位置开关SQ1闭合，为合闸做好准备。然后将

控制开关 SA 手柄扳向合闸（ON）位置，其触点 SA3—4 接通，合闸线圈 YO 通电，使弹簧释放，通过传动机构使断路器 QF 合闸。合闸后，其辅助触点 QF1—2 断开，绿灯 GN 灭，并切断合闸回路；同时 QF3—4 闭合，红灯 RD 亮，指示断路器在合闸位置，并监视跳闸回路的完好性。

分闸时，将控制开关 SA 手柄扳向分闸（OFF）位置，其触点 SA1—2 接通，跳闸线圈 YR 通电（回路中触点 QF3—4 原已闭合），使断路器 QF 分闸。分闸后，其辅助触点 QF3—4 断开，红灯 RD 灭，并切断跳闸回路；同时 QF1—2 闭合，绿灯 GN 亮，指示断路器在分闸位置，并监视合闸回路的完好性。

当一次电路发生短路故障时，保护装置动作，其出口继电器 KM 触点闭合，接通跳闸线圈 YR 回路（回路中触点 QF3—4 原已闭合），使断路器 QF 跳闸。随后 QF3—4 断开，红灯 RD 灭，并切断跳闸回路。由于断路器是自动跳闸，SA 手柄仍在合闸位置，其触点 SA9—10 闭合，而断路器 QF 已经跳闸，QF5—6 闭合，因此事故音响信号回路接通，发出事故跳闸音响信号。值班员得知此信号后，可将控制开关 SA 手柄扳向分闸（OFF）位置，使 SA 触点与 QF 的辅助触点恢复对应关系，从而使事故跳闸信号解除。

储能电动机 M 由按钮 SB 控制，从而保证断路器合在发生短路故障的一次电路上时，断路器自动跳闸后不致重合闸，因而不需另设电气“防跳”装置。

1.2.4.4 中央信号

中央信号包括中央事故信号和中央预告信号。

(1) 中央事故信号

中央事故信号的作用是，当主设备发生重大事故，如发电机内部短路使断路器跳闸，则应发出闪光信号，并启动电喇叭，发出音响。

① 灯光信号逻辑回路图（图 1.10）

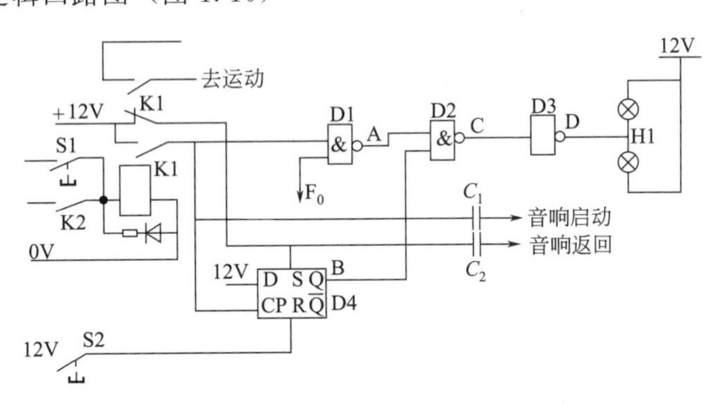

图 1.10 中央信号的灯光信号逻辑回路图

② 音响信号逻辑回路图（图 1.11）

(2) 中央预告信号

设备运行中出现危及安全的异常情况时，如变压器过负荷、母线接地、电压回路断线等，便发出预告信号，提醒值班人员注意，进行适当处理。

预告信号也由灯光信号和音响信号组成。其接线及动作原理与事故信号相同。不同之处仅是音响为延时启动（在 0～8s 范围内可调），小于延时的动作信号，便不会发出音响，以免造成误动。另外，音响信号的频率为 f_2，使得预告信号电喇叭发出的响声与事故信号电喇叭的响声不同，便于识别。

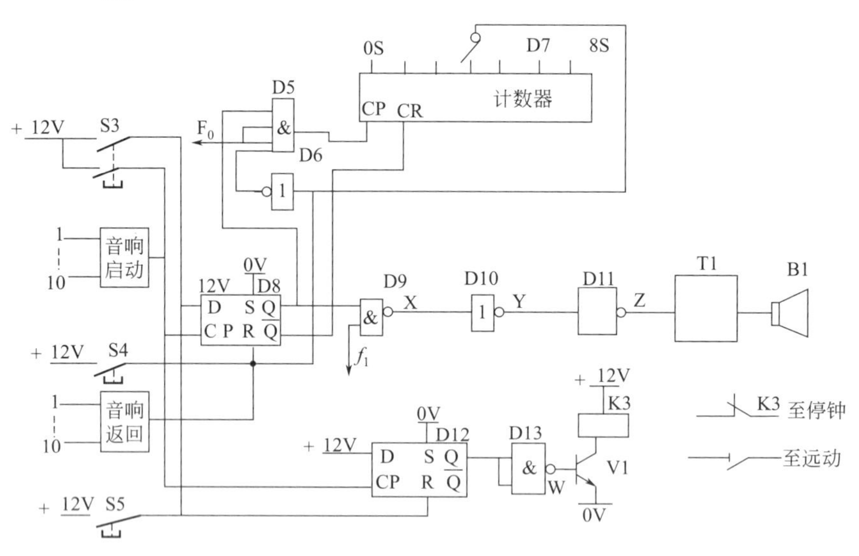

图 1.11　中央信号的音响信号逻辑回路图

习　题

读习题图，并将此图的展开图画出。

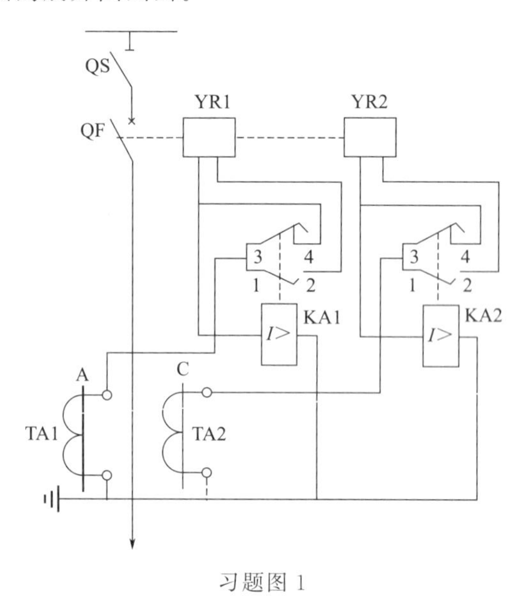

习题图 1

任务 1.3　继电保护基本元件的运行与调试

1.3.1　互感器的工作原理

1.3.1.1　互感器的作用

① 将一次回路的高电压和大电流变为二次回路的标准值，使测量仪表和保护装置标准化。

② 所有二次设备可用低电压、小电流的电缆连接，二次设备的绝缘水平能按低电压设

计，结构轻巧，价格便宜。便于集中管理，可实现远方控制和测量。

③ 二次回路不受一次回路的限制，接线方式多样。

④ 使二次侧的设备与高电压部分隔离，且互感器二次侧要有一点接地，保证二次系统设备和工作人员的安全。

1.3.1.2 互感器的类型

电流互感器分为电磁式、光电式；电压互感器分为电磁式、电容分压式、光电式。

(1) 电流互感器

① 电流互感器的工作原理

a. 电磁式电流互感器的工作原理（图 1.12）：相当于工作在短路条件下的小容量升压变压器 $KT_A = IN_1/IN_2 \approx WN_2/WN_1$。

b. 一次回路电流为负荷电流，与二次设备无关。

c. 运行特点：二次侧在正常运行时相当于短路，二次回路不允许开路。

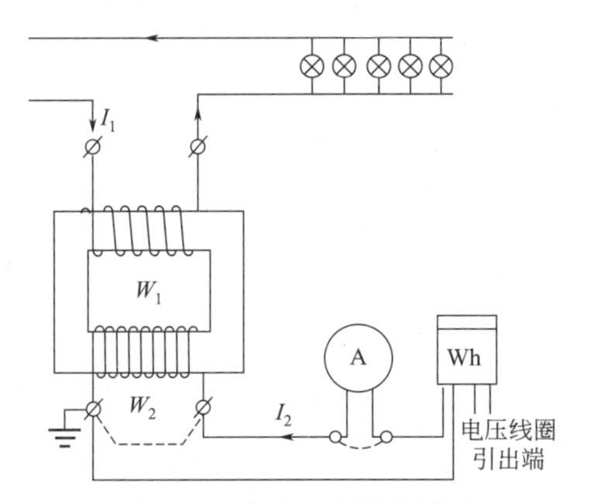

图 1.12 电流互感器的原理

正常工作时，磁动势 $W_1I_1 - W_2I_2 = W_1I_m$，W_1I_1 和 W_2I_2 互相抵消一大部分，励磁磁势 W_1I_m 数值不大。

② 二次电路开路时 W_2I_2 等于零，励磁磁势猛增到 W_1I_1，铁芯中磁感应强度猛增，造成铁芯磁饱和。铁芯饱和致使随时间变化的磁通 Φ 的波形由正弦波变为平顶波，在磁通曲线 Φ 过零前后，磁通 Φ 在短时间内从 $+\Phi_m$ 变为 $-\Phi_m$，使 $d\Phi/dt$ 值很大。

运行中二次回路开路可能造成的后果：

a. $e_2 = -d\Phi/dt$，磁通急剧变化时，二次绕组内将感应很高的尖顶波电势 e_2，危及工作人员的安全，威胁仪表和继电器以及连接电缆的绝缘。

b. 磁路的严重饱和还会使铁芯严重发热，若不能及时发现和处理，会使电磁式电流互感器烧毁或电缆着火。

c. 在铁芯中产生剩磁，影响互感器的特性。

③ 电流互感器的误差

a. 变比误差
$$\Delta I = \frac{I_2 - I'_1}{I'_1} \times 100\% \tag{1-2}$$

b. 相角误差
$$\delta = \arctan \frac{\dot{I}_2}{\dot{I}'_1} = \sin\delta = \frac{I'_m \sin(\varphi_m - \alpha)}{I'_1}\text{（弧度）} \tag{1-3}$$

④ 准确级与二次额定容量

a. 准确级

测量用电流互感器的准确级：在额定电流下所规定的最大允许电流误差的百分数来标称。标准的准确级为 0.1、0.2、0.5、1、3 和 5 级。供特殊用途的为 0.2S 及 0.5S 级。

保护用电流互感器的准确级：稳态保护——P、PR、PX；暂态保护——TP 类，分为 TPS 级、TPX 级、TPY 级和 TPZ 级。

b. 额定容量　额定容量 S_{2N} 指电流互感器在额定二次电流 I_{2N} 和额定二次阻抗 Z_{2N} 下运行时，二次绕组输出的容量。

由于电磁式电流互感器的额定二次电流为标准值（5A 或 1A），为了便于计算，有些厂家常提供电磁式电流互感器额定二次阻抗 Z_{2N}。

⑤ 电流互感器的接线（图 1.13）

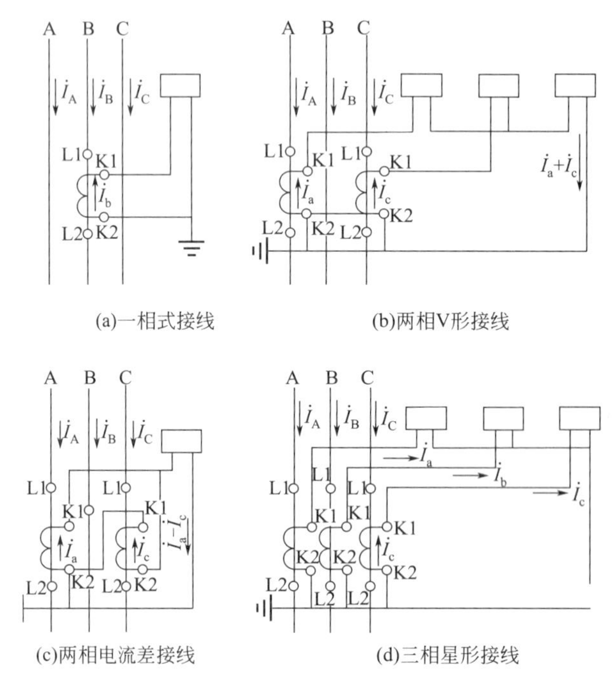

图 1.13　电流互感器接线示意图

两相电流差接线。这种接线节省投资，但不能反应 B 相短路，对不同形式短路，其接线系数和灵敏系数不同。

单相式接线。用于测量对称三相负荷的一相电流，可构成过负荷。

三相星形接线和两相星形接线都能反应相间短路故障，不同的是三相星形接线还可以反应各种单相接地短路故障，而两相星形接线不能反应 B 相接地故障。

特例：两相电流差接线的电流互感器的动作方式如下。

a. 直接动作式。利用断路器手动操作机构内的过流脱扣器（跳闸线圈）YR 作为直动式过流继电器 KA，接成两相一继电器式或两相两继电器式。正常运行时，YR 通过的电流远小于其动作电流，因此不动作。而在一次电路发生相间短路时，YR 动作，使断路器 QF 跳闸。这种操作方式简单经济，但保护灵敏度低，实际上较少应用，见图 1.14。

b. 去分流跳闸。正常运行时，电流继电器 KA 的常闭触点将跳闸线圈 YR 短路分流，YR 中无电流通过，所以断路器 QF 不会跳闸。当一次电路发生相间短路时，电流继电器 KA 动作，其常闭触点断开，使跳闸线圈 YR 的短路分流支路被去掉（即所谓“去分流”），从而使电流互感器的二次电流全部通过 YR，致使断路器 QF 跳闸，即所谓“去分流跳闸”。这种操作方式的接线也比较简单，且灵敏可靠，但要求电流继电器 KA 触点的分断能力足够大才行，如图 1.15 所示。

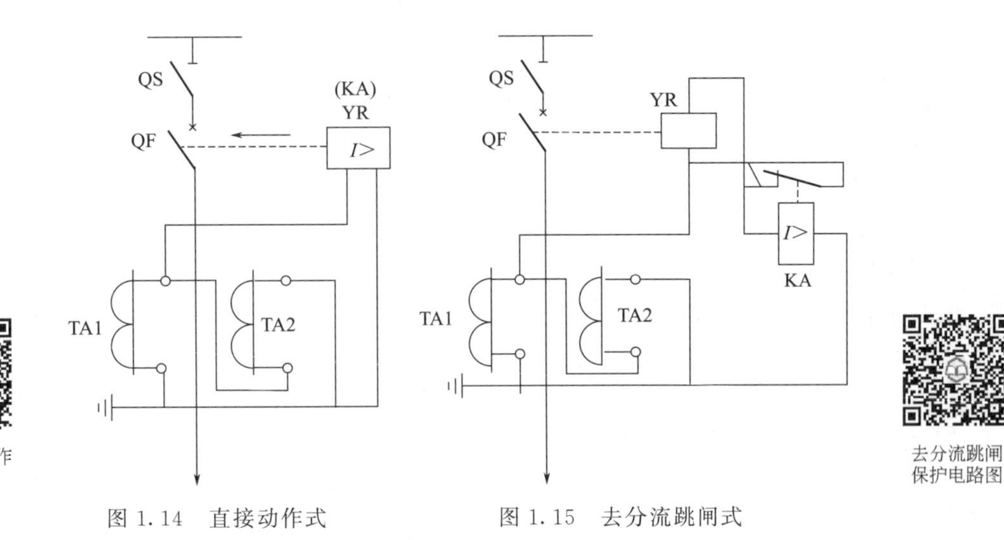

图 1.14　直接动作式　　图 1.15　去分流跳闸式

⑥ 电流互感器使用注意事项

a. 电流互感器在工作时，其二次侧不允许开路。

b. 电流互感器的二次侧有一端必须接地。

c. 电流互感器若在连接时，要注意其端子的极性。

(2) 电压互感器

① 电磁式电压互感器的工作原理（图 1.16）

a. 相当于工作在开路条件下的小容量降压变压器。其一、二侧额定电压之比为：$KT_V = U_{1N}/U_{2N}$。

b. 电压互感器一次侧的电压（即电网电压）不受互感器二次侧负荷的影响。

c. 运行特点：接在电压互感器二次侧的阻抗很大，通过的电流很小，电压互感器的工作状态接近于空载状态，二次电压接近于二次电势值，并取决于一次电压值。

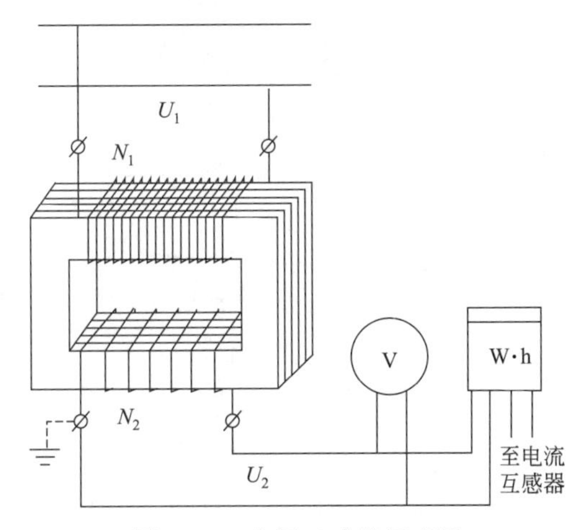

图 1.16　电压互感器原理图

② 电磁式电压互感器的测量误差

a. 电压误差：
$$\Delta U=\frac{U_2-U_1'}{U_1'}\times 100\% \tag{1-4}$$

b. 相位误差：
$$\delta_u=\arctan\frac{\dot{U}_2}{\dot{U}_1'} \tag{1-5}$$

c. 影响电压互感器误差的因素：互感器一、二次绕组的电阻和感抗；励磁电流 I_m；二次负荷电流 I_2；二次负荷的功率因数 $\cos\phi_2$。

③ 电磁式电压互感器的准确级和额定容量

a. 准确级：是指在规定的一次电压和二次负荷变化范围内，负荷功率因数为额定值时误差的最大限值。

b. 额定容量：对应于每个准确级，每台电压互感器规定一个额定容量。在功率因数为0.8（滞后）时，额定容量标准值为 10V·A、15V·A、25V·A、30V·A、50V·A、75V·A、100V·A、150V·A、200V·A、250V·A、300V·A、400V·A、500V·A。

④ 电磁式电压互感器的结构

a. JCCl-110 型串级式电压互感器的结构。瓷外壳装在由钢板做成的圆形底座上。原绕组的尾端、基本副绕组和辅助副绕组的引线端从底座下引出。原绕组的首端从瓷外壳顶部的油扩张器引出。油扩张器上装有吸潮器。

b. 220kV 串级式电压互感器的结构。互感器由两个铁芯组成，一次绕组分成匝数相等的四个部分，分别套在两个铁芯上、下铁柱上，按磁通相加方向顺序串联，接在相与地之间。每一单元线圈中心与铁芯相连。二次绕组绕在末级铁芯的下铁柱上。

⑤ 电容分压式电压互感器

a. 原理。电容分压式电压互感器（CTV）用于 110～500kV 中性点直接接地系统，它是利用分压原理实现电压变换的，用超高压电容和一个电磁式电压互感器将电容分压输出的较高电压进一步变换成二次额定电压，并实现一次电路与二次电路隔离。图 1.17 为电容式电压互感器的原理接线图。

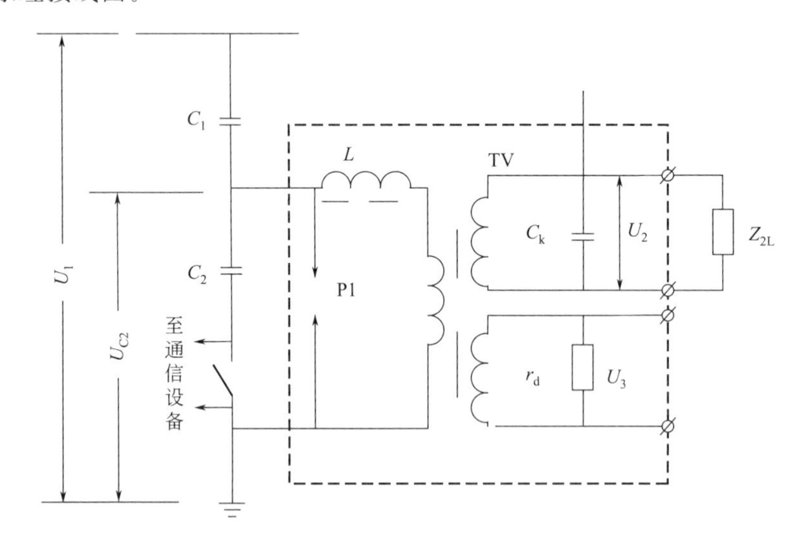

图 1.17 电容式电压互感器的原理接线图

b. 电容式电压互感器的特点。供 110kV 级及以上中性点直接接地系统测量电压之用的优点：除作为电压互感器用外，还可将其分压电容兼做高频载波通信的耦合电容；电容分压式电压互感器的冲击绝缘强度比电磁式电压互感器高；体积小，重量轻，成本低；在高压配电装置中占地面积很小。

缺点：误差特性和暂态特性比电磁式电压互感器差，输出容量较小。

⑥ 电压互感器接线

a. 单相电压互感器：测量任意两相之间的线电压［图 1.18(a)］。

b. 两个单相电压互感器接成不完全星形接线（V-V 形）：测量线电压，不能测量相电压。这种接线广泛用于小接地短路电流系统中［图 1.18(b)］。

c. 三个单相三绕组电压互感器接成星形接线，且原绕组中性点接地：线电压和相对地电压都可测量。在小接地电流系统中，可用来监视电网对地绝缘的状况［图 1.18(c)］。

d. 三相三柱式电压互感器的接线：可用来测量线电压，不许用来测量相对地的电压，即不能用来监视电网对地绝缘，因此它的原绕组没有引出的中性点［图 1.18(d)］。

e. 三相五柱式电压互感器：测量线电压和相电压，可用于监视电网对地的绝缘状况和实现单相接地的继电保护。变比为$\frac{U_{1N}}{\sqrt{3}}:\frac{100}{\sqrt{3}}:\frac{100}{3}$，见图 1.18(e)。

f. 电容式电压互感器的接线：测量线电压和相电压，可用于监视电网对地的绝缘状况和实现单相接地的继电保护，适用于 110～500kV 的中性点直接接地电网中，见图 1.18(f)。

⑦ 对电压互感器接线的要求

a. 电压互感器的电源侧要有隔离开关。

b. 在 35kV 及以下电压互感器的电源侧加装高压熔断器进行短路保护。

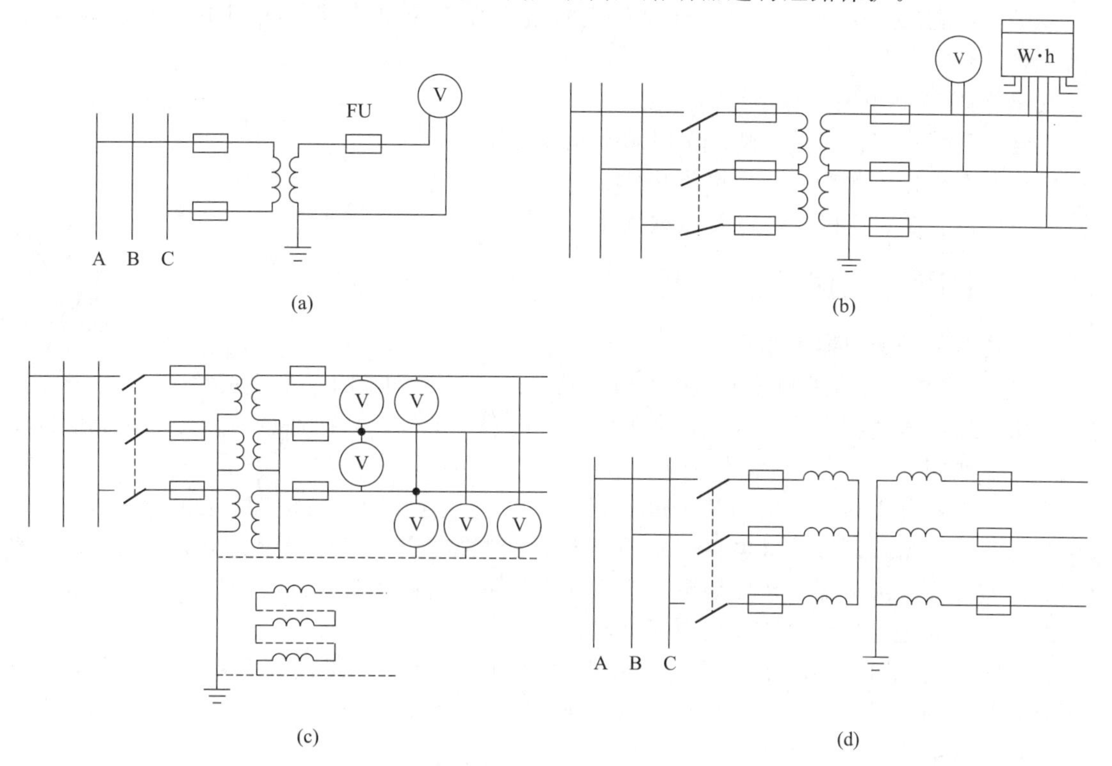

图 1.18

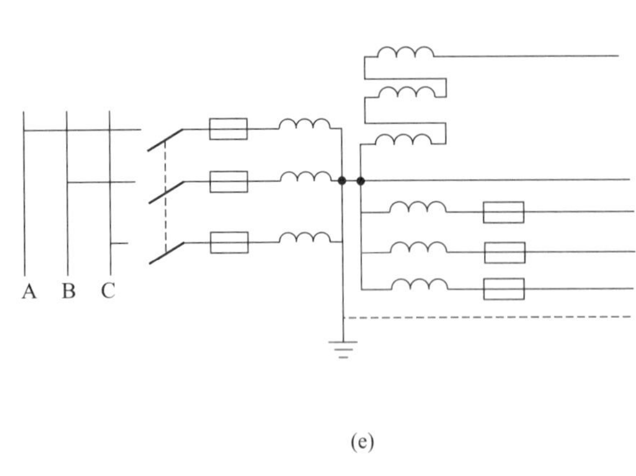

(e)

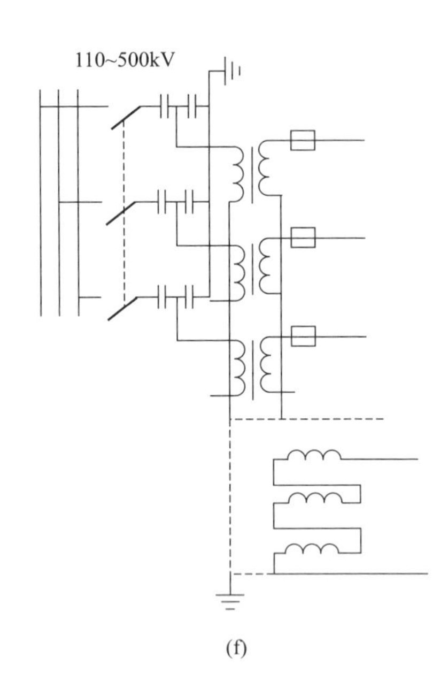

(f)

图 1.18 电磁式和电容式电压互感器的接线

c. 电压互感器的负载侧也应加装熔断器，用来保护过负荷。

d. 60kV 及以上的电压互感器，其电源侧可不装设高压熔断器。

e. 三相三柱式电压互感器不能用来进行交流电网的绝缘监测。

f. 电压互感器副边的保安接地点不许设在副边熔断器的后边，必须设在副边熔断器的前边。

g. 凡需在副边连接交流电网绝缘监视装置的电压互感器，其一次侧中性点必须接地，否则无法进行绝缘监测。

⑧ 电压互感器使用注意事项

a. 电压互感器在工作时，其二次线圈不允许短路。

b. 电压互感器二次侧有一端必须接地。

c. 电压互感器在连接时，也要注意其端子的极性。

1.3.2 常用电气保护继电器

继电器工作原理

(1) 电气保护继电器基本知识

① 电气继电器的作用和分类 电气继电器是继电保护系统的基本组成单元，当输入继电器的电气物理量达到一定数值时，继电器就动作，从而通过执行元件完成信号发送或动作于跳闸。

电气继电器种类很多，按照其结构原理，可以分为电磁型、感应型、磁电型、整流型、极化型、半导体型等；按照继电器反应的物理量的性质来分，又可以分为电流、电压、功率方向、阻抗、周波继电器；按照继电器反应的电气量的升降来分，还可以分为过量继电器和欠量继电器，如过电流继电器和欠电压继电器。

② 电气继电器的表示图形及符号 在电气控制原理图中，继电器及其动作触点都需要应用某种特定的符号或图形来表示，以示不同，如下说明。

常用电气继电器的表示图形：

在新规定中，电气继电器的文字符号都是以大写英文字母“K”为第一个字母，其后的字母是表征该种继电器用途的英文词汇的第一个字母的大写形式。如电流继电器以“KA”表示，其中的“A”即表示“Ampere”。如图 1.19 所示。

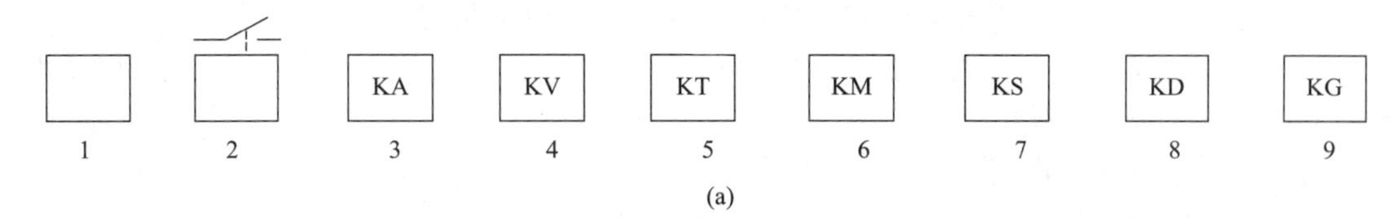

1—继电器；2—继电器触点和线圈引出线；3—电流继电器；4—电压继电器；5—时间继电器；6—中间继电器；7—信号继电器；8—差动继电器；9—瓦斯继电器

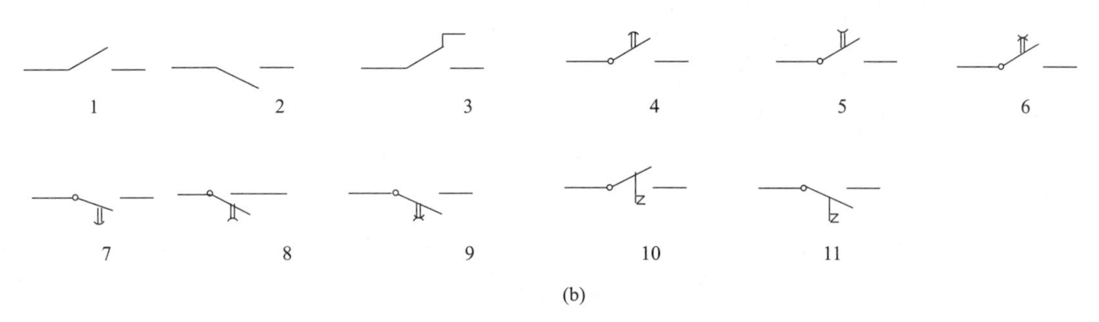

1—动合触点（常开）；2—动断触点（常闭）；3—切换触点；4—延时闭合的动合触点（常开）；5—延时返回的动合触点（常开）；6—延时闭合和返回的动合触点（常开）；7—延时闭合的动断触点（常开）；8—延时开启的动断触点（常闭）；9—延时闭合和开启的动断触点（常闭）；10—需要人工复归的动合触点（常闭）；11—需要人工复归的动断触点（常闭）

图 1.19　常用继电器符号

(2) 电磁型电流继电器

电磁型继电器多应用于定时限的过电流保护和电流速断保护中，归于 DL 型电流继电器系列。其动作原理是：当交流电流通过继电器线圈时，在线圈铁芯中产生一个交变磁通，对继电器的可动舌片产生一个电磁吸引的转动力矩，由弹簧做成的游丝同时产生一个与电磁力矩相反的力矩起阻尼作用。当线圈中电流增加，使转动力矩大于弹簧的反作用力矩时，可动舌片便沿顺时针方向转动，使其带动触点桥也转动，动静触点闭合，继电器动作。当电流减小时，电磁转动力矩减小，在弹簧的反作用力矩作用下，可动舌片返回，动静触点分离，继电器从动作状态返回到原始状态。

能够使过流继电器开始动作的最小电流称为电流继电器的动作电流。而当继电器动作后，均匀减小电流，使继电器可动触点返回到原始状态的最大电流即继电器的返回电流。返回电流除以动作电流所得到的比值，就是继电器的返回系数。

对于过电流继电器而言，由于动作电流总是大于返回电流，所以返回系数总是小于 1。一般情况下，过电流继电器的返回系数要求在 0.85～0.90 之间。如果返回系数小于 0.85，则认为不合格，如果大于 0.90，则有可能造成继电器动作后动触点与静触点的接触压力不够，需要进行调整。

定时限过流继电器的线圈一般有两个，通过改变其线圈的串联或并联方式，可以改变继电器的动作电流，线圈的具体连接方式，根据继电器的整定值与继电器动作电流的调整范围而定。

(3) 电磁型电压继电器

电磁型电压继电器的结构与电流继电器相似，型号为 DJ 型，其铁芯上的线圈为电压线圈。电压继电器有过电压继电器和低电压继电器之分。低电压继电器的动作电压是指在继电器线圈上承受额定电压后，逐渐降低电压，继电器开始动作时的最高电压，而其返回电压是指继电器动作后，电压逐渐升高，继电器可动触点返回初始状态的最低电压。

过电压继电器的返回系数一般也要求在 0.85～0.90 之间，低电压继电器的返回系数都大于 1.0，但一般要求不大于 1.2。

（4）电磁型时间继电器

电磁型时间继电器在继电器保护装置中可以建立所需要的时限。在直流回路中应使用 DS-110 型时间继电器，在交流回路中则应使用 DS-120、DSJ-10 型继电器，这是根据继电器的励磁线圈允许承受的电压性质决定的。

电磁型时间继电器的工作原理是：当时间继电器的励磁线圈得电后，继电器衔铁瞬时被吸住，因此放松了吸附在衔铁上的轴柄，在其主弹簧的作用下，扇形齿轮开始转动，带动其他齿轮以使主齿轮转动，从而最终使钟表机构断续运动。当断电后，由于受返回弹簧的作用，继电器的衔铁与曲柄瞬时返回原先位置。

将继电器固定触点沿刻度盘来回移动，可以改变动、静触点的角度关系，实现继电器动作时限的整定。

时间继电器的线圈一般只允许短时通电，只有在其线圈回路中串入一个附加电阻，线圈才可以长时间承受电压。加装了附加电阻的时间继电器，都会在其型号中加入一个后缀“C”，如 DS-110C 型继电器。

（5）电磁型中间继电器

在继电保护装置中，为了扩大触点容量或数量，往往会用到中间继电器。一些带延时性能的中间继电器的应用，还可以实现触点闭合或断开时带有微量延时；某些带自保持性能的中间继电器，还能够满足继电保护装置的一些特殊需要，如常规继电保护装置中必需的防跳性能。

中间继电器工作原理极其简单，当其线圈受电后，电磁铁产生电磁力，吸合衔铁，带动继电器触点闭合或断开，继电器断电后，则依靠反作用弹簧的拉力使触点返回。

带有延时性能的中间继电器，其线圈铁芯上都套有若干片状铜制短路环，这些短路环在继电器线圈磁通发生变化时，就会产生短路电流阻止线圈磁通变化，从而使继电器获得动作延时，如 DZS-100 系列继电器。

对于中间继电器，要使其具有自保持功能，一般需要其不仅要有一个电压型启动线圈，还要有一到两个电流型自保持线圈，如 DZB-100 系列中间继电器。

（6）电磁型信号继电器

电磁型信号继电器的结构和原理都比较简单，当有电流通过继电器线圈时，衔铁在电磁力作用下开始吸合，信号牌因其自身重量下落，带动触点闭合，使外电路接通，发出相应声光信号，同时信号牌落下。断电后，手动操作复归按钮，信号牌恢复。

（7）瓦斯继电器

瓦斯继电器是油浸式电力变压器的重要保护装置之一，当变压器油箱内发生轻微的短路等故障时，因电弧的产生，绝缘油分解产生气体，绝缘材料分解产生气体的原因还可能是变压器部件局部过热等现象，这些气体聚集在继电器上部，迫使继电器内油面下降，造成开口油杯的自身重量与其内部的油重之合超过平衡重锤的重量，油杯下降，带动永久磁铁使干簧继电器触点闭合，发出的就是轻瓦斯信号。如果变压器内发生严重故障，大量气体的产生造成箱体内压力显著增大，于是有油流迅速流向油枕，油流冲动挡板，挡板运动到某一限定位置时，永久磁铁促使干簧触点闭合，完成跳闸回路的接通，即重瓦斯保护跳闸。

习　题

一、填空题

1.互感器减极性标记是指当从一次侧“*”端流入电流 I_1 时，二次电流 I_2 应从“*”端________，称为 I_1 与 I_2 同相位。

2.电压互感器一次电压和二次电压相位不同，称为________。

3.继电保护用的电流互感器极性端标定是：一次电流从极性端流入，而二次电流从非极性端________。

4.保护用电流互感器除用常规条件选择外，还应进行________校验。

5.电抗变换器二次绕组接调相电阻的目的是调节输入电流与输出电压间的________。

6.常用的测量变换器有________、________和电抗变换器。

7.测量变换器中能将一次电流变换成与之成正比的二次电压的是________和________。

二、判断题

1.电流互感器的极性一般按减极性标注，因此当系统一次电流从极性端子流入时，二次电流从极性端子流出。（　）

2.三相五柱式电压互感器有两个二次绕组，一个接成星形，另一个接成开口三角形。（　）

3.电流互感器二次绕组必须可靠接地是因为二次回路的工作需要。（　）

4.电流互感器一次绕组中的电流与二次负荷大小无关。（　）

5.当加入电抗变换器的电流不变，一次绕组匝数减少，二次输出电压保持不变。（　）

6.为防止电流互感器二次绕组开路，在带电的电流互感器二次回路上工作前，用导线将其二次缠绕短路方可工作。（　）

7.电抗变换器的作用是将一次侧的电压变换成与之成比例的二次电压。（　）

8.低电压继电器返回系数应为1.05～1.2。（　）

9.过电流继电器返回系数应为0.85～0.95。（　）

10.辅助继电器可分为中间继电器、时间继电器和信号继电器。（　）

11.在同一刻度下，对电流继电器，线圈并联时的动作电流为串联时的2倍。（　）

12.继电保护装置的选择性和快速性不矛盾。（　）

13.反应过量保护和欠量保护的灵敏系数定义相同。（　）

14.电磁型过电流继电器两线圈由原来的串联改为并联时，动作电流增大一倍，过电压继电器也有这样的特性。（　）

15.电磁型过电压继电器，将串联接法的线圈改为并联接法，则动作电压增大一倍。（　）

三、问答题

1.什么是电流互感器的同极性端子（画图说明）？

2.保护装置常用的测量变换器有哪些？有什么作用？

3.电流变换器和电抗变换器相比较有何异同？

4.何谓电流互感器10％误差特性曲线？

5.提高电流互感器的准确度、减少误差可采用什么措施？

四、选择题

1. 时间继电器在继电保护装置中的作用是（　　）。

A. 计算动作时间　　B. 建立保护动作延时

C. 计算停电时间　　D. 计算断路器停电时间

2. 信号继电器动作后（　　）。

A. 继电器本身掉牌

B. 继电器本身掉牌或灯光指示

C. 应立即接通灯光音响回路

D. 应是一边本身掉牌，一边触点闭合接通其他回路

3. 中间继电器的固有动作时间，一般不应（　　）。

A. 大于 20ms　　B. 大于 10ms　　C. 大于 0.2s　　D. 大于 0.1s

4. 低电压继电器是反应电压（　　）

A. 上升而动作　　B. 低于整定值而动作

C. 为额定值而动作　　D. 视情况而异的上升或降低而动作

5. 继电器按其结构形式分类，目前主要有（　　）。

A. 测量继电器和辅助继电器　　B. 电流型和电压型继电器

C. 电磁型、感应型、整流型和静态型　　D. 启动继电器和出口继电器

6. 所谓继电器动合触点是指（　　）。

A. 正常时触点断开　　B. 继电器线圈带电时触点断开

C. 继电器线圈不带电时触点断开　　D. 正常时触点闭合

7. 低电压继电器与过电压继电器的返回系数相比，（　　）。

A. 两者相同　　B. 过电压继电器返回系数小于低电压继电器

C. 大小相等　　D. 低电压继电器返回系数小于过电压继电器

学习项目 二

线路保护

技能目标

1. 明确各种保护的工作原理及适用范围；
2. 熟知各种保护的整定方法（动作值、灵敏系数、动作时限）；
3. 能读出各种保护的保护原理接线，会分析其动作情况；
4. 能准确分析保护之间的相互配合情况，出现故障时保护的动作情况；
5. 能正确分析功率方向继电器的工作原理；
6. 能正确分析方向电流保护的二次接线图及各继电器的动作情况；
7. 能正确分析阻抗继电器的工作原理；
8. 明确差动保护的工作原理及其应用；
9. 会进行差动保护的动作分析；
10. 明确高频保护的工作原理及其应用。

任务 2.1 三段式电流保护

电网正常运行的电流是负荷电流，当输电线路发生短路时电流突然增大电压降低。利用电流突然增大而动作构成的保护装置称为电流保护，它包括瞬时（无时限）电流速断保护、限时电流速断保护、定时限过电流保护。三段式电流保护是研究单侧电源输电线路相间短路的电流保护。

① 系统最大运行方式：就是在被保护线路末端发生短路时，系统等值阻抗最小，而通过保护装置的短路电流为最大的运行方式。

② 系统最小运行方式：就是被保护线路末端发生短路时，系统等值阻抗最大，而通过保护装置的短路电流为最小的运行方式。系统等值阻抗的大小与投入运行的电气设备及线路的多少有关。

③ 最大短路电流：在最大运行方式下三相短路时，通过保护装置的短路电流为最大。

④ 最小短路电流：在最小运行方式下两相短路时，通过保护装置的短路电流为最小。

⑤ 保护装置的启动值：对应于电流升高而动作的电流保护，使保护装置启动的最小电

流值称为保护装置的启动电流，记作 I_{OP}。保护装置的启动值是用电力系统的一次侧参数表示的，当一次侧的短路电流达到这个数值时，安装在该处的这套保护装置就能够启动。

⑥ 保护装置整定：就是根据对继电保护的基本要求，确定保护装置启动值、灵敏系数、动作时限等过程。

⑦ 电流继电器的动作电流：

$$I_{OPr}=\frac{K_{con}}{K_{TA}}I_{OP} \tag{2-1}$$

⑧ 灵敏系数：选择在要求的保护区内短路最不利于保护动作的情况，来校验保护是否能够动作。

2.1.1 无时限电流速断保护（Ⅰ段电流保护）

作用：作为被保护线路相间短路的主保护。

原理：反映被保护元件电流升高而瞬时动作的保护。

(1) 无时限电流速断工作原理

瞬时电流速断保护，它是反映电流升高，不带时限动作的一种保护，也称第Ⅰ段电流保护。无时限电流速断保护依靠动作电流来保证其选择性，即被保护线路外部短路时流过该保护的电流总小于其动作电流，不能动作；而只有在内部短路时流过保护的电流才有可能大于其动作电流，使保护动作。

对于单侧电源供电线路，在每回电源侧均装有电流速断保护。在输电线上发生短路时，流过保护安装地点的短路电流可用式（2-2）及式（2-3）计算：

$$I_{k.max}^{(3)}=\frac{E_x}{X_{s.min}+x_1L} \tag{2-2}$$

$$I_{k.min}^{(2)}=\frac{\sqrt{3}}{2}\times\frac{E_x}{X_{s.max}+x_1L} \tag{2-3}$$

式中，E_x 为相电势；X_s 为系统电源等效电抗；x_1 为线路单位长度正序电抗；L 为故障点到保护安装处的距离，km。

由式（2-2）和式（2-3）可看出，流过保护安装地点的短路电流值随短路点的位置而变化，且与系统的运行方式和短路类型有关。$I_{k.max}^{(3)}$ 和 $I_{k.min}^{(2)}$ 与 L 的关系如图 2.1 中的曲线 1 和 2 所示。从图可看出，短路点距保护安装点愈远，流过保护安装地点的短路电流愈小。运行方式不同时，短路电流大小也不一样。

(2) 无时限电流速断整定计算

① 动作电流　为保证选择性，线路 L2 发生短路时，保护 1 不应该动作，所以保护 1 的动作电流应躲过 L1 末端短路时的最大短路电流，即

$$I_{OP1}^{I}>I_{KBmax} \tag{2-4}$$

引入可靠系数 K_{rel}（一般取 1.2～1.3）后，整定公式为

$$I_{OP1}^{I}=K_{rel}^{I}I_{KBmax}^{(3)} \tag{2-5}$$

电流继电器的动作电流为：

$$I_{OP1r}^{I}=\frac{K_{con}}{K_{TA}}I_{OP1}^{I} \tag{2-6}$$

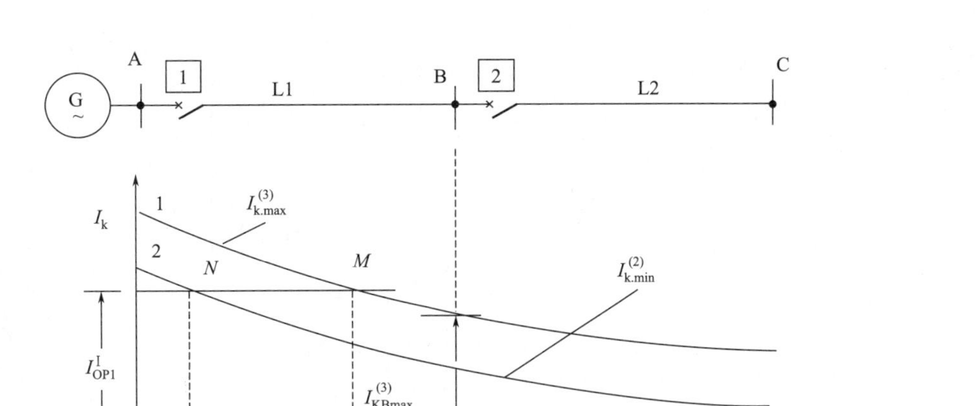

图 2.1　无时限电流速断保护动作整定分析图

式中，K_{con} 为接线系数；K_{TA} 为电流互感器的变比。

② 灵敏度　无时限电流速断保护的灵敏度是通过保护范围的大小来衡量的，即它所保护的线路长度的百分数来表示。保护在不同运行方式下和不同短路类型时，保护的灵敏度即保护范围各不相同。在最大运行方式下三相短路时，保护范围最大，如图 2.1 中 AM 段，在最小运行方式下两相短路时，保护范围最小，如图 2.1 中 AN 段。最大保护范围和最小保护范围的计算公式分别为：

$$l_{max}=\frac{1}{X_1}\left(\frac{E_{ph}}{I^{I}_{OP1}}-X_{smin}\right) \tag{2-7}$$

$$l_{min}=\frac{1}{X_1}\left(\frac{\sqrt{3}}{2}\times\frac{E_{ph}}{I^{I}_{OP1}}-X_{smax}\right) \tag{2-8}$$

式中，X_1 为线路单位长度正序电抗；E_{ph} 为计算相电压；I^{I}_{OP1} 为电流定值；X_{smax} 为系统最大等值电抗；X_{smin} 为系统最小等值电抗。

在校验灵敏度时，应采用最不利情况下的保护范围来校验，即按最小运行方式下发生两相短路来校验，一般要求最小保护范围不小于线路全长的 15%，最大保护范围不小于全长的 50%。

当系统运行方式变化很大，或者保护线路的长度很短时，无时限电流速断保护的灵敏度就会不满足要求甚至没有保护范围，此保护不宜使用，此时可采用无时限电流电压联锁速断保护。电流电压联锁速断保护是采用电流、电压元件相互闭锁实现的保护，只要有一个元件不动作，保护即被闭锁。

③ 动作时限　无时限电流速断保护的动作时间为 0s。

(3) 电流无时限保护原理接线

无时限电流速断保护的单相原理接线图如图 2.2 所示，正常运行时，流过线路的电流为负荷电流，小于保护的动作电流，保护不动作。当在线路保护范围内发生短路时，短路电流大于保护的动作电流，电流继电器 KA 触点闭合，启动中间继电器 KM，KM 触点闭合，启动信号继电器 KS，发出信号，并接通断路器的跳闸线圈 YR，断路器跳闸切除故障线路。

电流继电器 KA 作为启动元件，增加了动作可靠性。线路中管型避雷器放电时间为

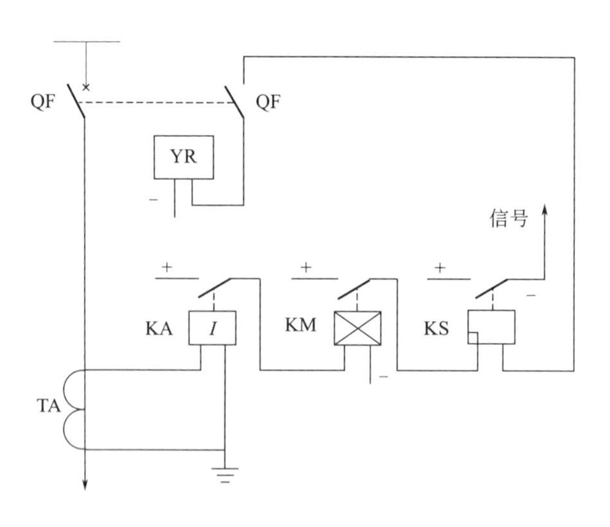

无时限电流速断保护单相原理接线图

图 2.2 无时限电流速断保护的单相原理接线图

0.06～0.08s，在避雷器放电时速断保护不应该动作，为此在速断保护装置中加装一个保护出口中间继电器。一方面扩大触点的容量和数量，另一方面躲过管型避雷器的放电时间，防止误动作。断路器辅助触点 QF 用于断开跳闸线圈的电流，防止 KM 触点损坏。

（4）无时限电流速断保护的评价

优点：动作迅速，简单可靠。

缺点：无时限电流速断保护不能保护本线路的全长，如图 2.1 中线路 L1 的 MB 段发生短路时，保护不动作，故不能单独使用。而且它的保护范围随运行方式的变化而变化，当运行方式变化很大时，甚至没有保护区，如图 2.3 所示。被保护线路长短不同时，对电流速断保护的影响也很大，如图 2.4 所示。

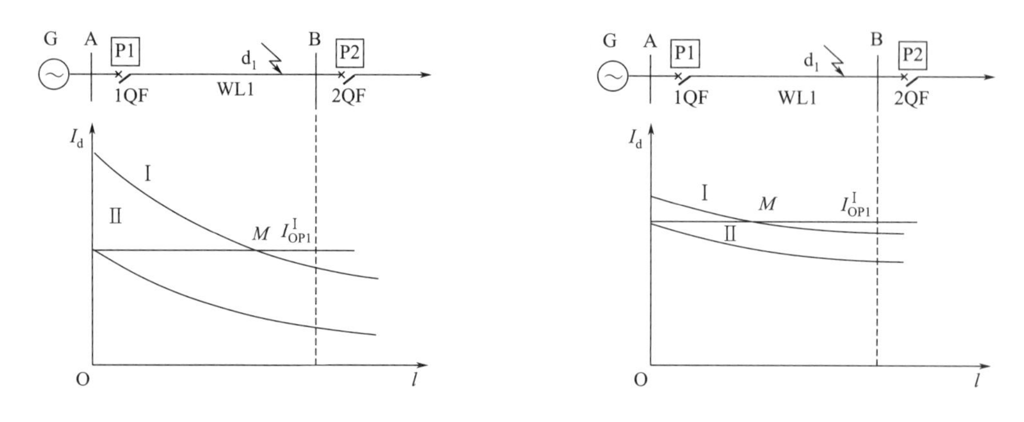

图 2.3 最小保护范围为零的情况

特殊情况：电流速断可以保护线路全长。在采用线路-变压器组的接线方式的电网中，可以把线路和变压器看成是一个元件。速断保护按躲开变压器低压侧短路出口处 d_1 点短路来整定，可以保护线路的全长，如图 2.5 所示。

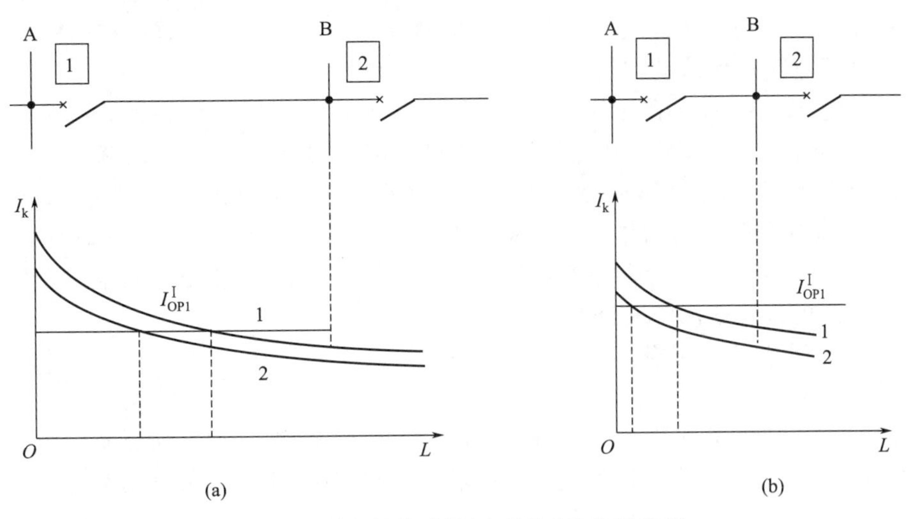

图 2.4 被保护线路长短不同时的保护范围

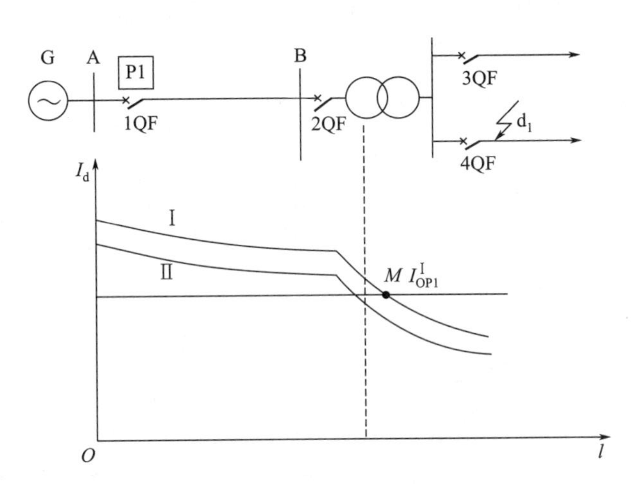

图 2.5 线路-变压器组的无时限电流速断保护

2.1.2 限时（带时限）电流速断保护（Ⅱ段电流保护）

电流速断保护在许多情况下均能保证选择性，且接线简单，动作迅速可靠。但是电流速断保护不能保护本线路的全长，怎么办？可增设一套新的保护——限时电流速断保护。

• 作用：与无时限电流速断保护配合作为被保护线路相间短路的主保护，用以保护瞬时电流速断保护保护不到的那段线路的故障，同时也能作为速断保护的后备，这就是限时电流速断保护（又称第Ⅱ段电流保护）。

• 原理：反映被保护元件电流升高而带有较小时间动作的保护。

（1）工作原理

由于无时限电流速断保护不能保护本线路的全长，其保护范围外的故障必须由另外的保护来切除，为了保证速动性的要求，用尽可能短的时限切除该部分故障。可以增设第二套电流保护，即第Ⅱ段电流速断保护，为了获得选择性，第Ⅱ段电流保护必须带时限，以便和相

邻的下一级Ⅰ段电流速断相配合。通常所带时限只比无时限电流速断保护大一个时限级差Δt，它的保护范围不超过相邻线路Ⅰ段或Ⅱ段电流保护范围，即它的动作电流要躲过相邻线路Ⅰ段或Ⅱ段电流保护的动作值。

① 应能保护线路全长。在任何情况下，带时限电流速断保护均能保护本线路全长（包括本线路末端），因此限时电流速断保护的保护范围必须延伸到下一条线路中去。被保护线路末端短路有灵敏度，必然保护区要延伸到相邻线路或相邻元件的一部分。

② 限时电流速断保护的动作带有一定的时限。为了保证在相邻的下一线路出口处短路时保护的选择性，本线路的带时限电流速断保护在动作时间和动作电流两个方面均必须和相邻线路的无时限电流速断保护配合。

③ 为了保证速动性，时限应尽量缩短。

(2) 整定计算

① 动作电流　如图2.6所示，当BC线路首端发生故障时，为了保证动作选择性，应由保护2的Ⅰ段动作，保护1的Ⅱ段保护不应动作，所以保护1带时限电流速断的动作电流应躲过保护2无时限电流速断保护范围末端的最大短路电流，即保护1的Ⅱ段电流保护范围不超过保护2的Ⅰ段电流保护范围，限时电流速断保护动作电流应大于下一线路无时限电流速断保护的动作电流：$I_{OP1}^{\mathrm{II}}>I_{OP2}^{\mathrm{I}}$，即

$$I_{OP1}^{\mathrm{II}}=K_{rel}^{\mathrm{II}}I_{OP2}^{\mathrm{I}} \tag{2-9}$$

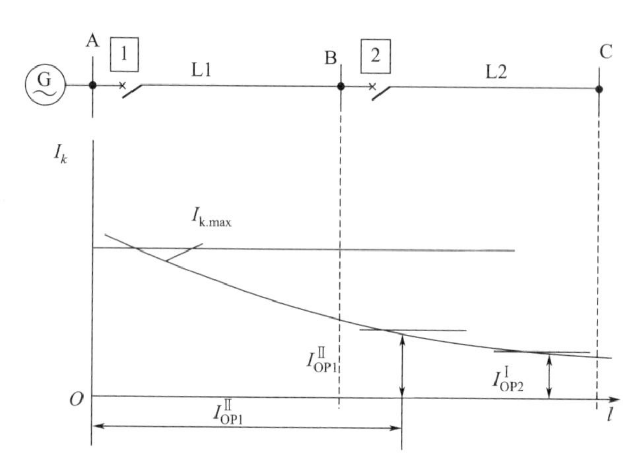

图2.6　限时电流速断保护动作整定分析图

式中，K_{rel}^{II}为可靠系数，一般取1.1～1.2。

如果相邻母线上有多个元件，I_{OP2}^{I}应取其中最大值。如果相邻元件中有差动保护（无时限电流速断保护）的变压器（图2.7），则按下式整定：

$$I_{OP1}^{\mathrm{II}}=K_{rel}^{\prime\mathrm{II}}I_{KDmax}^{(3)} \tag{2-10}$$

式中，$K_{rel}^{\prime\mathrm{II}}$取1.3；如相邻母线上有多个变压器支路，$I_{KDmax}^{(3)}$应取最大值。

② 动作时限　为了保证选择性，限时电流速断保护比下一级线路无时限电流速断保护的动作时限大一个时间阶段Δt（如图2.8所示），即$t_1^{\mathrm{II}}=t_2^{\mathrm{I}}+\Delta t$，$\Delta t$取0.5s，$t_1^{\mathrm{II}}=0.5$s。

如果相邻母线上有多个元件，如图2.7所示，则动作时限按下式整定：

$$t_1^{\mathrm{II}}=t_2^{\mathrm{I}}+\Delta t$$

$$t_1^{\mathrm{II}}=t_3^{\mathrm{I}}+\Delta t$$

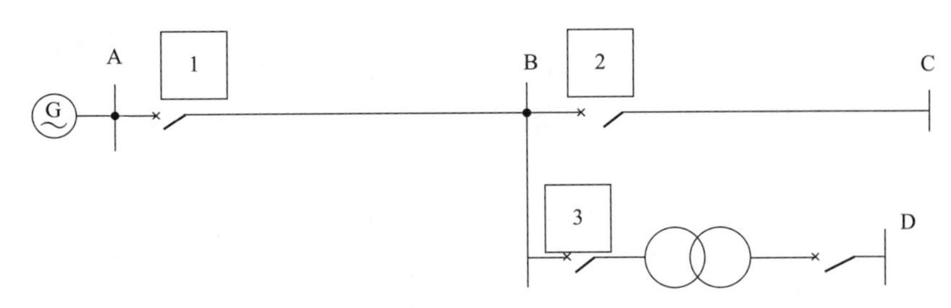

图 2.7 限时电流速断保护分析图

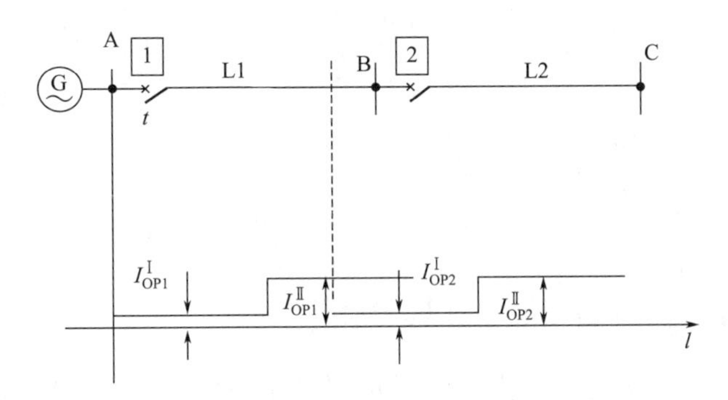

图 2.8 限时电流速断保护的动作时限分析

二者取大值。

③ 灵敏度 为了保证在极端的情况下限时电流速断保护也能保护本线路全长，应校验在系统最小运行方式下，本线路末端发生两相短路时流过保护的短路电流是否大于动作电流，使保护可靠动作，即最小灵敏系数：

$$K_{sen}=\frac{I_{KBmin}^{(2)}}{I_{OP1}^{II}} \tag{2-11}$$

式中，I_{OP1}^{II} 为Ⅱ段定值；$I_{KBmin}^{(2)}$ 为 B 点两相短路电流的最小值。

要求：$K_{sen}>1.3\sim1.5$。

灵敏性不满足要求，怎么办？可降低动作电流，延长保护范围。

a. 与下一级线路的限时电流速断（Ⅱ段电流保护）相配合，$I_{OP1}^{II}=K_{rel}^{II}I_{OP2}^{II}$

b. 动作时限比下一级线路限时电流速断保护的动作时限高出一个时间阶段 Δt，即

$$t_1^{II}=t_2^{II}+\Delta t$$

(3) 保护原理接线

限时电流速断保护单相原理接线图如图 2.9 所示。与无时限电流速断保护单相原理图相似，不同的是由时间继电器 KT 代替了中间继电器 KM，时间继电器的触点容量大，可直接接通跳闸回路。

当在线路保护范围内发生短路时，短路电流大于保护的动作电流，电流继电器 KA 触点闭合，启动时间继电器 KT，KT 触点闭合，启动信号继电器 KS，发出信号，并接通断路器的跳闸线圈 YR，断路器跳闸切除故障线路。

(4) 限时电流速断保护的评价

优点：限时电流速断保护结构简单，动作可靠，能保护本条线路全长。

缺点：不能作为相邻元件（下一条线路）的后备保护。

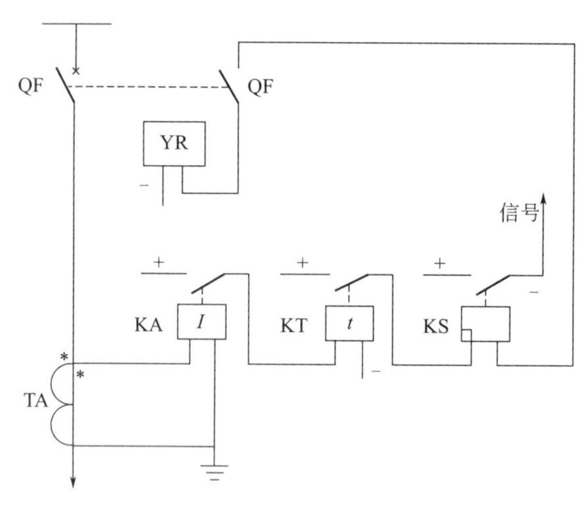

图 2.9 限时电流速断保护单相原理接线图

2.1.3 定时限过电流保护（Ⅲ段电流保护）

定时限过电流保护的工作原理

思考问题：无时限电流速断保护只能保护本线路一部分，限时电流速断能保护本线路全长，但不能作为相邻线路的后备保护。要想实现远后备保护，怎么办？可采用定时限过电流保护。

- 作用：作为被保护线路相间短路的后备保护。
- 原理：反映被保护元件电流升高而带有较长时间动作的保护。

(1) 工作原理

无时限电流速断保护和限时电流速断保护共同构成了线路的主保护，为防止本线路主保护拒动，以及下级线路的保护或断路器拒动，要装设后备保护——定时限过电流保护。

电网发生短路故障，能反映电流增大而动作，它要求能保护本条线路的全长和下一级线路的全长，作为本级线路的近后备保护和下级线路的远后备保护。过电流保护的保护范围应包括下级线路或设备的末端，其动作电流按躲过被保护线路的最大负荷电流整定，其动作时间一般按阶梯原则进行整定以实现过电流保护的动作选择性，并且其动作时间与短路电流的大小无关。

(2) 整定计算

① 动作电流　保护元件通过最大负荷电流时过流保护不误动作，并且在外部故障切除后能可靠返回。根据可靠性的要求，定时限过电流保护的动作电流应按以下两个条件来确定。

a. 被保护线路通过最大正常负荷电流时，保护装置不应动作，即：

$$I_{oper}>I_{Lmax} \tag{2-12}$$

b. 为保证在下一级线路上的短路故障切除后，保护能可靠返回，保护装置的返回电流应大于保护范围外部短路故障切除后流过保护装置的最大自启动电流，即：

$$I_{res}>I_{ss.max} \tag{2-13}$$

定时限过电流保护的动作电流为：

$$I_{OP1}^{Ⅲ}=\frac{K_{rel}^{Ⅲ}K_{ss}}{K_{re}}I_{Lmax} \tag{2-14}$$

式中，$K_{rel}^{Ⅲ}$ 为可靠系数，取 1.15～1.25；K_{ss} 为自启动系数，取 1.5～3；K_{re} 为返回系数，取 0.85～0.95；I_{Lmax} 为最大负荷电流。

继电器的动作电流为

$$I_{OP1r}^{Ⅲ}=\frac{K_{rel}^{Ⅲ}K_{ss}K_{con}}{K_{re}K_{TA}}I_{Lmax} \tag{2-15}$$

② 动作时限 如图 2.10 所示，线路 L1、L2 都装有过电流保护，当 K 点短路时，根据选择性要求，应由保护 P2 动作，为此应有 $t_1>t_2$。

由此可见，过电流保护动作时限的配合原则是：各保护的动作时限从用户到电源逐级增加一个级差 Δt，如图 2.10 所示。为保证保护动作的选择性，过电流保护动作延时是按阶梯原则整定的，即本线路的过电流保护动作延时应比下一条线路的电流Ⅲ段的动作时间长一个时限阶段 Δt，Δt 取 0.5s。

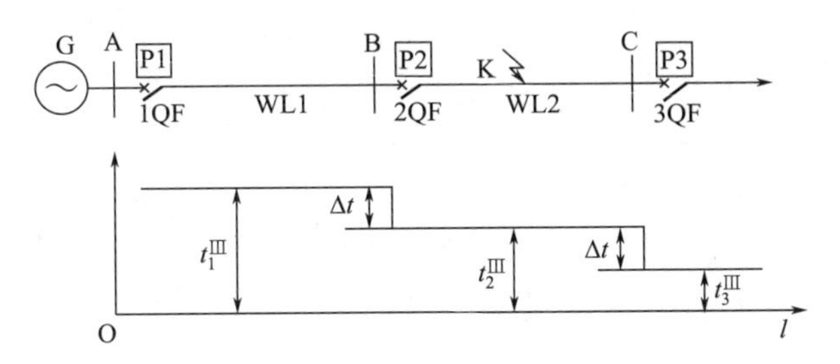

图 2.10 定时限过电流保护的动作时限

$$t_n^{Ⅲ}=t_{(n+1)max}^{Ⅲ}+\Delta t$$

式中，$t_{(n+1)max}$ 为相邻下级母线具有分支电路时，其分支电路保护中时间最长的时限。

③ 灵敏系数校验 与限时电流速断保护类似，过电流保护要进行灵敏度校验。所不同的是，过电流保护不仅作为本线路的近后备保护，还作为下级线路的远后备保护。如图 2.10 所示，L1 的过电流保护作本线路的近后备保护时，应以本线路末端 B 点最小运行方式下两相短路电流校验灵敏度［式(2-16)］，作下一级线路 L2 的远后备保护时，应以 L2 末端 C 点最小运行方式下两相短路电流检验灵敏度［式(2-17)］。

$$K_{sen1(近)}^{Ⅲ}=\frac{I_{KBmin}^{(2)}}{I_{OP1}^{Ⅲ}}\geqslant 1.5 \tag{2-16}$$

$$K_{sen1(远)}^{Ⅲ}=\frac{I_{KCmin}^{(2)}}{I_{OP1}^{Ⅲ}}\geqslant 1.2 \tag{2-17}$$

式中，$I_{op1}^{Ⅲ}$ 为Ⅲ段定值；$I_{KBmin}^{(2)}$ 为 B 点两相短路电流的最小值；$I_{KCmin}^{(2)}$ 为 C 点两相短路电流的最小值。

(3) 保护原理接线

定时限过电流保护的原理接线与限时电流速断保护相同，只是动作电流和动作时限不同。

(4) 定时限过电流保护的评价

优点：结构简单，工作可靠，对单侧电源的放射型电网能保证有选择性的动作。不仅能作为本线路的近后备（有时作为主保护），而且能作为下一条线路的远后备。在放射型电网中获得广泛应用，一般在 35kV 及以下网络中作为主保护。

缺点：动作时间长，而且越靠近电源端其动作时限越大，对靠电源端的故障不能快速切除。

灵敏性不满足要求，怎么办？

当定时限过电流保护灵敏度不满足要求时，可采用低电压启动的过电流保护。所谓低电压启动的过电流保护是指在定时限过电流保护中同时采用电流测量元件和低于动作电压动作的低电压测量元件来判断线路是否发生短路故障的保护，如图 2.11 所示。

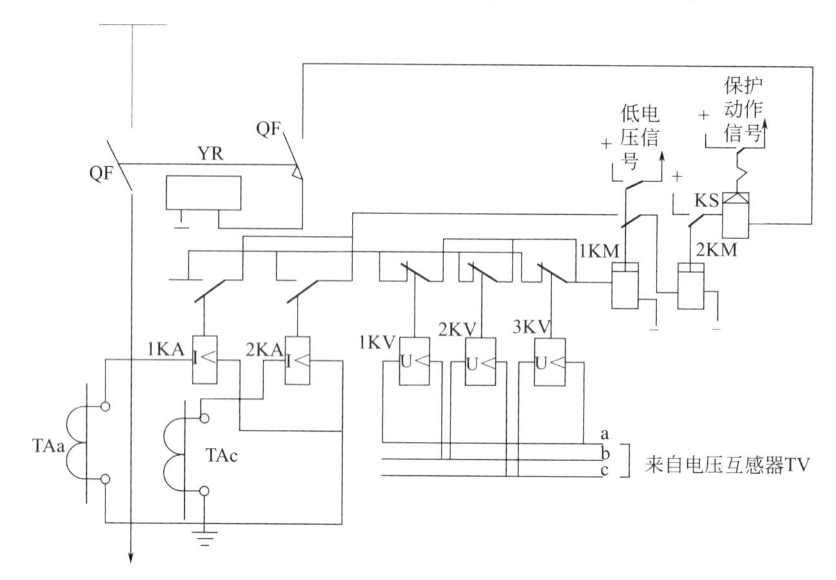

图 2.11　低电压启动的过电流保护原理图

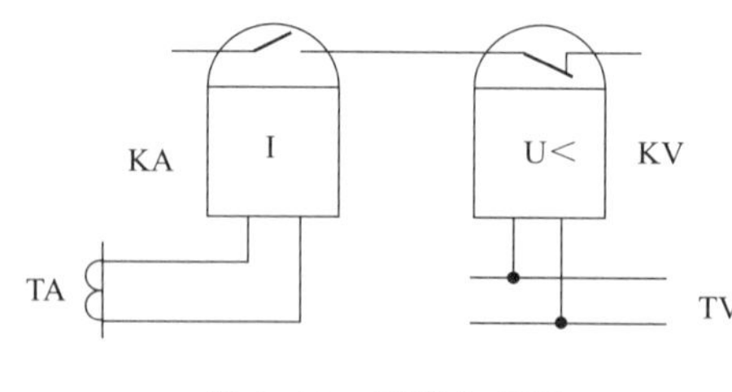

图 2.12　原理分析图

如图 2.12 所示，低电压继电器正常工作时常开触点闭合，常闭触点断开。当电压低于整定值时，低电压继电器启动，常开触点断开，常闭触点闭合。

正常运行时：KV 触点打开，KA 触点打开。最大负荷电流：KV 触点打开，KA 触点闭合。短路时：KV 触点闭合，KA 触点闭合。

2.1.4　电流保护的接线方式

电流保护的接线方式，指的是电流继电器线圈与电流互感器二次绕组之间的连接方式。流入继电器的电流与电流互感器二次电流之比称为接线系数 K_{con}。

下面介绍电流保护常用的接线方式，三种接线方式的比较见表 2.1。

表 2.1　电流保护接线方式的比较

项目	完全星形	不完全星形	两相电流差
接线系数	1	1	随短路类型变化
对相间短路反应能力	都能反应，可靠性高于后两种	都能反应	都能反应但灵敏度不同
小接地电流系统串联线路同时两点接地	100%选择性动作	2/3 机会选择性动作	
小接地电流系统并联线路同时两点接地	100%切除两条线路	2/3 机会切除一条线路	
应用范围	元件保护	小接地电流系统线路	电动机

（1）三相完全星形接线

如图 2.13(a) 所示，三相完全星形接线方式能反应各种类型的故障，用在中性点直接接地电网中，作为相间短路的保护，同时也可保护单相接地，广泛用于发电机、变压器等贵重设备的保护。

（2）两相两继电器不完全星形接线

如图 2.13(b) 所示，两相两继电器不完全星形接线方式较为经济简单，能反应各种类型的相间短路，但对单相接地短路不能全部反应。在 35kV 及以下电压等级的中性点直接接地电网和非直接接地电网中，广泛地采用它作为相间短路的保护。

如表 2.1 所示，两相两继电器不完全星形接线方式对中性点非直接接地系统在不同线路的不同相别上发生两点接地短路时，有 2/3 的概率只切除一条线路，比三相完全星形接线优越。

（3）两相电流差接线

如图 2.13(c) 所示，两相电流差接线方式接线简单，投资少，但是灵敏性较差，这种接线主要用在 6～10kV 中性点不接地系统中，作为馈电线和较小容量高压电动机的保护。

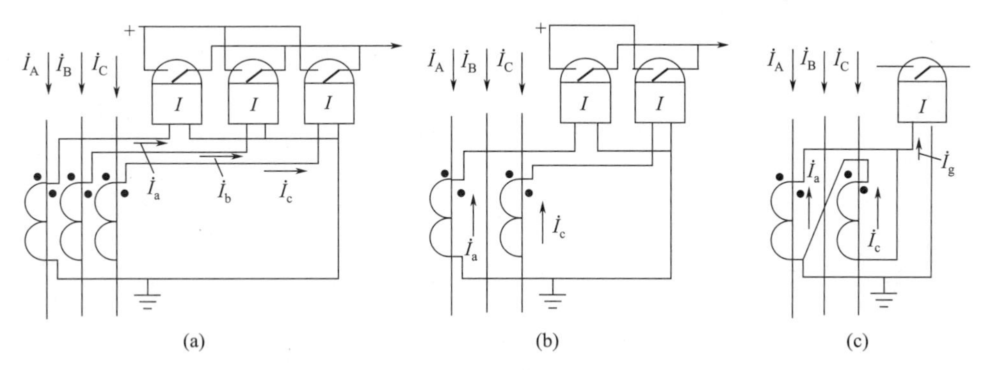

图 2.13 电流保护的接线方式

2.1.5 三段式电流保护

无时限电流速断保护和限时电流速断保护共同构成了线路的主保护，但电流速断保护只能保护线路的一部分，限时电流速断保护能保护线路全长，却不能作为下一相邻线路的后备保护，因此，必须采用定时限过电流保护作为本条线路和下一段相邻线路的后备保护。

（1）三段式电流保护组成

由无时限电流速断保护、限时电流速断保护及定时限过电流保护相配合构成的一整套保护称为三段式电流保护。Ⅰ段无时限电流速断保护只保护本线路的一部分，即首端；Ⅱ段限时电流速断保护的保护范围为本线路的全部，及下级线路的一部分，但不超过下级线路的Ⅰ段保护范围；Ⅲ段定时限过电流保护的保护范围为本线路及下级线路全部。Ⅰ段和Ⅱ段电流保护为主保护，Ⅲ段电流保护为本机线路Ⅰ段和Ⅱ段的近后备保护，为下级线路的远后备保护。

（2）三段式电流保护的保护特性及时限特性

三段式电流保护的保护特性及时限特性如图 2.14 所示。

（3）三段式电流保护接线图

三段式电流保护的原理接线如图 2.15 所示，Ⅰ段电流保护由 1KA、2KA、1KS、KCO 构成，Ⅱ段电流保护由 3KA、4KA、1KT、2KS、KCO 构成，Ⅲ段电流保护由 5KA、6KA、

7KA、2KT、3KS、KCO构成。KCO为保护出口中间继电器。任何一段保护动作时，均有相应的信号继电器掉牌，从掉牌指示上可知道是哪段保护动作，从而分析故障的范围。

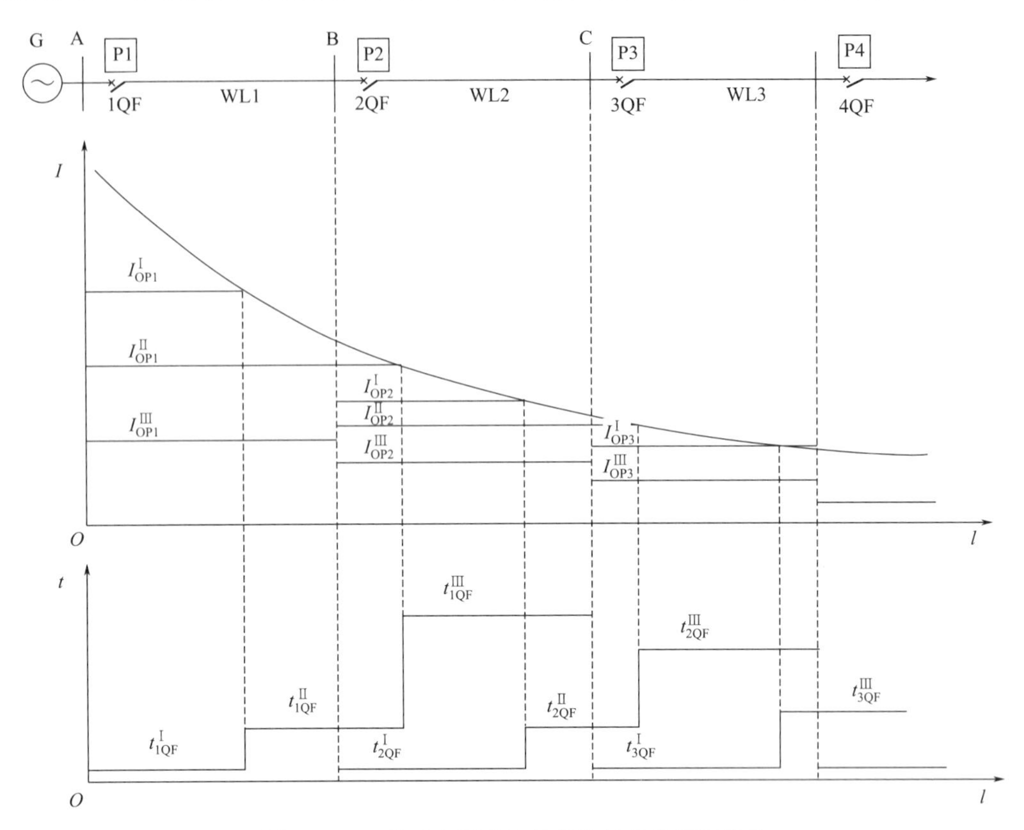

图 2.14 三段式电流保护的保护特性及时限特性

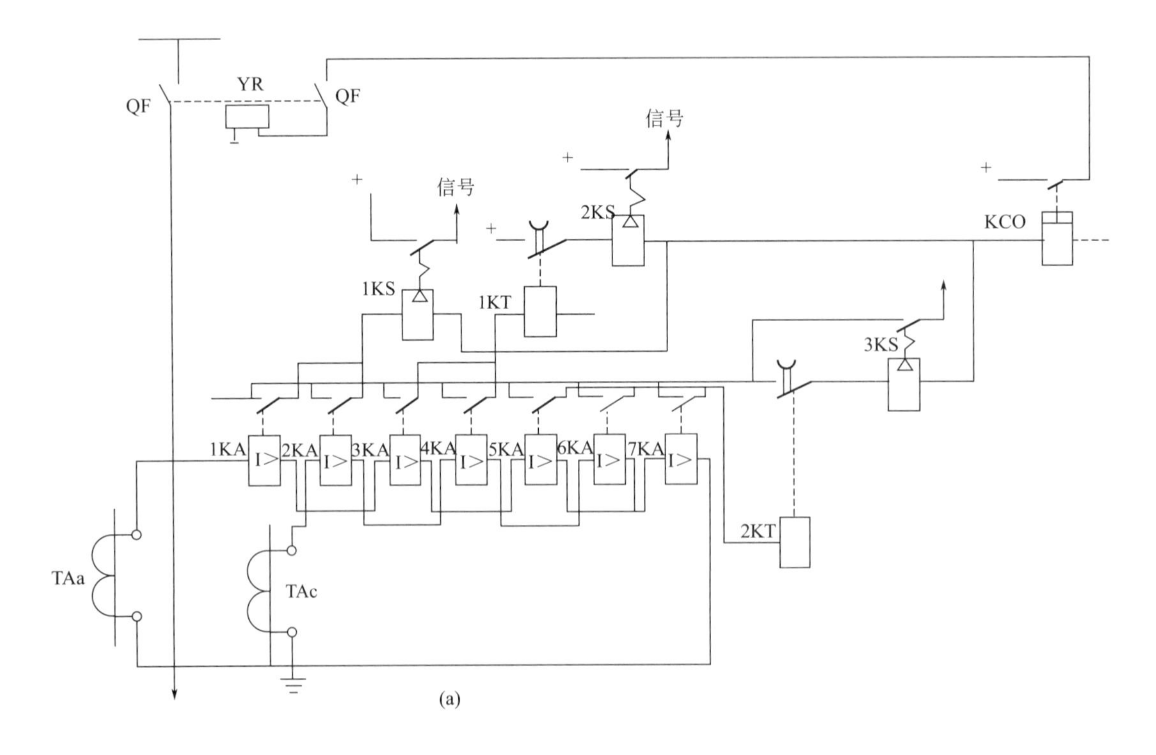

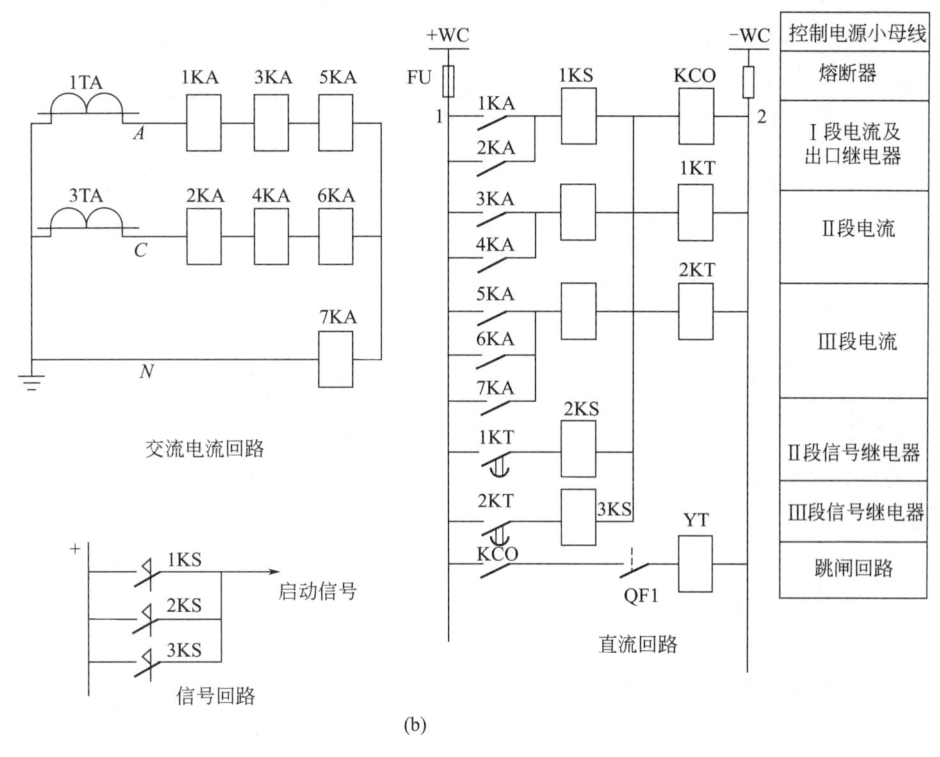

(b)

图 2.15 三段式电流保护的原理图及展开图

输电线路不一定都要装设三段式电流保护装置，有时只装两段保护装置。例如线路-变压器组式接线，Ⅰ段无时限电流速断保护按保护线路全长考虑，所以可不装设Ⅱ段限时电流速断保护，只装Ⅰ段和Ⅲ段电流保护即可。又比如在很短的线路中，装设无时限电流速断保护后的保护区很短，甚至没有，所以只装Ⅱ段和Ⅲ段电流保护即可。

(4) 三段式电流保护的评价

优点：简单，可靠，并且一般情况下都能较快切除故障。一般用于 35kV 及以下电压等级的单侧电源电网中。

缺点：灵敏度和保护范围直接受系统运行方式和短路类型的影响，此外，它只在单侧电源的网络中才有选择性。在更高电压等级电网中，距离、零序、高频作为线路保护。

例 2-1

在例 2-1 图所示的 35kV 单侧电源辐射型电网中，线路 WL1 和 WL2 均装设三段式电流保护，采用两相星形接线。已知线路 WL1 的正常最大工作电流为 170A，电流互感器变比为 300/5，系统在最大运行方式及最小运行方式时，K1、K2、K3 点三相短路电流值见图中表格。线路 L2 的过电流保护的动作时限为 2s。试整定保护 1 的三段式电流保护定值。

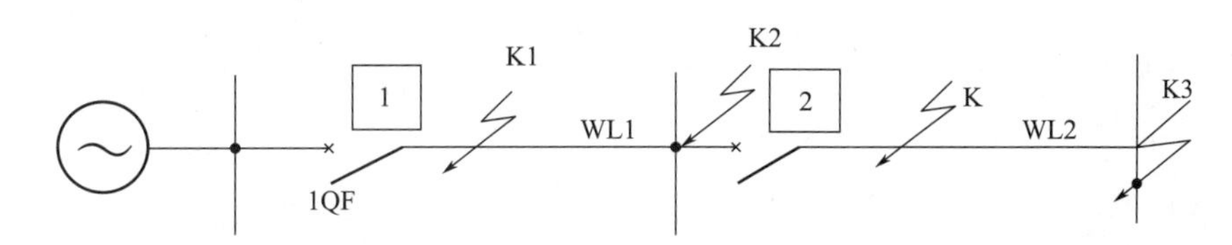

短路点	K1	K2	K3
最大运行方式下三相短路电流/A	3400	1310	520
最小运行方式下三相短路电流/A	2280	1150	490

例 2-1 图

解：(1) 电流Ⅰ段整定计算

① 动作电流 I_{OP1}^{I}

$$I_{OP1}^{I}=K_{rel}^{I}I_{K2max}^{(3)}=1.3\times1310=1700(A)$$

继电器动作电流

$$I_{OP1r}^{I}=\frac{K_{con}}{K_{TA}}I_{OP1}^{I}=\frac{1\times1700}{300/5}=28.3(A)$$

② 动作时限 $t_1^{I}=0s$

③ 灵敏系数校验

最小保护范围：

$$\frac{l_{pmin}}{l}\times100\%=\frac{I_{K1min}-I_{OP1}^{I}}{I_{K1min}-I_{K2min}}\times\frac{I_{K2min}}{I_{OP1}^{I}}\times100\%=\frac{2280-1700}{2280-1150}\times\frac{1150}{1700}\times100\%=34.5\%\geqslant(15\sim20)\%$$

灵敏系数满足要求。

(2) 电流Ⅱ段整定计算

① 动作电流 I_{OP1}^{II}

$$I_{OP2}^{I}=K_{rel}^{I}I_{K3max}=1.3\times520=676(A)$$

$$I_{OP1}^{II}=K_{rel}^{II}I_{OP2}^{I}=1.1\times676=744(A)$$

继电器动作电流 $$I_{OP1r}^{II}=\frac{K_{con}}{K_{TA}}I_{OP1}^{II}=\frac{1\times744}{300/5}=12.4(A)$$

② Ⅱ段保护时限 $$t_1^{II}=t_2^{I}+\Delta t=0+0.5=0.5(s)$$

③ 灵敏系数校验

$$K_{smin}^{II}=\frac{I_{K2min}^{(2)}}{I_{OP1}^{II}}=\frac{0.866\times1150}{744}=1.34\geqslant1.3$$

灵敏系数满足要求。

(3) 电流Ⅲ段整定计算

① 动作电流 I_{OP1}^{III}

$$I_{OP1}^{III}=\frac{K_{rel}^{III}K_{ss}}{K_{re}}I_{Lmax}=\frac{1.2\times1.3}{0.85}\times174=319(A)$$

继电器动作电流：$$I_{OP1r}^{III}=\frac{K_{con}}{K_{TA}}I_{OP1r}^{III}=\frac{1\times319}{300/5}=5.3\ (A)$$

② 动作时限：$t_1^{III}=t_2^{III}+\Delta t=2.0+0.5=2.5(s)$

③ 灵敏系数校验

a. 近后备保护：$K_{smin}^{III}=\frac{I_{K2min}^{(2)}}{I_{OP1}^{III}}=\frac{0.866\times1150}{319}=3.1\geqslant1.5$ 合格

b. 远后备保护：$K_{\text{smin}}^{\text{Ⅲ}}=\dfrac{I_{\text{K3min}}^{(2)}}{I_{\text{op1}}^{\text{Ⅲ}}}=\dfrac{0.866\times 490}{319}=1.33\geqslant 1.2$　合格

灵敏系数满足要求。

例 2-2

如例 2-2 图所示网络中每条线路的断路器上均装有三段式电流保护。已知电源最大、最小等值阻抗为 $X_{\text{Smax}}=9\Omega$，$X_{\text{Smin}}=6\Omega$，线路阻抗 $X_{\text{AB}}=10\Omega$，$X_{\text{BC}}=24\Omega$，线路 WL2 过流保护时限为 2.5s，线路 WL1 最大负荷电流为 150A，电流互感器采用不完全星形接线，电流互感器的变比为 300/5，试计算各段保护动作电流及动作时限，校验保护的灵敏系数。

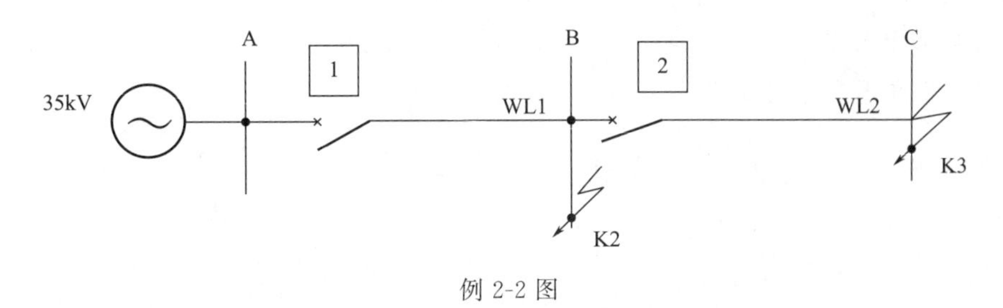

例 2-2 图

解：(1) 计算 K2 点、K3 点在最大、最小运行方式下三相短路电流

K2 点：$I_{\text{K2min}}^{(3)}=\dfrac{E_{\varphi}}{X_{\text{Smax}}+X_{\text{AB}}}=\dfrac{37/\sqrt{3}}{9+10}=1.124(\text{kA})$

$$I_{\text{K2max}}^{(3)}=\frac{E_{\varphi}}{X_{\text{Smin}}+X_{\text{AB}}}=\frac{37/\sqrt{3}}{6+10}=1.335(\text{kA})$$

K3 点：$I_{\text{K3max}}^{(3)}=\dfrac{E_{\varphi}}{X_{\text{Smin}}+X_{\text{AB}}+X_{\text{BC}}}=\dfrac{37/\sqrt{3}}{6+10+24}=0.534(\text{kA})$

$$I_{\text{K3min}}^{(3)}=\frac{E_{\varphi}}{X_{\text{Smax}}+X_{\text{AB}}+X_{\text{BC}}}=\frac{37/\sqrt{3}}{9+10+24}=0.497(\text{kA})$$

(2) 电流保护Ⅰ段整定计算

① 动作电流 $I_{\text{OP1}}^{\text{I}}$

$$I_{\text{OP1}}^{\text{I}}=K_{\text{rel}}^{\text{I}}I_{\text{K2max}}^{(3)}=1.3\times 1335=1736(\text{A})$$

继电器的动作电流　$I_{\text{OP1r}}^{\text{I}}=\dfrac{K_{\text{con}}}{K_{\text{TA}}}I_{\text{OP1}}^{\text{I}}=\dfrac{1}{300/5}\times 1736=28.9(\text{A})$

② 动作时限　$t_1^{\text{I}}=0\text{s}$

③ 灵敏系数校验

$$X_1 l_{\text{Pmin}}^{\text{I}}=\left(\frac{\sqrt{3}}{2}\times\frac{E_{\text{ph}}}{I_{\text{OP1}}^{\text{I}}}-X_{\text{Smax}}\right)=\left(\frac{\sqrt{3}}{2}\times\frac{37/\sqrt{3}}{1.736}-9\right)=1.632(\Omega)$$

$$\frac{X_1 l_{\text{Pmin}}^{\text{I}}}{X_1 l_{\text{AB}}}=\frac{1.632}{10}\times 100=16.3\geqslant 15$$

灵敏系数满足要求。

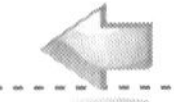

(3) 电流保护Ⅱ段整定计算

① Ⅱ段动作电流 $I_{OP2}^{I}=K_{rel}^{I}I_{K3max}^{(3)}=1.3\times 0.534=0.694(kA)$

$$I_{OP1}^{II}=K_{rel}^{II}I_{OP2}^{I}=1.1\times 694=764(A)$$

继电器的动作电流 $I_{OP1r}^{II}=\dfrac{K_{con}}{K_{TA}}I_{OP1}^{II}=\dfrac{1\times 764}{300/5}=12.7(A)$

② 动作时限 $t_1^{II}=t_2^{I}+\Delta t=0+0.5=0.5(s)$

③ 灵敏系数校验

$$K_{smin}^{II}=\frac{I_{K2min}^{(2)}}{I_{OP1}^{II}}=\frac{0.866\times 1.124}{0.694}=1.3\geqslant 1.3\ 合格$$

灵敏系数满足要求。

(4) 电流保护Ⅲ段整定计算

① Ⅲ段动作电流：$I_{OP1}^{III}=\dfrac{K_{rel}^{III}K_{ss}}{K_{re}}I_{Lmax}=\dfrac{1.2\times 1.3}{0.85}\times 150=265.3(A)$

继电器的动作电流 $I_{OP1r}^{III}=\dfrac{K_{con}}{K_{TA}}I_{OP1}^{III}=\dfrac{1\times 275.3}{300/5}=4.6(A)$

② 动作时限 $t_1^{III}=t_2^{III}+\Delta t=2.5+0.5=3(s)$

③ 灵敏系数校验

近后备保护： $K_{smin1(近)}^{III}=\dfrac{I_{K2min}^{(2)}}{I_{OP1}^{III}}=\dfrac{0.866\times 1124}{275.3}=3.5\geqslant 1.5$ 合格

远后备保护： $K_{smin1(远)}^{III}=\dfrac{I_{KBmin}^{(2)}}{I_{OP1}^{III}}=\dfrac{0.866\times 497}{275.3}=1.56\geqslant 1.2$ 合格

灵敏系数满足要求。

习 题

1. 名词解释

(1) 过电流保护

(2) 方向过流保护

(3) 零序过流保护

(4) 最大运行方式

(5) 最小运行方式

(6) 远后备

(7) 近后备

2. 无时限电流速断保护是如何保证选择性的？评价其速动性和灵敏性。为什么在接线图中要装设中间继电器？

3. 限时电流速断保护是如何保证选择性的？其速动性和灵敏性如何？为什么在接线图中不用装设中间继电器？

4. 定时限过电流保护是如何保证选择性的？评价其速动性和灵敏性。

5. 简述三段式电流保护的工作原理。

6. 三段式电流保护在整定计算中如何选择系统运行方式及短路类型？

7. 求习题7图示35kV线路AB的电流速断保护动作值。已知系统最大阻抗为9Ω，最小阻抗为7Ω，可靠系数取1.25，电流互感器变比为400/5，AB线路阻抗为10Ω。

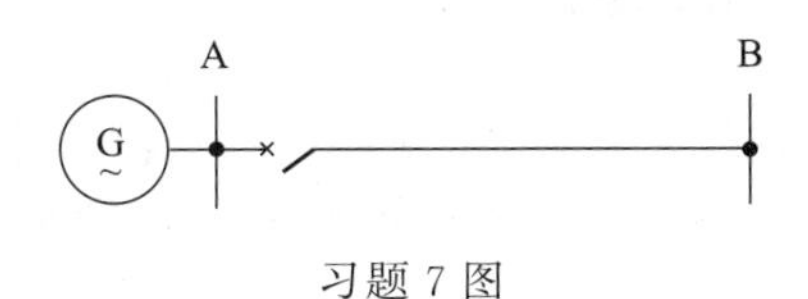

习题7图

8. 如习题8图所示，35kV单侧电源辐射型线路L1的保护拟定为三段式电流保护。保护采用两相星形接线，已知线路L1的最大负荷电流为174A，电流互感器的变比为300/5，在最大和最小运行方式下，K1和K2点发生三相短路时的电流值如下：$I_{K1max}^{(3)}=1310A$，$I_{K1min}^{(3)}=1150A$，$I_{K2max}^{(3)}=520A$，$I_{K2min}^{(3)}=490A$；保护2的过电流保护的动作时限为1.5s。试计算保护1各段的动作电流及动作时限，并校验保护Ⅱ段的灵敏度。

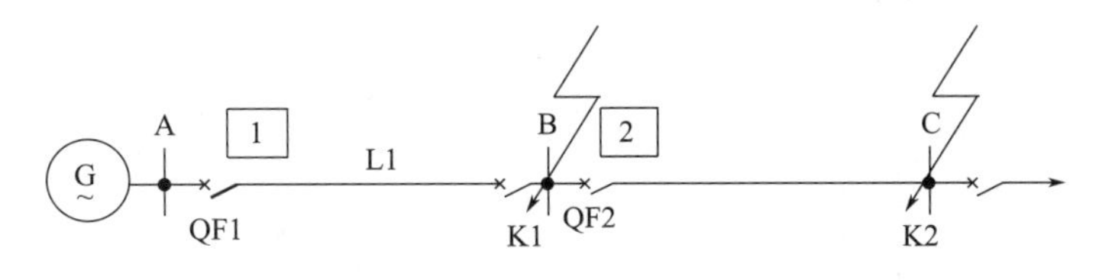

习题8图

9. 如习题9图所示，已知：线路AB（A侧）和BC均装有三段式电流保护，它们的最大负荷电流分别为120A和100A，负荷的自启动系数均为1.8；线路AB第Ⅱ段保护的延时允许大于1s；可靠系数$K_{rel}^{Ⅰ}=1.25$，$K_{rel}^{Ⅱ}=1.15$，$K_{rel}^{Ⅲ}=1.2$，$K_{rel}^{Ⅰ}=1.15$（躲开最大振荡电流时采用），返回系数$K_{re}=0.85$；A电源的$X_{SAmin}=15Ω$，$X_{SAmax}=20Ω$；其他参数如图所示。试确定：线路AB（A侧）各段保护动作电流及灵敏度。

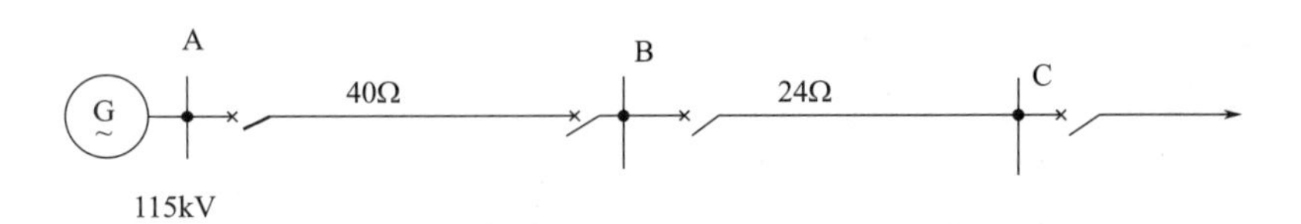

习题9图

10. 习题10图示35kV单电源线路，已知线路AB的最大传输功率为9MW，$\cos\varphi=0.9$，$K_{ss}=1.4$，$K_{re}=0.85$，求AB线路阶段式电流保护动作值及灵敏度。图中阻抗均为归算至37kV的有名值。$X_{smin}=7Ω$，$X_{smax}=9.4Ω$。

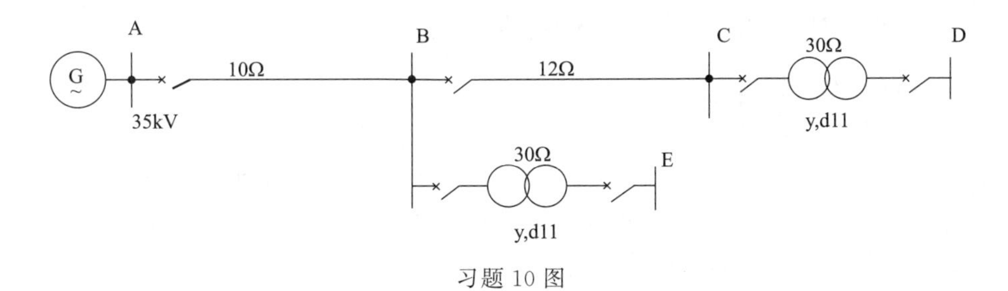

习题10图

任务 2.2 方向过电流保护与零序保护

2.2.1 方向过电流保护的产生

为了提高供电可靠性，出现了多侧电源电网或环形电网，如图 2.16、图 2.17 所示。在这样的电网中，为切除故障，线路两侧均装有断路器和保护装置。

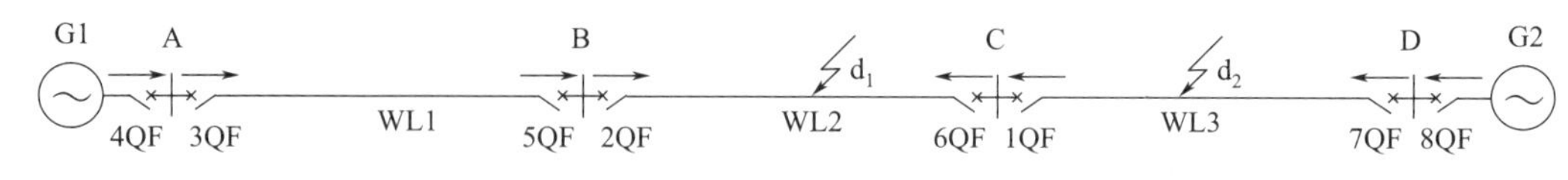

图 2.16 双侧电源辐射型电网

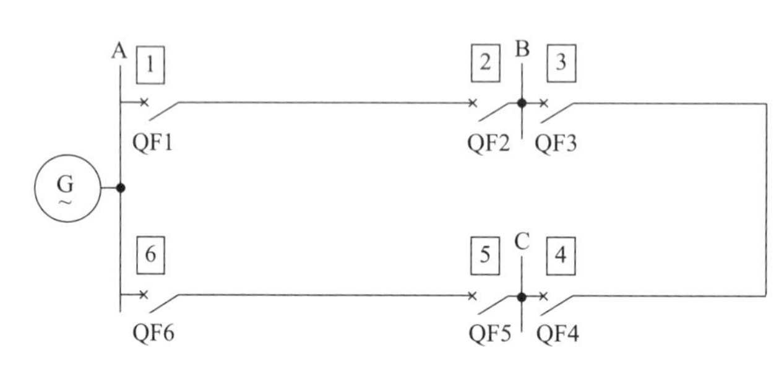

图 2.17 单侧电源供电的环网

对于双侧电源供电的电网和单侧电源供电的环网，仅靠动作时限不同获得选择性已满足不了要求。如图 2.16 中短路点：

$$\left.\begin{array}{l} d_1：要求\ t_6<t_1 \\ d_2：要求\ t_1<t_6 \end{array}\right\}无法满足要求$$

d_1 点短路：若 $I_d>I'_{OP1}$，保护 1 误动。

解决办法是在保护装置上加方向限定条件。

d_1 点短路：保护 1 的短路功率由线路指向母线，保护 6 的短路功率由母线指向线路。

d_2 点短路：保护 1 的短路功率由母线指向线路，保护 6 的短路功率由线路指向母线。

利用这个特点可构成一种保护，这种保护要求：凡是流过保护的短路功率是由母线指向线路时（正），保护就启动；凡是流过保护的短路功率是由线路指向母线时（负），保护就不启动。

规定：短路功率的方向从母线指向线路为正方向。

2.2.2 方向过电流保护的工作原理

（1）短路功率方向的规定

方向过流保护是在过流保护基础上加装方向元件的保护。如图 2.18 所示，在一般过流保护上各加一个方向元件（功率方向继电器），它只有当短路功率由母线指向线路时，才允许保护动作，称之为正方向，当短路功率是由线路指向母线时，保护不动作，称之为负方向。这样就解决了过流保护的选择性问题。

例如：当 K1 点短路时，保护 1、2、4、6 为正方向，可以启动；保护 3 和 5 反方向，不应启动。

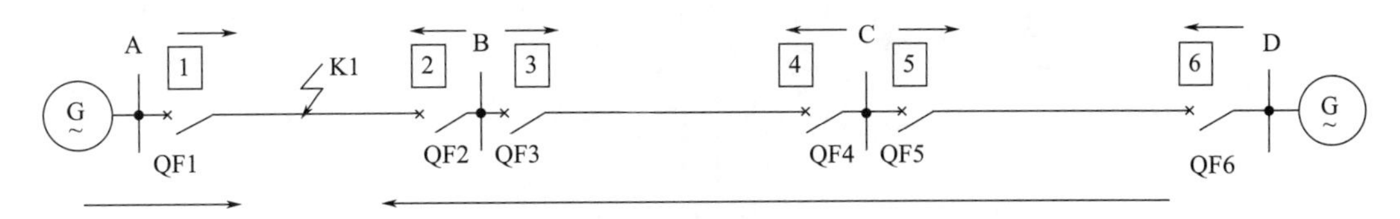

图 2.18 双侧电源辐射型电网

(2) 保护原理图

方向过电流保护：增加了功率方向元件的过电流保护，即是利用功率方向元件与过电流保护配合使用的一种保护装置，如图 2.19 所示。加装了方向元件后，反方向故障时保护不会动作，只有正方向故障时保护才能动作。

其启动有两个条件：

① 电流超过整定值（动作电流）；

② 功率方向符合规定的正方向。

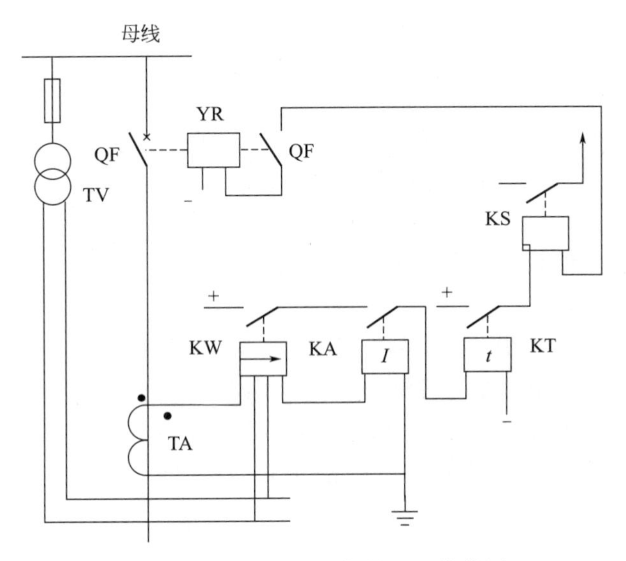

图 2.19 方向性电流保护原理接线图

方向过流保护装置由三个主要元件组成，即启动元件（电流继电器）、功率方向元件（功率方向继电器）和时限元件（时间继电器）。工作原理是方向元件 KW 和启动元件 KA 构成与门，二者同时动作才能启动时间继电器 KT。

在双侧电源线路上，并不是所有过流保护装置中都需要装设功率方向元件，只有在仅靠时限不能满足动作选择性时，才需要装设功率方向元件。

2.2.3 功率方向继电器

(1) 功率方向继电器的工作原理

功率方向继电器的作用是判别功率的方向。正方向故障，功率从母线流向线路时就动作；反方向故障，功率从线路流向母线时不动作。

以图 2.20 为例，进行功率方向继电器的原理分析。

K1 点发生短路故障时，加入保护 1 的电压与电流反映了一次电压和电流的相位和大小。

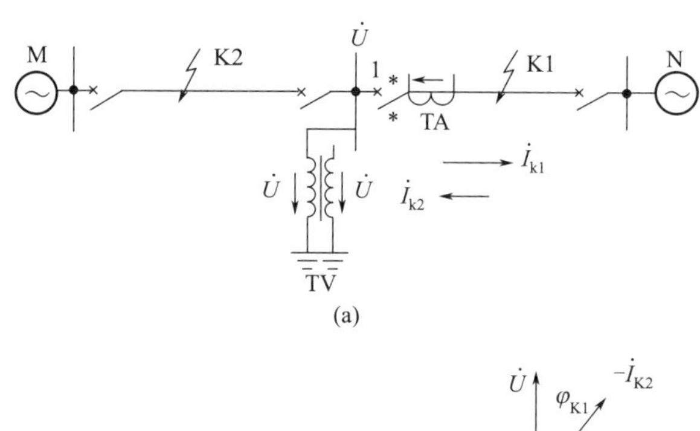

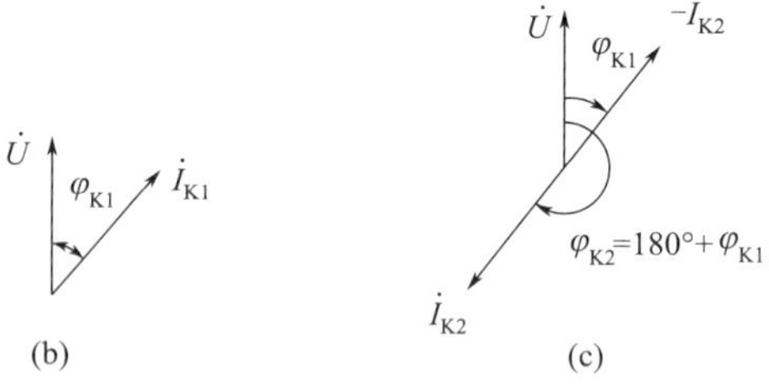

图 2.20 功率方向继电器的原理分析

如图 2.20(b) 所示，$P_{K1}=UI_{K1}\cos\varphi_{K1}>0$；如图 2.20(c) 所示，$P_{K2}=UI_{K2}\cos\varphi_{K2}<0$。功率方向继电器的动作条件为：

$P_K>0$ 时保护动作，$P_K<0$ 时保护不动作，实现保护的方向性。

因此，根据有功功率的正负，或母线残压与短路电流的相位差的大小可以判断故障的方向，功率方向继电器就是依据此原理做成的。

(2) 功率方向继电器的接线

对方向继电器的要求：

① 正方向任何形式的短路，继电器都能动作；反方向短路，继电器不动作。

② 故障以后，加入继电器的电流和电压尽可能大，灵敏度尽可能高。

反映相间短路的方向继电器广泛采用 90°接线。所谓 90°接线是假设三相电压对称 $\cos\varphi=1$ 时，加入方向继电器的电流和电压相位相差 90°的一种接线方式，如图 2.21 所示。

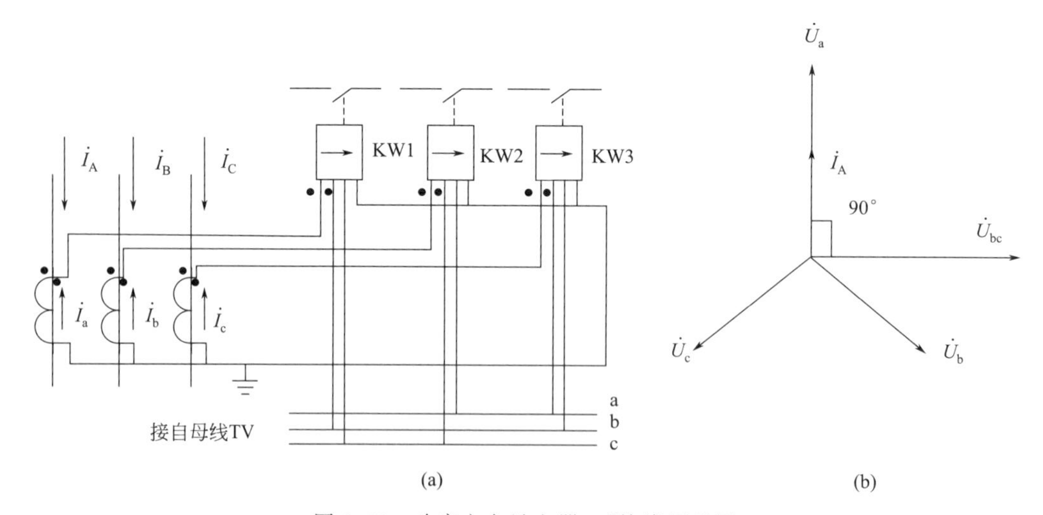

图 2.21 功率方向继电器 90°接线原理图

功率方向继电器 KW1、KW2、KW3 接入的电流和电压见表 2.2。

表 2.2 功率方向继电器接入的电流及电压

功率方向继电器	电流	电压
KW1	$\dot{I}_a$	$\dot{U}_{bc}$
KW2	$\dot{I}_b$	$\dot{U}_{ca}$
KW3	$\dot{I}_c$	$\dot{U}_{ab}$

90°接线的优点是：适当选择继电器的内角后，对于线路上发生的各种相间短路都能保证动作的方向性；对于各种两相短路，因加在继电器上的电压是故障相与非故障相之间的电压，其值较高，故两相短路时无电压死区。当 $0°<\varphi_k<90°$时，使方向继电器在一切故障情况下都能动作的条件应为：$30°<\alpha<60°$。

功率方向继电器采用 90°接线方式时，方向过电流保护原理接线图如图 2.22 所示。

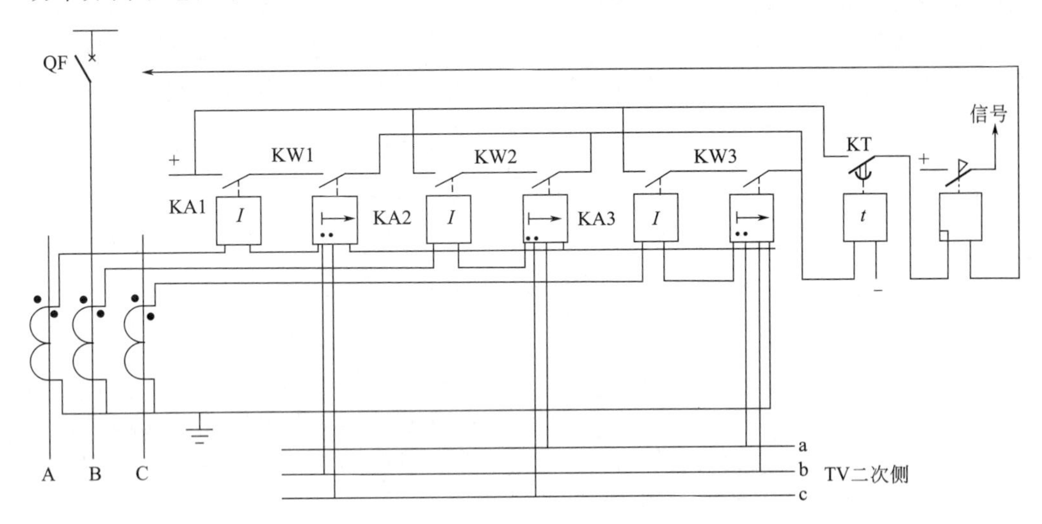

图 2.22 90°接线方式时，方向过电流保护原理接线图

2.2.4 方向过电流保护的整定

(1) 保护装置的动作电流

① 躲过被保护线路的最大负荷电流

$$I_{OP}=\frac{K_{rel}}{K_{re}}I_{Lmax} \tag{2-18}$$

式中，I_{Lmax} 为考虑电动机自启动最大负荷电流。

② 躲过非故障相电流

$$I_{OP}=K_{rel}I_{unf} \tag{2-19}$$

式中，I_{unf} 为非故障相电流。

③ 与相邻线路保护装置灵敏度的配合：沿着同一保护方向，保护装置的动作电流从远离电源最远处开始逐级增大，如图 2.23 所示，有

$$I_{OP3}>I_{OP2}>I_{OP1} \qquad I_{OP7}>I_{OP6}>I_{OP5}$$

以保护 6 为例，应有

$$I_{OP6}=K_{co}I_{OP5} \tag{2-20}$$

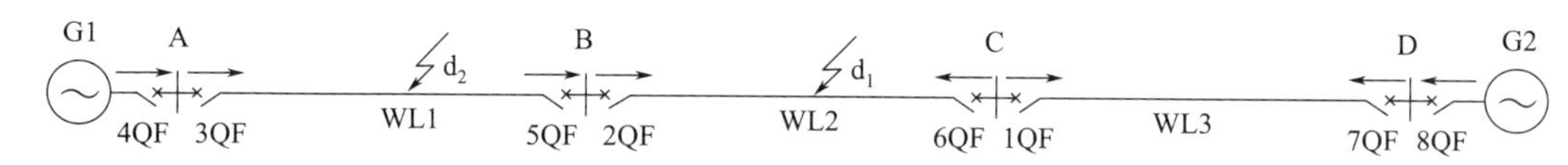

图 2.23 方向过电流保护的整定计算

式中，K_{co} 为配合系数，一般取 1.1。

取三式中计算结果较大者作为动作电流。

(2) 保护装置的灵敏度校验

方向过电流保护电流元件的灵敏度校验方法与不带方向的过电流保护相同。作为本线路的近后备保护时，要求 $K_{sen}\geqslant1.25\sim1.5$；作为下一相邻线路的远后备保护，要求 $K_{sen}\geqslant1.2$。

方向过电流保护的方向元件（功率方向继电器）灵敏度较高，故不需校验。

(3) 保护装置的动作时限

方向过电流保护动作时限的确定，是将动作方向一致的保护按逆向阶梯原则进行整定。装设方向元件以后，可把双电源网络分解为两个单电源辐射网，时限配合仍按阶梯原则。

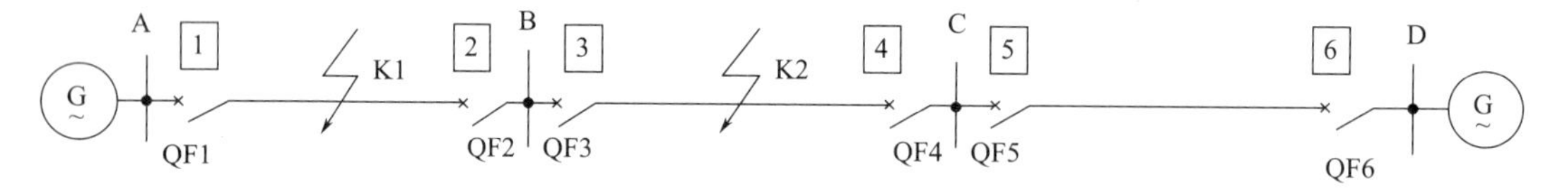

图 2.24 方向过电流保护的时限整定

如图 2.24 所示，保护 1、3 和 5 为一组，2、4 和 6 为另一组，各同方向保护间的时限配合仍按阶梯原则来整定。

① 线路 AB 上 K1 点短路时，保护 1、2、4、6 因短路功率由母线流向线路，故都能启动，其中按动作方向时限最短的保护 1 和 2 动作，跳开断路器 1 和 2，将故障线路 WL1 切除，保护 4 和 6 便返回，保证了动作的选择性。

② 线路 BC 上 K2 点短路时，保护 1、3、4、6 因短路功率由母线流向线路，故都能启动，而其中按动作方向时限最短的保护 3 和 4 动作，跳开断路器 3、4，将故障线路 WL2 切除，保护 1 和 6 便返回，从而保证了动作选择性。

思考：是不是所有的保护都需要加设方向元件？不是所有的保护都必须装设方向元件。

分析过程参考图 2.24、图 2.25。

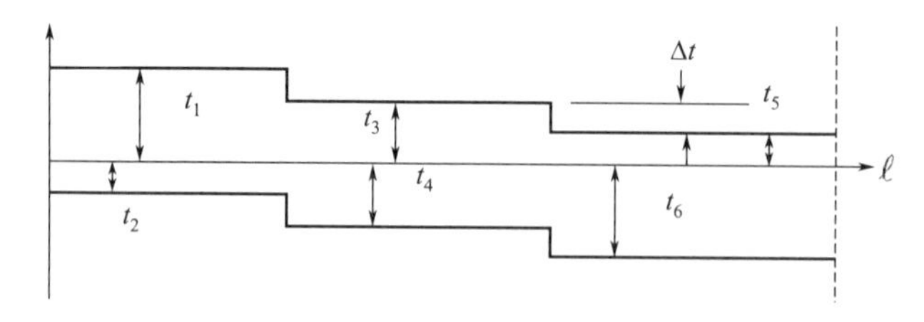

图 2.25 时限配合图

- 如变电所 C 中保护 4 和 5，因为 $t_4>t_5$，所以当在 CD 线路上发生短路时，保护 5 先于保护 4 动作，将故障切除。即动作时限配合已能保证保护 5 不会发生非选择性动作，故保护 5 可以不装方向元件。由此得出结论，对装设在同一母线两侧的保护来说，动作时限较长者可以不装设方向元件，动作时限较短者必须装设方向元件。如两者保护时限相同，则在两保护上都必须装设方向元件。

• 对电流速断保护来讲，若从整定值上躲开了反方向的短路，这时可以不用方向元件。

2.2.5 对方向过电流保护的评价

对四性的评价如下。

① 选择性：依靠逆向阶梯原则的时限特性和方向元件保证。

② 快速性：动作时限长。

③ 灵敏性：由电流元件决定，受网络结构和运行方式变化影响，一般具有足够的灵敏系数，但在长距离、大负荷的线路往往不能满足要求。

④ 可靠性：采用继电器及接线简单，可靠性高。

缺点：接线复杂，投资增加，且保护出口处三相短路时有死区。

应用：主要应用于35kV及以下的两侧电源辐射型网络和单电源环形网络。

例 2-3

求例2-3图示网络方向过电流保护动作时间，时限级差取0.5s。并说明哪些保护需要装设方向元件。

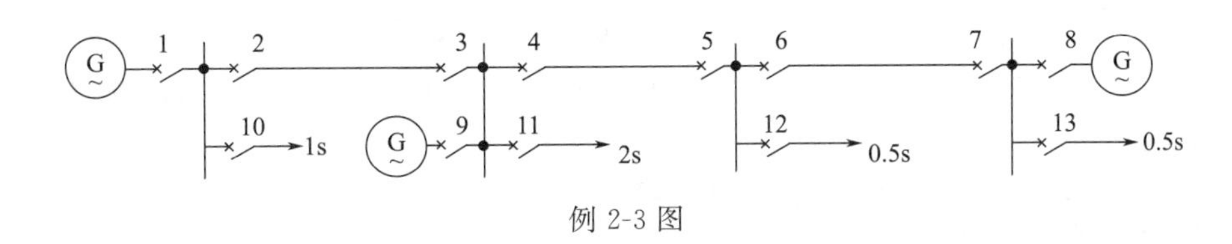

例2-3图

解：(1) 计算各保护动作时限

保护1、2、4、6为同方向，其动作时限为：

$t_6=t_{13}+\Delta t=0.5+0.5=1(s)$

$t_4=t_6+\Delta t=1+0.5=1.5(s)$

$t_4=t_{12}+\Delta t=0.5+0.5=1(s)$

取时限长的 $t_4=1.5(s)$

$t_2=t_4+\Delta t=1.5+0.5=2(s)$

$t_2=t_{11}+\Delta t=2+0.5=2.5(s)$

取 $t_2=2.5(s)$

$t_1=t_2+\Delta t=2.5+0.5=3(s)$

$t_1=t_{10}+\Delta t=1+0.5=1.5(s)$

取 $t_1=3(s)$

保护3、5、7、8为同方向，其动作时限为：

$t_3=t_{10}+\Delta t=1+0.5=1.5(s)$

$t_5=t_3+\Delta t=1.5+0.5=2.5(s)$

$t_5=t_{11}+\Delta t=2+0.5=2(s)$

取 $t_5=2.5(s)$

$t_7=t_5+\Delta t=2.5+0.5=3(s)$

$t_7=t_{12}+\Delta t=0.5+0.5=1(s)$

取时限长的 $t_7=3(s)$

$t_8=t_7+\Delta t=3+0.5=3.5(s)$

$t_9=t_{11}+\Delta t=2+0.5=2.5(s)$

$t_9=t_4+\Delta t=1.5+0.5=2.5(s)$

$t_9=t_2+\Delta t=2+0.5=2.5(s)$

取 $t_9=2.5(s)$

(2) 确定应装设方向元件

观察母线 A，由于 $t_2<t_1$，故保护 2 需要装设方向元件；观察母线 B，$t_3=t_4$，故保护 3 和保护 4 均应装设方向元件，$t_{11}<t_9$，故保护 11 应装设方向元件；观察母线 C，$t_6<t_5$，故保护 6 应装设方向元件；观察母线 D，$t_7<t_8$，故保护 7 应装设方向元件。

2.2.6 零序电流保护

在我国，110kV 及以上的电压等级电网采用中性点直接接地运行方式。当发生接地故障时构成短路回路，将出现很大的短路电流，故又称这种系统为大接地电流系统。统计表明，大接地电流系统发生的故障绝大多数为接地短路。三相星形接线的过电流保护虽然也能保护接地短路，但其灵敏度较低，保护时限较长，故中性点直接接地系统通常采用专门的接地保护装置。

在大接地电流系统中发生接地故障后，就有零序电流、零序电压和零序功率出现，利用这些电气量构成保护接地短路的继电保护装置统称为零序保护。采用零序保护可以克服过电流保护的不足，这是因为：

① 系统正常运行和发生相间短路时，不会出现零序电流和零序电压。因此零序保护的动作电流可以整定得较小，这有利于提高其灵敏度。

② Y/△接线降压变压器，△侧以外的故障不会在 Y 侧反应出零序电流，所以零序保护的动作时限可以不必与该种变压器以后的线路保护相配合而取较短的动作时限。

变压器中性点的选择：不使系统出现危险的过电压；不使零序网络有较大改变，以保证零序保护有稳定的灵敏性。

2.2.6.1 中性点直接接地电网的零序保护

(1) 接地故障时零序分量的特点

以图 2.26 为例进行分析：

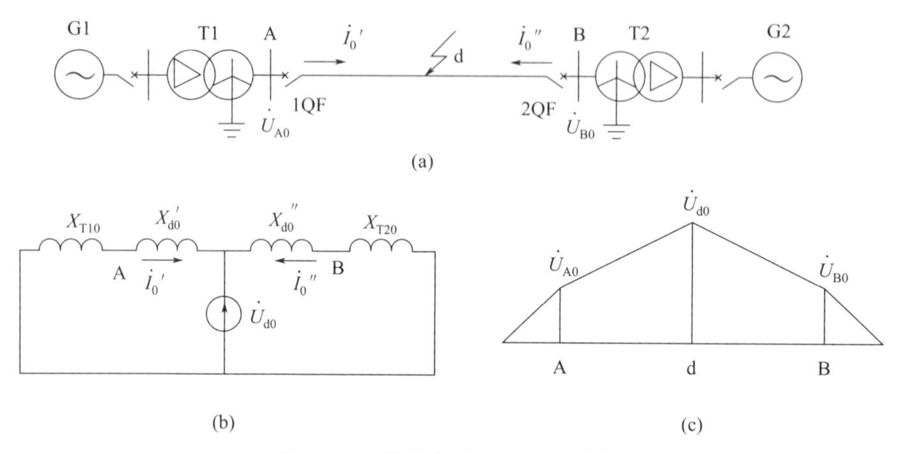

图 2.26 故障点零序电压的分布

① 故障点的零序电压最高，离故障点越远，零序电压越低，在变压器中性点零序电压降为零，如图 2.26(c) 所示。

② 零序电流的分布，决定于线路的零序阻抗和中性点接地变压器的零序阻抗及变压器接地中性点的数目和位置，而与电源的数量和位置无关。

③ 故障线路零序功率的方向与正序功率的方向相反，是由线路流向母线的。短路点零序功率最大。

④ 零序电流超前零序电压 90°。

⑤ 某一保护安装地点处的零序电压与零序电流之间的相位差取决于背后元件的阻抗角。

⑥ 在系统运行方式变化时，正、负序阻抗的变化，引起 U_{d1}、U_{d2}、U_{d0} 之间电压分配的改变，因而间接地影响零序分量的大小。

(2) 零序保护测量元件

① 零序电流滤过器，如图 2.27 所示。

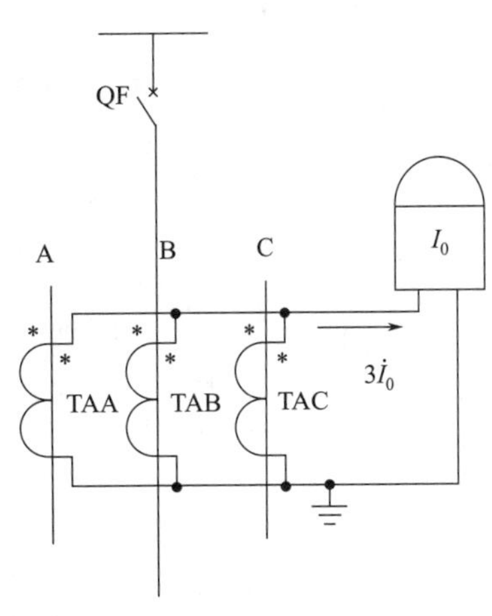

图 2.27 零序电流滤过器示意图

接地故障时流入继电器的电流为零序电流，即 $\dot{I}_r=\dot{I}_a+\dot{I}_b+\dot{I}_c=3\dot{I}_0$。

② 零序电压互感器，如图 2.28 所示。零序电压的取得，通常采用三个单相电压互感器或三相五柱式电压互感器，接成 Y_0/y_0/开口三角。发生接地故障时，从 mn 端子上得到的零序电压为：

$$\dot{U}_{mn}=\dot{U}_A+\dot{U}_B+\dot{U}_C=3\dot{U}_0 \tag{2-21}$$

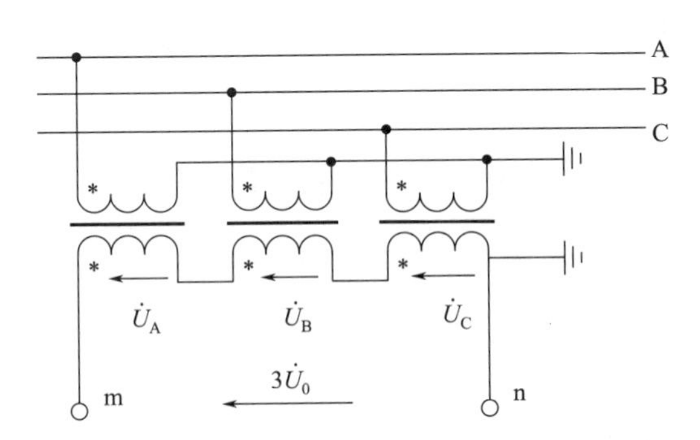

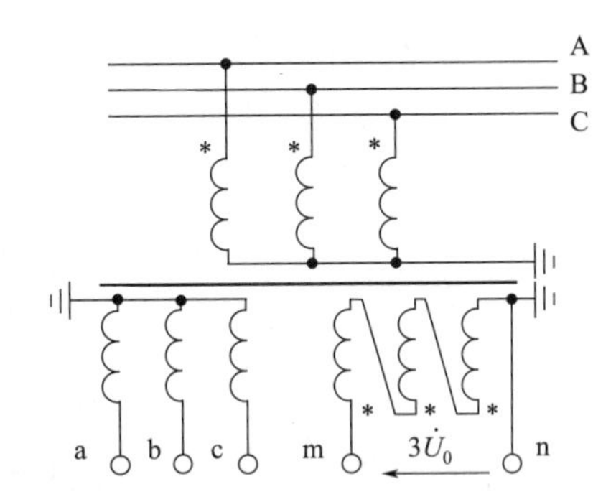

图 2.28 零序电压互感器示意图

(3) 零序电流保护及方向性零序电流保护

① 零序电流保护原理　中性点直接接地系统发生接地故障时出现很大的零序电流，利用零序电流增大作为电网接地短路的判据而构成的保护，即零序电流保护。电网接地的零序电流保护和相间短路的电流保护，在组成、整定计算、保护范围等方面有相似之处，在学习时要注意比较，融会贯通。

零序电流保护也采用阶段式，有零序电流速断保护（零序Ⅰ段）、限时零序电流速断保护（零序Ⅱ段）、定时限零序过电流保护（零序Ⅲ段），如图 2.29 所示。

零序Ⅰ段只保护线路一部分，零序Ⅱ段可以保护线路全长，并与相邻线路相配合，零序Ⅲ段为后备段，作为本线路及相邻线路的后备保护。

② 定时限零序过电流保护的动作时限　为保证选择性，各保护的动作时限也按阶梯原则来选择。

在两个变压器间发生接地故障时，才能引起零序电流，如图 2.30 所示，所以保护 4、5、6 采用零序保护，满足时限要求 $t_4<t_5<t_6$。

零序电流保护时限比相间短路过流保护动作时限缩短了。因为变压器 B2 是 Yd 接线，d 侧发生接地短路时，不会在 Y 侧产生零序电流，所以零序保护 4 可以瞬时动作，不必和保

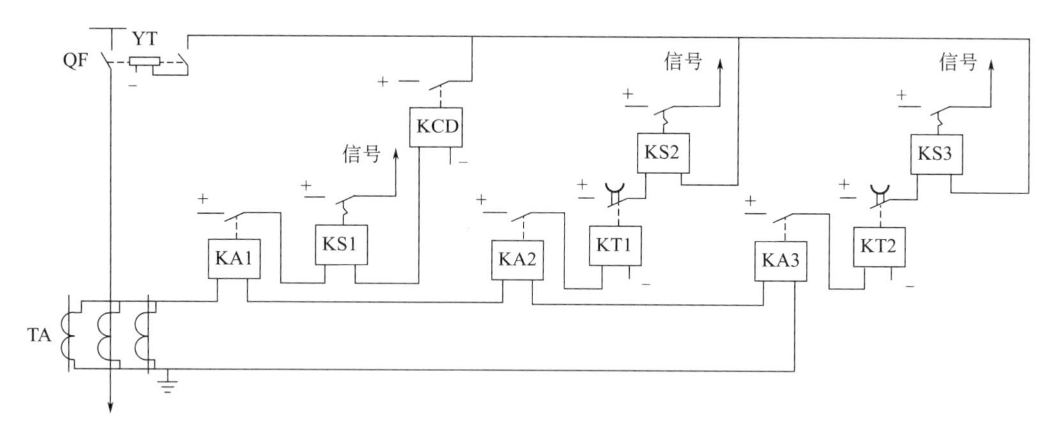

图 2.29 三段式零序电流保护原理接线

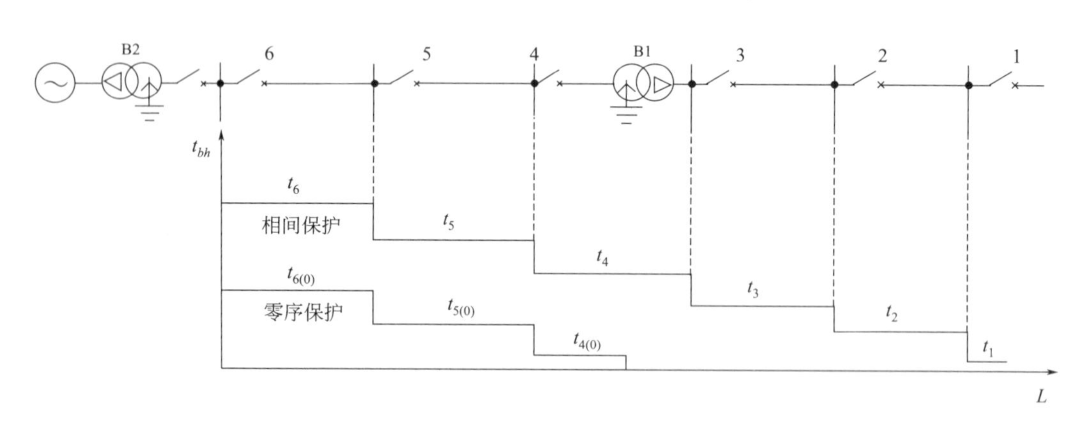

图 2.30 零序过电流保护的时限特性

护 3 配合。所以零序保护动作时限从保护 4 开始逐级加大一个时限级差，所以对于同一线路的保护，零序Ⅲ段的动作时限比相间短路保护时间短。

③ 方向性零序电流保护 与相间方向电流保护类似，在两侧或多侧变压器中性点接地的电网中，需要装设零序功率方向继电器，构成零序方向保护，从而保证选择性。在零序方向保护中，只需同一方向的保护相互配合。

如图 2.31 所示，在 d_1 点接地短路时，为保证动作的选择性，需满足 $t_{02}<t_{03}$；同理，在 d_2 点发生接地故障时，要求 $t_{02}>t_{03}$，必须加装功率方向元件。

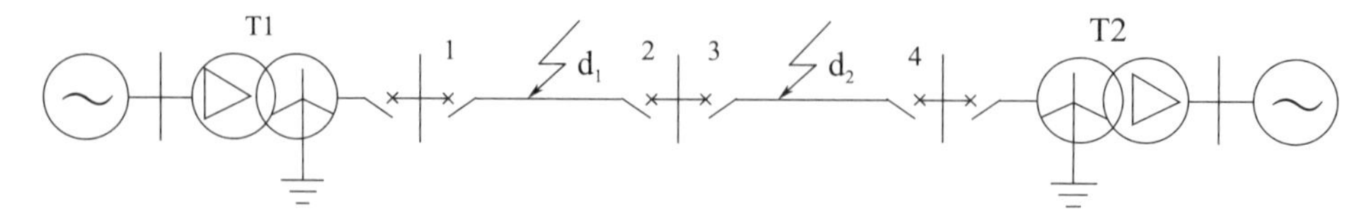

图 2.31 方向性零序电流保护分析

假设母线零序电压为正，零序电流由母线流向线路方向为正。故障线路两侧零序电流的实际方向为负，零序功率为负，非故障线路远离短路点侧的零序电流也为负，近短路点侧零序电流的方向为正。这时须加装反应零序功率而动作的继电器。

在 d_2 点发生接地，只需满足 $t_{01}>t_{03}$；在 d_1 点发生接地，只需满足 $t_{02}<t_{04}$ 即可保证选择性。

④ 对零序电流保护和方向性零序保护的评价

a. 零序电流保护比相间短路的电流保护有较高的灵敏度。

b. 零序过电流保护的动作时限较相间保护短。

c. 零序电流保护不反应系统振荡和过负荷。

d. 零序功率方向元件无死区。副方电压回路断线时，不会误动作。

e. 接线简单可靠。

2.2.6.2 中性点非直接接地电网中单相接地故障时的零序保护

非直接接地电网：3～35kV，单相故障发生时，故障点电流小，线电压对称，可继续运行1～2h，保护只发信号，故又称这种系统为小接地电流系统。正常运行时，相电压对称，中性点对地电压为零，无零序电压和电流。

(1) 中性点不接地电网中单相接地故障的特点（图 2.32、图 2.33）

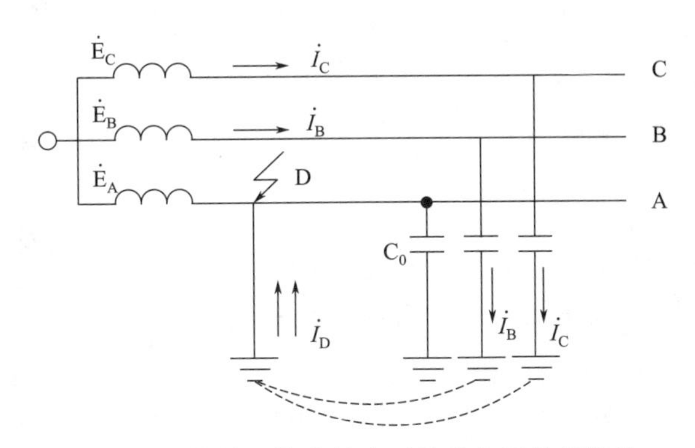

图 2.32 简单网络中性点不接地电网单相接地

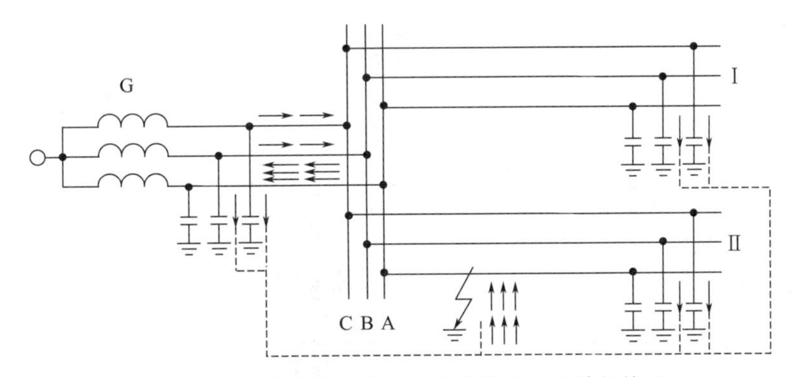

图 2.33 多条线路网络中性点不接地电网单相接地

① 单相接地时，电网各处故障相对地电压（金属性故障）为零，非故障相对地电压升高至电网线电压，全系统都将出现零序电压，数值上为电网正常时的相电压。

② 在非故障元件上有零序电流，其数值等于本身的对地电容电流，超前零序电压 90°，电容性无功功率的实际方向为由母线流向线路。

③ 在故障元件上，零序电流为全系统非故障元件对地电容电流之和，电容性无功功率的实际方向为由线路流向母线，滞后零序电压 90°。

④ 故障线路的零序功率与非故障线路的零序功率方向相反。

(2) 中性点不接地电网接地保护

根据以上特点，可采用下列方式构成中性点不接地电网接地保护。

① 绝缘监视装置　利用接地后出现的零序电压，通过对零序电压的监视，判断故障。如图 2.34 所示。

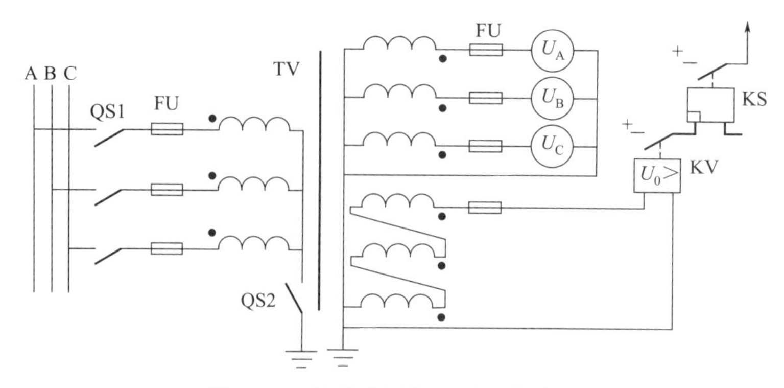

图 2.34　绝缘监视装置原理接线图

无论哪条线路发生接地故障，系统各处都出现零序电压，因此绝缘监视装置是没有选择性的。值班人员可依次断开各出线断路器，并随即把断路器投入，当断开某条线路后零序电压消失、三只电压表读数重新相同时，表明故障在该条线路。

正常运行时：没有零序电压，三只电压表读数相等，KV 不动。

当系统任一出线发生接地故障时：接地相对地电压为零，而其他两相对地电压升高至线电压。同时在开口三角处出现零序电压，过电压继电器 KV 动作，给出接地信号。

② 零序电流保护　零序电流保护是利用故障线路的零序电流比非故障线路的零序电流大的特点来实现有选择性地发出信号或动作于跳闸的保护装置。原理见图 2.35。

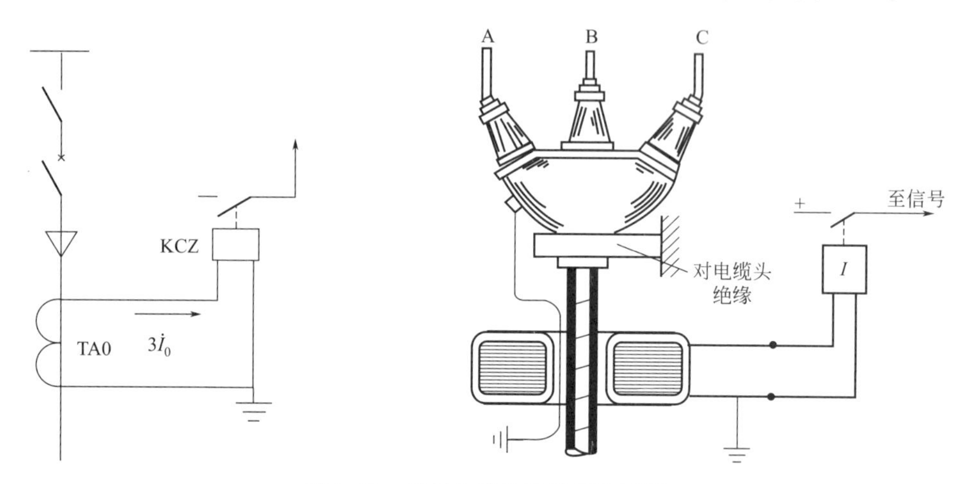

图 2.35　零序电流保护原理接线图

(3) 中性点经消弧线圈接地电网中单向接地故障的特点

中性点不接地系统发生单相接地时，在接地点流过的是全系统的对地电容电流。如果这个电流比较大，会在接地点产生电弧，引起弧光电压，非故障相对地电压进一步升高，可能造成多点的接地短路，并损坏绝缘。为此，可在中性点接入一个电感线圈，即消弧线圈，如图 2.36 所示。当单相接地时，中性点对地电压升高为相电压，消弧线圈产生一个电感电流，在接地点与原系统的电容电流相抵消，从而减小了接地点的总电流，使电弧消除。

根据补偿度上的不同，分别有完全补偿、欠补偿和过补偿三种方式。

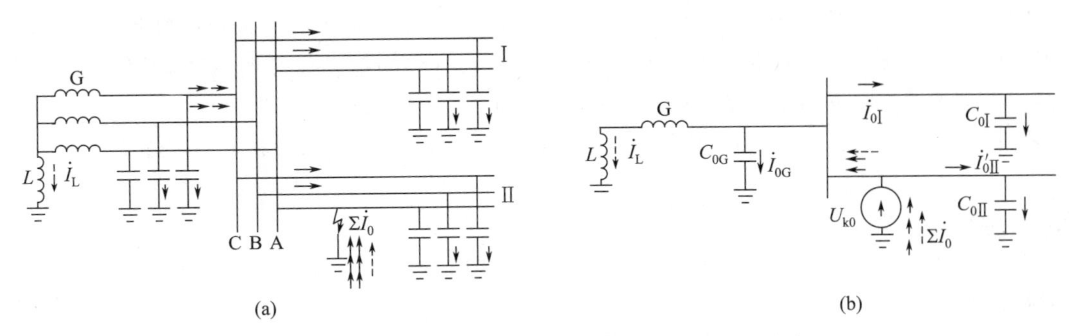

图 2.36 中性点经消弧线圈接地电网单相接地故障

① 完全补偿：使 $I_L=I_{C\Sigma}$。接地点的总电流近似为零。这种补偿方式消弧效果最好，但由于完全补偿时，$X_L=X_C$，满足串联谐振的条件，容易使系统产生过电压。因此，在实际中不能采用这种方式。

② 欠补偿：使 $I_L<I_{C\Sigma}$。补偿后的接地点总电流仍是容性的。当某些元件退出运行时，电容电流将减小，这时又可能出现 $I_L=I_{C\Sigma}$，容易引起串联谐振产生过电压。因此，欠补偿的方式一般也不采用。

③ 过补偿：$I_L>I_{C\Sigma}$。补偿后的残余电流是电感性的。这种方式不可能引起谐振过电压，在实际中得到了广泛的应用。

2.2.6.3 对电网接地保护的评价和应用

(1) 对大接地电流电网保护的评价及应用

在大接地电流系统中，采用三相完全星形接线的相间电流保护来保护接地短路时，与采用专门的零序电流保护来保护接地短路相比较，后者有较突出的优点，即灵敏性高。相间短路的过流保护动作电流按躲过最大负荷电流来整定，电流继电器动作值一般为5～7A，而零序过流保护，按躲过最大不平衡电流来整定，一般为0.5～1A。由于发生单相接地短路时，故障相的电流与三倍零序电流 $3I_0$ 相等，因此，零序过流保护的灵敏性高。对于电流速断保护，因线路的阻抗 $X_0=3.5X_1$，所以在线路始末端接地短路的零序电流的差别比相间短路电流差别要大很多，从而零序电流速断的保护区要大于相间短路电流速断的保护区。

在大接地电流系统中，零序保护获得广泛应用，因为在110kV及以上电压系统中，单相接地故障占全部故障80%～90%，而其他类型的故障也都是由单相接地引起的，所以采用专门的零序电流保护是十分必要的，但是零序电流保护也存在一些缺点，主要表现如下。

① 对于短路线路或运行方式变化大的电网，零序保护往往不能满足系统运行所提出的要求，如保护范围稳定或由于运行方式的改变需重新整定零序保护。

② 随着单相重合闸广泛的应用，在综合重合闸动作过程中将出现非全相运行状态，再考虑系统两侧的电机发生摇摆，则可能出现很大的零序电流，因此影响零序电流保护正确工作。这时必须增大保护动作值或在重合闸动作过程中使之短时退出运行。等全相运行后再投入。

由于零序电流保护具有以上优点，故在各级电压的大接地电流系统中得到广泛应用。

(2) 对小接地电流电网的评价及应用

绝缘监视装置是一种无选择性的信号装置，它的优点是简单、经济，但在寻找接地故障过程中，不仅要短时中断对用户的供电，而且操作工作量大。这种装置广泛安装在发电厂和变电所母线上，用以监视本网络中的单相接地故障。

当中性点不接地系统中出线线路数较多，全系统对地电容电流较大时，可采用零序电流保护实现有选择性的接地保护，当灵敏系数不够时，可利用接地故障时故障线路与非故障线路电容电流方向不同的特点来实现零序功率方向保护。

零序功率方向元件无死区；TV 二次电压回路断线时，不会误动作；接线简单可靠。

习 题

一、填空题

1. 方向电流保护主要用于________和________线路上。

2. 感应式功率方向继电器的最大灵敏角 $\varphi_{sen}=-\alpha$，α 为继电器的________。

3. 为防止非故障相电流影响造成相间短路保护功率方向继电器误动，保护直流回路应采用________接线。

4. 方向过电流保护动作的正方向是短路功率从________流向________。

5. 功率方向继电器存在________潜动和________潜动。

6. 对方向过电流保护必须要采用________接线，目的是躲过________的影响。

7. 按 90°接线的功率方向继电器用于阻抗角为 60°的被保护线路上，要使继电器最灵敏，继电器的最灵敏角应为________，动作区为________。

8. LG-11 型功率方向继电器，若继电器的内角 α 为 45°，则其动作范围为________$\leqslant \varphi_m \leqslant$________，继电器的最灵敏角为________。

二、选择题

1. 过电流方向保护是在过电流保护的基础上，加装一个（　　）而组成的装置。

A. 负荷电压元件　　B. 复合电流继电器

C. 方向元件　　D. 复合电压元件

2. 功率方向继电器的电流和电压为 I_a、U_{bc}，I_b、U_{ca}，I_c、U_{ab} 时，称为（　　）。

A. 90°接线　　B. 60°接线　　C. 30°接线　　D. 0°接线

3. 所谓功率方向继电器的潜动，是指（　　）的现象。

A. 只给继电器加入电流或电压时，继电器不动作

B. 只给继电器加入电流或电压时，继电器动作

C. 加入继电器的电流与电压反相时，继电器动作

D. 与电流、电压无关

4. 在电网中装设带有方向元件的过流保护是为了保证动作的（　　）。

A. 选择性　　B. 可靠性　　C. 灵敏性　　D. 快速性

5. 相间方向过流保护的按相启动接线方式是将（　　）。

A. 各相的电流元件触点并联后，再串入各功率方向继电器触点

B. 同名相的电流和功率方向继电器的触点串联后再并联

C. 非同名相电流元件和方向元件触点串联后再并联

D. 各相功率方向继电器的触点和各相的电流元件触点分别并联后再串联

6. 相间短路保护功率方向继电器采用 90°接线的目的是（　　）。

A. 消除三相短路时方向元件的动作死区

B. 消除出口两相短路时方向元件的动作死区

C. 消除反方向短路时保护误动作

D. 消除正向和反向出口三相短路保护拒动或误动

三、问答题

1. 为什么在单侧电源环网或者双（多）侧电源电网中必须装设方向元件？

2. 大接地电流系统中发生接地短路时，零序电压如何分布？零序电流的分布与什么有关？

3. 中性点直接接地系统的零序电流保护是如何构成的？各保护的动作电流如何整定？

4. 中性点不接地系统线路发生单相金属性接地时，电网电流、电压有哪些特点？有哪些保护方案？

5. 如习题5图示输电网路，在各断路器上装有过电流保护，已知时限级为0.5s。为保证动作的选择性，确定各过电流保护的动作时间及哪些保护要装设方向元件。

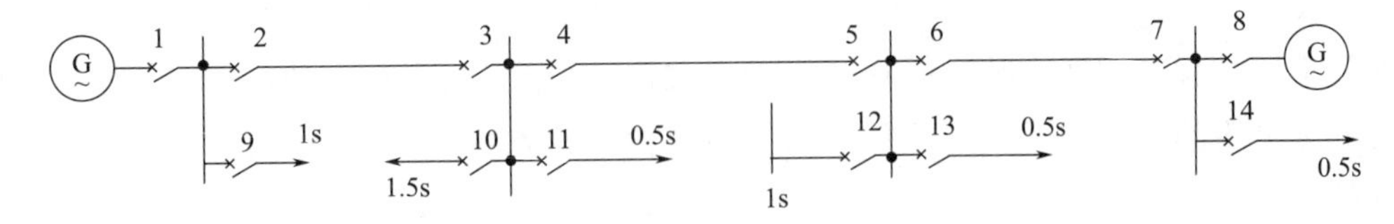

习题5图

6. 单电源环形网路如习题6图所示，在各断路器上装有过电流保护，已知时限级差为0.5s。为保证动作的选择性，确定各过电流保护的动作时间及哪些保护要装设方向元件。

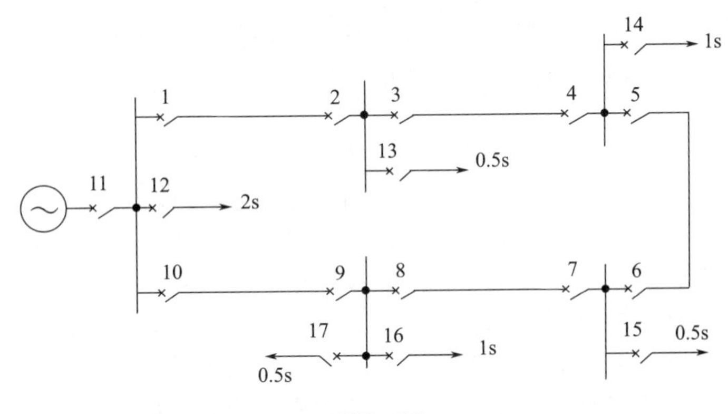

习题6图

7. 单侧电源环网如习题7图所示，按图中已知的过电流保护动作时限，试确定其他过电流保护的动作时限，并指出哪些保护应装设方向元件（取$\Delta t=0.5$s）。

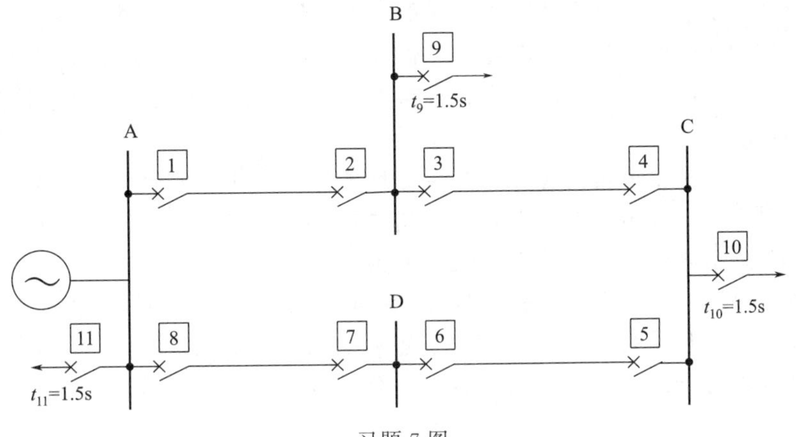

习题7图

任务 2.3 距离保护

电流、电压保护的主要优点是简单、可靠、经济，在网络接线简单、电压等级较低的电网中，能满足保护的“四性”要求。但是，对于容量大、电压高或结构复杂的网络，它们难以满足电网对保护的要求。电流电压保护，其保护范围随系统运行方式的变化而变化，有时候甚至没有保护区。对长距离、重负荷线路，由于线路的最大负荷电流可能与线路末端短路时的短路电流相差甚微，采用过电流保护，其灵敏性也常常不能满足要求。在多电源的复杂电网中，方向过电流保护也往往不能满足有选择性地切除故障，且动作时限长。

思考：电流、电压保护一般只适用于35kV及以下电压等级的配电网。对于110kV及以上电压等级的复杂网，线路保护采用何种保护方式？可采用距离保护（保护范围稳定、灵敏度高）。

2.3.1 距离保护的基本原理

距离保护：通过测量保护安装处至故障点的距离，并根据距离的远近而自动确定动作时限的一种保护装置。

测量保护安装处至故障点的距离，实际上是测量保护安装处至故障点之间的阻抗，故有时又称之为阻抗保护。该阻抗为保护安装处的电压与电流的比值，即

$$Z=\frac{\dot{U}}{\dot{I}} \tag{2-22}$$

式中，$\dot{U}$ 为保护安装处的电压；$\dot{I}$ 为保护安装处的电流。

在线路正常运行时，测量阻抗为负荷阻抗，其值较大，保护不动作。当线路发生短路时，测量阻抗等于线路始端（即保护安装处）到短路点的电路阻抗，其值较小，而且故障点越靠近保护安装处，其值越小。当测量阻抗小于预先整定好的整定阻抗时，保护动作，使距离保护刚好动作时的测量阻抗称为动作阻抗 Z_{op}。

距离保护的动作时间，取决于短路点到保护安装处的距离。短路点越靠近保护安装处，其测量阻抗就越小，则动作时限就越短，反之，短路点越远，其测量阻抗就越大，则动作时限就越长。故障发生后，总是离故障点近的保护先动作，保证了动作的选择性。

距离保护的动作时间 t 与保护安装处到故障点之间的距离 l 的关系称为距离保护的时限特性。目前获得广泛应用的是三阶梯形时限特性，如图 2.37 所示，并分别称为距离保护的Ⅰ段、Ⅱ段和Ⅲ段。

为了保证下一线路出口短路时的选择性，距离保护的Ⅰ段只能保护线路全长的80%～85%，动作时限为0s。距离保护的Ⅱ段以反应本线路末端15%～20%范围内故障为主，同时作为本线路距离Ⅰ段的后备，动作时限一般为0.5s。距离保护的Ⅰ段与Ⅱ段的联合工作构成本线路的主保护。为了作为相邻线路保护装置和断路器拒动的远后备保护，同时也作为本线路距离保护Ⅰ、Ⅱ段的近后备保护，还应该装设距离保护的Ⅲ段。距离保护的第Ⅲ段不仅可以保护本线路的全长，而且还可以保护相邻线路的全长，其动作时限按阶梯时限特性选择。

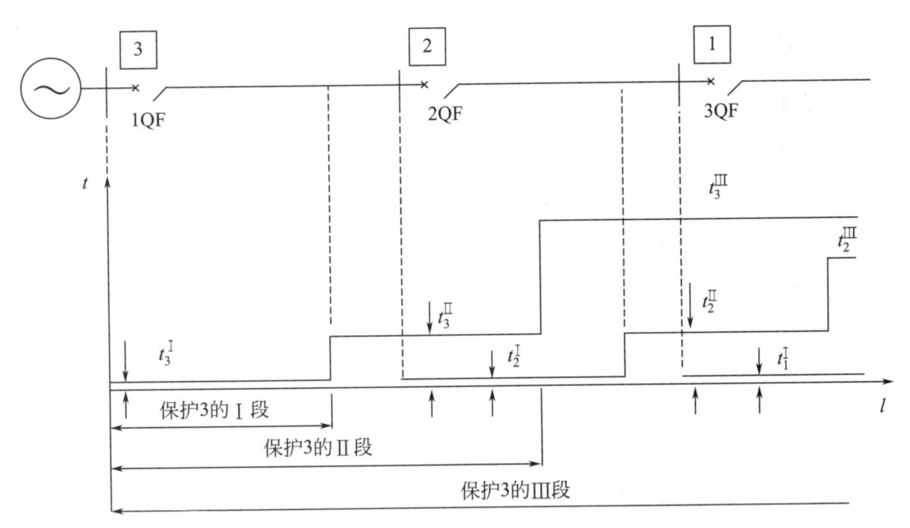

图 2.37 距离保护的阶梯形时限特性

2.3.2 距离保护的组成

三段式距离保护装置的原理框图如图 2.38 所示，主要由启动元件、阻抗测量元件、时间元件、方向元件和出口元件组成。

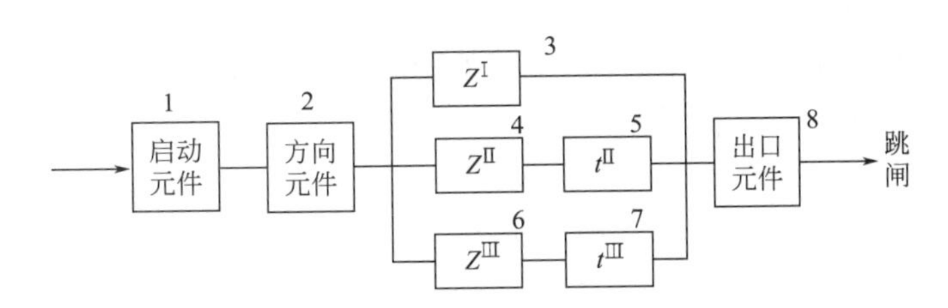

图 2.38 三段式距离保护装置的原理框图

① 启动元件：在发生故障的瞬间启动整套保护，采用的是过电流继电器或者阻抗继电器。

② 方向元件：保证保护动作的方向性。采用单独的方向继电器，或方向元件和阻抗元件相结合。

③ 距离元件：测量短路点到保护安装处的距离（即测量阻抗），一般采用阻抗继电器。

④ 时间元件：根据预定的时限特性确定动作的时限，以保证保护动作的选择性，一般采用时间继电器。

⑤ 出口元件：距离保护装置在动作后经由出口元件去跳闸，并发出信号。

由图 2.38 可见，正常运行时：启动元件 1 不启动，保护装置处于被闭锁状态。正方向发生故障时：启动元件 1 和方向元件 2 动作，距离保护投入工作。如果故障点位于第Ⅰ段保护范围内，则 3（Z^{I}）动作直接启动出口元件，瞬时动作于跳闸。如果故障点位于距离Ⅰ段之外的距离Ⅱ段保护范围内，启动元件和方向元件启动则阻抗继电器 4、6 启动，由于时间元件 $t_5<t_7$，故由距离保护 4（Z^{II}）动作后直接启动距离Ⅱ段的时间元件 5（t^{II}），以 t^{II} 延时启动出口元件去跳闸。如果故障点位于距离Ⅱ段之外的距离Ⅲ段保护范围内，启动元件和方向元件启动，阻抗继电器 6（Z^{III}）启动，以 t^{III} 延时启动出口元件跳闸。

2.3.3 距离保护的测量元件

2.3.3.1 阻抗继电器

距离保护的测量元件是阻抗继电器，是距离保护的核心元件，其主要作用是测量短路点到保护安装处的距离，并与整定值进行比较，以确定保护是否应该动作。阻抗继电器按其动作特性可分为单相式和多相补偿式两种。

2.3.3.2 阻抗继电器的动作特性

继电器的测量阻抗是指加入继电器的电压和电流的比值，即

$$Z_{r}=\frac{U_{r}}{I_{r}}=\frac{\dot{U}_{m}/n_{TV}}{\dot{I}_{m}/n_{TA}}=\frac{n_{TA}}{n_{TV}}=Z_{m} \tag{2-23}$$

式中，$\dot{U}_{m}$ 为保护安装处的一次电压，即母线残压；$\dot{I}_{m}$ 为被保护线路的一次电流；n_{TV}/n_{TA} 为电压互感器变比与电流互感器变比；Z_{m} 为一次测量阻抗。

阻抗继电器动作与否取决于其测量阻抗 Z_{r} 与整定阻抗 Z_{set} 的比较，若 $Z_{r}<Z_{set}$，则保护动作，反之不动作。由于 Z_{r} 与 Z_{set} 都是复数，所以可以利用复数平面来分析继电器的动作特性，并用一定的几何图形把它表示出来，如图 2.39 所示。阻抗继电器的动作特性为一个圆，圆内为动作区，圆外为非动作区，圆为动作边界。

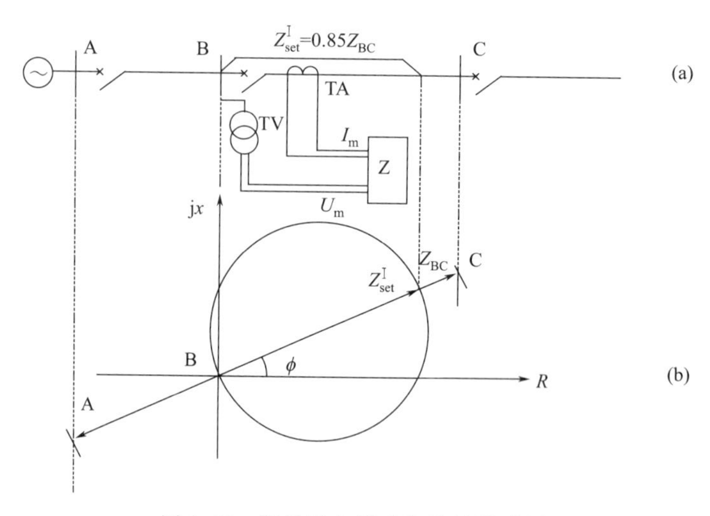

图 2.39 阻抗继电器动作特性说明图

以图 2.38 中线路 BC 的距离保护第Ⅰ段为例来进行说明。其整定阻抗 $Z_{set}^{I}=0.85Z_{BC}$，并假设整定阻抗角与线路阻抗角相等。

正方向短路时，测量阻抗在第一象限，正向测量阻抗 Z_{r} 与 R 轴的夹角为线路的阻抗角 φ_{L}。

反方向短路时，测量阻抗在第三象限。如果测量阻抗的相量，落在 Z_{set}^{I} 向量以内，则阻抗继电器动作；反之，阻抗继电器不动作。

分析特性，得到：

① 测量阻抗是由加入阻抗继电器的测量电压与测量电流的比值所确定，测量阻抗角就是测量电压与测量电流之间的相位差。

② 整定阻抗一般取保护安装处到保护区末端的线路阻抗作为整定阻抗。

③ 动作阻抗是使阻抗继电器启动的最大测量阻抗。方向、偏移阻抗继电器动作阻抗随阻抗角而变。

④ 当偏移度等于0时，为方向阻抗继电器；偏移度等于1时，为全阻抗继电器。

(1) 方向阻抗继电器

方向阻抗继电器的特性圆是一个以整定阻抗为直径而通过坐标原点的圆，如图2.40所示，圆内为动作区，圆外为制动区。当正方向短路时，测量阻抗 Z_r 在第Ⅰ象限，如故障在保护范围内，Z_r 落在圆内，继电器动作。反向短路，测量阻抗在第三象限，继电器不动作。保护动作具有方向性。其阻抗动作方程为

$$Z_r \leqslant Z_{set}\cos(\varphi_1-\varphi_r) \qquad (2\text{-}24)$$

式中，Z_r 为测量阻抗；Z_{set} 为整定阻抗；φ_r 为阻抗继电器测量阻抗角；φ_1 为整定阻抗角。

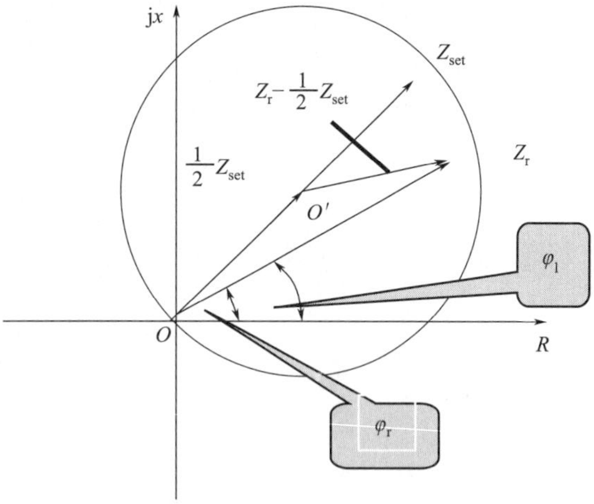

图 2.40 方向阻抗继电器的动作特性

特点：当加入阻抗继电器的电压和电流之间的相位为不同数值时，动作阻抗就不同。为使继电器工作在最灵敏状态，应选择整定阻抗角等于线路短路阻抗角。幅值比较的动作方程为

$$\left|\frac{1}{2}Z_{set}\right| \geqslant \left|Z_r-\frac{1}{2}Z_{set}\right| \qquad (2\text{-}25)$$

式中，Z_r 为测量阻抗；Z_{set} 为整定阻抗。

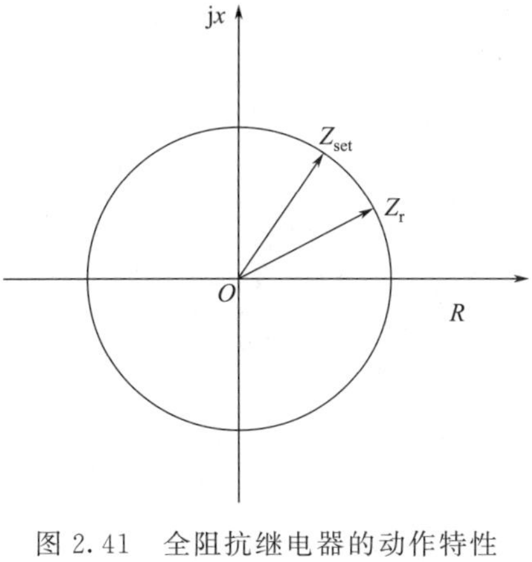

图 2.41 全阻抗继电器的动作特性

(2) 全阻抗继电器

全阻抗继电器的特性圆是一个以坐标原点为圆心，以整定阻抗的绝对值为半径所作的一个圆，如图2.41所示。圆内为动作区，圆外为非动作区。不论故障发生在正方向短路故障，还是反方向短路故障，只要测量阻抗落在圆内，继电器就动作，所以叫全阻抗继电器。

不论加入继电器电压与电流的相位差如何，动作阻抗不变，即全阻抗继电器动作不具有方向性。它的幅值比较形式的阻抗动作方程为：

$$|Z_{set}| \geqslant |Z_r| \qquad (2\text{-}26)$$

正常运行时，保护安装处测量到的电压是正常额定电压，电流是负荷电流，阻抗继电器不启动；在保护区内发生短路故障时，保护测量到的电压为残余电压，电流是短路电流，阻抗继电器启动。

(3) 偏移特性阻抗继电器

它是以 $Z_{set1}+Z_{set2}$ 为直径的圆，坐标原点在圆内，正向整定阻抗 Z_{set1}，偏移第三象限的反向阻抗为 $-Z_{set2}$，圆内为动作区，特性圆半径为 $\frac{1}{2}|Z_{set1}+Z_{set2}|$，圆心坐标为 $Z_0=$

$\frac{1}{2}(Z_{set1}-Z_{set2})$，如图 2.42 所示。

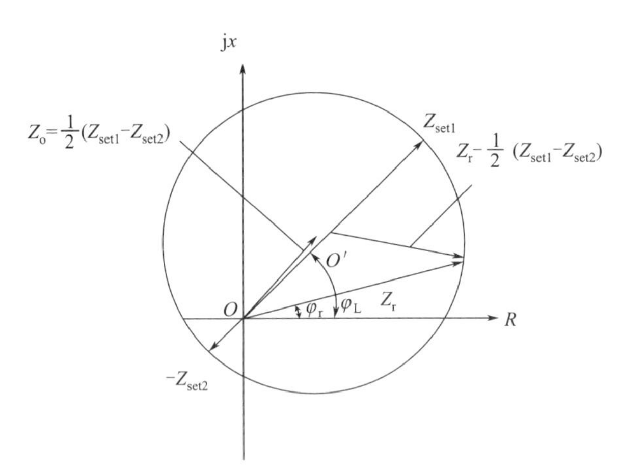

图 2.42 偏移特性阻抗继电器的动作特性

幅值比较形式的动作阻抗方程为

$$\left|\frac{1}{2}(Z_{set1}+Z_{set2})\right| \geqslant \left|Z_r-\frac{1}{2}(Z_{set1}-Z_{set2})\right| \tag{2-27}$$

式中，Z_{set1} 为正向整定阻抗；Z_{set2} 为反向整定阻抗。

2.3.3.3 阻抗继电器的接线方式

阻抗继电器的接线方式是指接入阻抗继电器的一定相别电压和一定相别电流的组合。

(1) 对距离保护接线方式的要求及接线种类

为了使阻抗继电器能正确测量短路点到保护安装处之间的距离，其接线方式应满足以下基本要求。

① 继电器的测量阻抗应能准确判断故障地点，即与故障点至保障安装处的距离成正比。

② 继电器的测量阻抗应与故障类型无关，即保护范围不随故障类型而变化。

阻抗继电器常用的接线方式有四类，如表 2.3 所示。表中“Δ”表示接入相间电压或两相电流差，“Y”表示接入相电压或相电流。其中，0°、+30°、−30°接线方式的阻抗继电器用于反应各种相间短路故障；而相电压和具有 $K\times3I_0$ 补偿的相电流接线方式的阻抗继电器用于反应各种接地短路故障。

表 2.3 阻抗继电器常用的四种接线方式

接线方式 / 继电器	$\frac{\dot U_\Delta}{\dot I_\Delta}(0°)$		$\frac{\dot U_\Delta}{-\dot I_Y}(-30°)$		$\frac{\dot U_\Delta}{\dot I_Y}(30°)$		$\frac{\dot U_Y}{\dot I_Y+K3\dot I_0}$	
	$\dot U_I$	$\dot I_I$	$\dot U_I$	$\dot I_I$	$\dot U_I$	$\dot I_I$	$\dot U_I$	$\dot I_I$
K_1	$\dot U_{AB}$	$\dot I_A-\dot I_B$	$\dot U_{AB}$	$-\dot I_B$	$\dot U_{AB}$	$\dot I_A$	$\dot U_A$	$\dot I_A+K3\dot I_0$
K_2	$\dot U_{BC}$	$\dot I_B-\dot I_C$	$\dot U_{BC}$	$-\dot I_C$	$\dot U_{BC}$	$\dot I_B$	$\dot U_B$	$\dot I_B+K3\dot I_0$
K_3	$\dot U_{CA}$	$\dot I_C-\dot I_A$	$\dot U_{CA}$	$-\dot I_A$	$\dot U_{CA}$	$\dot I_C$	$\dot U_C$	$\dot I_C+K3\dot I_0$

(2) 反应相间短路阻抗继电器的 0°接线

① 三相短路 在三相短路时，三个继电器的测量阻抗均等于短路点到保护安装地点之

间的正序阻抗，三个继电器均能正确动作。

② 两相短路 AB两相短路，测量阻抗与三相短路时的测量阻抗相同。因此，K1能正确动作，K2、K3不会动作。同理，在BC或CA两相短路时，相应地分别有K2和K3能准确测量出而正确动作。

③ 中性点直接接地电网中两相接地短路 测量阻抗与三相短路时相同，保护能够正确地动作。

2.3.4 影响距离保护正确工作的因素及采取的防止措施

距离保护是根据测量阻抗决定是否动作的一种保护，因此能使测量阻抗发生变化的因素都会影响距离保护的正确工作。

(1) 短路点过渡电阻对距离保护的影响

保护装置距短路点越近时，受过渡电阻的影响越大，同时保护装置的整定值越小，则相对地受过渡电阻的影响也越大。

对于双侧电源的网络，短路点的过渡电阻可能使测量阻抗增大，也可能使测量阻抗减小。减小过渡电阻对距离保护影响的措施如下。

① 采用瞬时测定装置 “瞬时测定”就是把距离元件的最初动作状态，通过启动元件的动作而固定下来，当电弧电阻增大时，仍以预定的时限动作跳闸，其原理图见图2.43。它通常应用于距离保护第Ⅱ段。

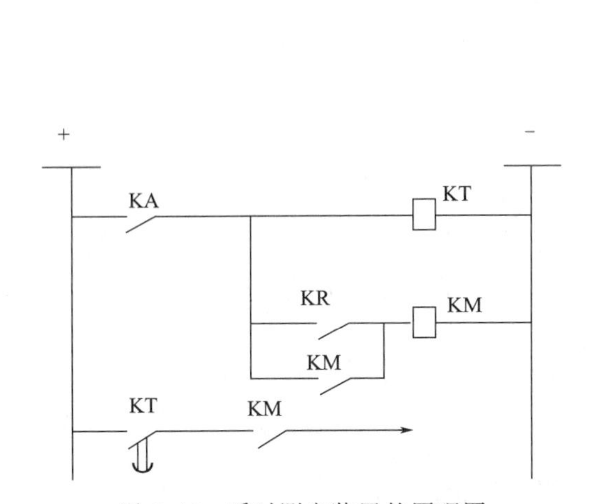

图2.43 瞬时测定装置的原理图

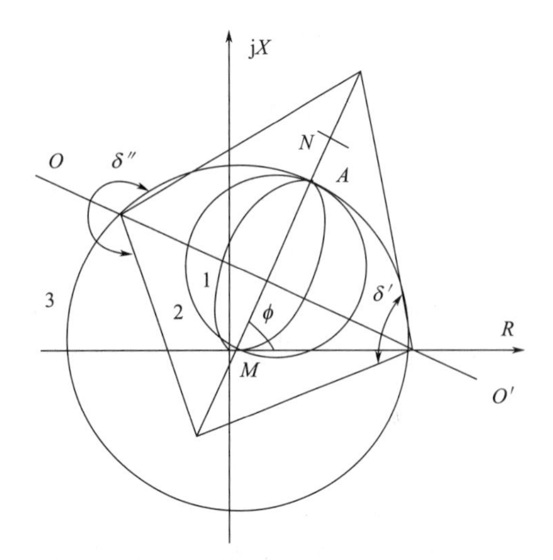

图2.44 系统振荡对阻抗继电器工作的影响

在短路的初瞬间，KA及KR均动作，KM、KT启动，通过KA的触点及KM自保持，此后KM的动作与KR无关，经过KT的延时发出跳闸脉冲。即使电弧电阻增大，使KR返回，保护仍能以预定的延时跳闸。

② 采用带偏移特性的阻抗继电器 采用能容许较大的过渡电阻而不致拒动的阻抗继电器，如偏移特性阻抗继电器等。

(2) 电力系统振荡对距离保护的影响

① 系统振荡对距离保护的影响 如图2.44所示。

a. 继电器的动作特性在阻抗平面沿OO'方向所占的面积越大，受振荡的影响就越大。

b. 保护安装地点越靠近于振荡中心，距离保护受振荡的影响越大，而振荡中心在保护范围以外时，距离保护不会误动。

c. 当保护的动作带有较大的延时时，如距离Ⅲ段，可利用延时躲开振荡的影响。

② 振荡闭锁回路 距离保护的振荡闭锁回路，应能满足以下基本要求：

a. 系统振荡而没故障时，应可靠将保护闭锁。

b. 系统发生各种类型故障，保护不应被闭锁。

c. 在振荡过程中发生故障时，保护应能正确动作。

d. 先故障，且故障发生在保护范围之外，而后振荡，保护不能无选择性动作。

(3) 分支电流的影响

当短路点与保护安装处之间存在分支电路时，就会出现分支电流，使测量阻抗发生变化，从而会造成保护装置不正确动作。

① 助增电流的影响 使故障线路电流增大的现象，称为助增。如图 2.45 所示电路，当在 BC 线路上的 D 点发生短路时，在变电所 A 距离保护 1 的测量阻抗为：

$$Z_{m1}=\frac{\dot{U}_{A}}{\dot{I}_{AB}}=\frac{\dot{I}_{AB}Z_{AB}+\dot{I}_{Bd}Z_{d}}{\dot{I}_{AB}}Z_{AB}=Z_{AB}+\frac{\dot{I}_{Bd}}{\dot{I}_{AB}}Z$$
$$=Z_{AB}+K_{b}Z_{d} \tag{2-28}$$

式中，K_b 称为分支系数，值大于 1。

助增电流使测量阻抗增大，保护范围缩短。

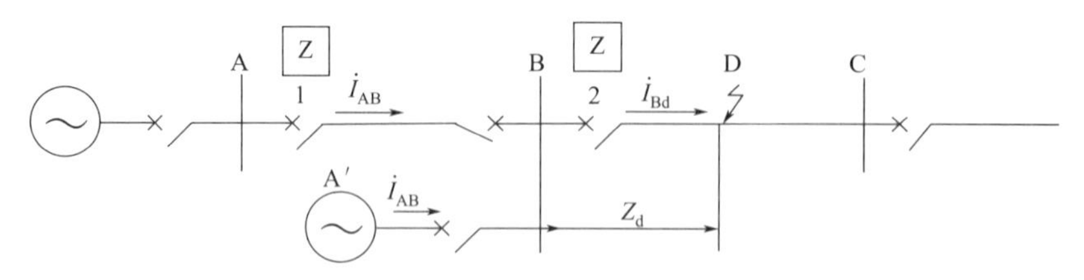

图 2.45 具有助增电流的网络

② 外汲电流的影响 使故障线路中电流减小的现象称为外汲。如图 2.46 所示电路，当在平行线路上的 D 点发生短路时，在变电所 A 距离保护 1 的测量阻抗为：

$$Z_{m1}=\frac{\dot{U}_{A}}{\dot{I}_{AB}}=\frac{\dot{I}_{AB}Z_{AB}+\dot{I}_{Bd}Z_{d}}{\dot{I}_{AB}}=Z_{AB}+\frac{\dot{I}_{Bd}}{\dot{I}_{AB}}Z_{d}=Z_{AB}+K_{b}Z \tag{2-29}$$

式中，K_b 称为分支系数，值小于 1。

外汲电流使测量阻抗减小，保护范围增大，可能引起无选择性动作。

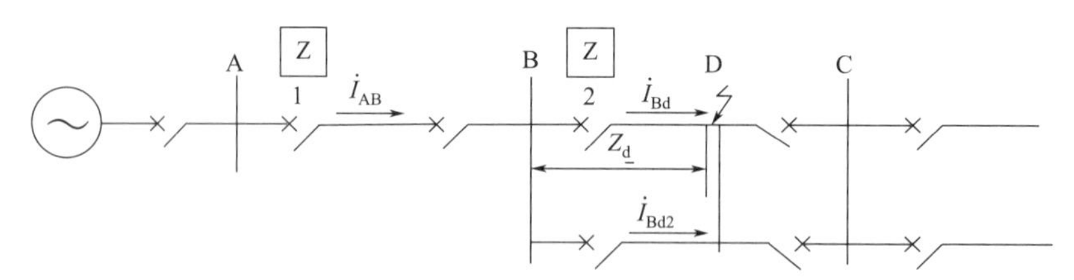

图 2.46 具有外汲电流的网络

(4) 电压回路断线对距离保护的影响

当电压互感器二次回路断线时，距离保护将失去电压，这时阻抗元件失去电压而电流回路仍有负荷电流通过，可能造成误动作。对此，在距离保护中应装设断线闭锁装置。

对断线闭锁装置的主要要求如下。

① 当电压互感器发生各种可能导致保护误动作的故障时，断线闭锁装置均应动作，将保护闭锁并发出相应的信号。

② 当被保护线路发生各种故障，不因故障电压的畸变错误地将保护闭锁，以保证保护可靠动作。

区分以上两种情况的电压变化的方法：看电流回路是否也同时发生变化。

2.3.5 距离保护的整定

距离保护也为三段式，如图 2.47 所示。

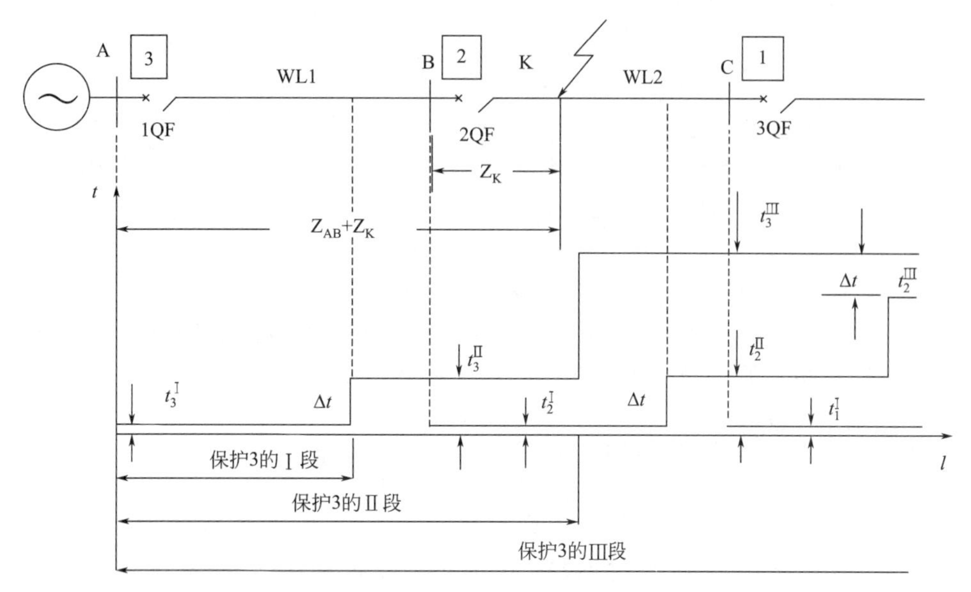

图 2.47 距离保护的组成及特性

Ⅰ段：保护区为本线路全长的 80%～85%，瞬时动作于本线路出口断路器。

Ⅱ段：保护区为本线路全长，$t=0.5$s 动作于本线路出口断路器。

Ⅲ段：躲最小负荷阻抗，阶梯时限特性，延时动作于本线路出口断路器。

Ⅰ、Ⅱ段为主保护，Ⅲ段为后备保护。

现以图 2.48 中的保护 1 为例，说明三段式距离保护的整定计算原则。

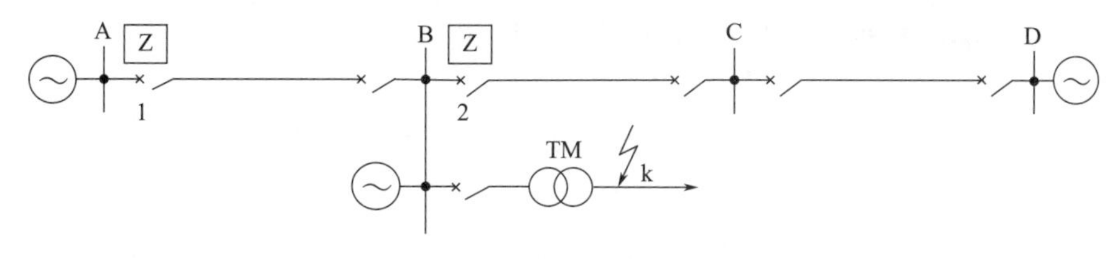

图 2.48 电力系统接线图

(1) 距离保护Ⅰ段

① 动作值　按躲开下一线路出口短路的原则来整定，即其启动阻抗应躲过下一线路始端短路时的测量阻抗。保护区不超出本线路，即测量阻抗小于本线路阻抗时动作。

$$Z_{OP1}^{I}=K_{rel}Z_{AB} \tag{2-30}$$

式中，K_{rel} 为可靠系数，一般取 0.8～0.85。可见，距离Ⅰ段的保护范围为本线路全长

的 80%～85%。

继电器的整定阻抗（二次值）为

$$Z_{\mathrm{set1}}^{\mathrm{I}}=Z_{\mathrm{OP1}}^{\mathrm{I}}\frac{K_{\mathrm{TA}}}{K_{\mathrm{TV}}}$$

② 动作时间（$t_1^{\mathrm{I}}\approx0$） 距离保护Ⅰ段的动作时间，实际上它取决于保护装置的固有动作时间，一般小于 0.1s，应大于避雷器的放电时间。

(2) 距离保护Ⅱ段

① 动作值 按以下两个原则整定。

a. 与相邻线路的距离Ⅰ段相配合，即按躲过下一线路保护Ⅰ段末端短路，并考虑分支电流对测量阻抗的影响。

$$Z_{\mathrm{OP1}}^{\mathrm{II}}=K_{\mathrm{rel}}(Z_{\mathrm{AB}}+K_{\mathrm{b}}Z_{\mathrm{OP2}}^{\mathrm{I}})\tag{2-31}$$

式中，K_{rel} 为可靠系数，一般取 0.8；K_{b} 为最小分支系数，即相邻线路距离Ⅰ段保护范围末端短路时，流过相邻线路的短路电流与流过本保护的短路电流实际可能的最小比值。

b. 躲开线路末端变电所变压器低压侧出口处（图中 k 点）短路时的测量阻抗。设变压器的阻抗为 Z_{T}，则保护 1 的启动阻抗应整定为

$$Z_{\mathrm{OP1}}^{\mathrm{II}}=K_{\mathrm{rel}}(Z_{\mathrm{AB}}+K_{\mathrm{b}}Z_{\mathrm{T}})\tag{2-32}$$

式中，K_{rel} 取 0.7；K_{b} 为最小分支系数。

按上述两原则计算后，应取数值较小的一个作为距离Ⅱ段的动作阻抗。

② 动作时限 应比相邻距离Ⅰ段的动作时限大一个 Δt，即

$$t_1^{\mathrm{II}}=t_2^{\mathrm{I}}+\Delta t\approx\Delta t\tag{2-33}$$

③ 灵敏系数校验 应按本线路末端金属性短路校验，即

$$K_{\mathrm{sen}}=\frac{Z_{\mathrm{OP1}}^{\mathrm{II}}}{Z_{\mathrm{AB}}}\geqslant1.3\sim1.5\tag{2-34}$$

若灵敏系数不满足，按与相邻线路距离保护Ⅱ段相配合

$$Z_{\mathrm{OP1}}^{\mathrm{II}}=K_{\mathrm{rel}}(Z_{\mathrm{AB}}+K_{\mathrm{b}}Z_{\mathrm{OP2}}^{\mathrm{II}})\tag{2-35}$$

动作时限

$$t_1^{\mathrm{II}}=t_2^{\mathrm{II}}+\Delta t\tag{2-36}$$

(3) 距离保护Ⅲ段

① 动作值 躲过被保护线路的最小负荷阻抗

$$Z_{\mathrm{Lmin}}=\frac{0.9U_{\mathrm{N}}}{\sqrt{3}I_{\mathrm{Lmax}}}\tag{2-37}$$

a. 若Ⅲ段阻抗继电器采用全阻抗继电器，其启动阻抗为

$$Z_{\mathrm{OP1}}^{\mathrm{III}}=\frac{1}{K_{\mathrm{rel}}^{\mathrm{III}}K_{\mathrm{re}}K_{\mathrm{ss}}}Z_{\mathrm{Lmin}}\tag{2-38}$$

$$Z_{\mathrm{Lmin}}=\frac{0.9U_{\mathrm{N}}/\sqrt{3}}{I_{\mathrm{Lmax}}}$$

式中，$K_{\mathrm{rel}}^{\mathrm{III}}$ 为可靠系数，一般取 1.2～1.3；K_{re} 为返回系数，取 1.1～1.15；K_{ss} 为自启动系数，大于 1。

b. 若Ⅲ段阻抗继电器采用方向阻抗继电器（灵敏度高），其启动阻抗为

$$Z_{\mathrm{OP}}^{\mathrm{III}}=\frac{Z_{\mathrm{Lmin}}}{K_{\mathrm{rel}}K_{\mathrm{re}}K_{\mathrm{Ms}}\cos(\varphi_{\mathrm{set}}-\varphi_1)}\tag{2-39}$$

式中，φ_{set} 为方向阻抗继电器的最灵敏角，一般取为线路的阻抗角；φ_1 为负荷功率因数角。

② 动作时限 按阶梯原则整定，即

$$t_1^{\mathrm{III}}=t_2^{\mathrm{III}}+\Delta t \tag{2-40}$$

③ 灵敏系数校验 当距离Ⅲ段作近后备时，按本线路末端金属性短路校验，即灵敏系数为

$$K_{sen}=\frac{Z_{OP1}^{\mathrm{III}}}{Z_{AB}}\geqslant 1.5 \tag{2-41}$$

当距离Ⅲ段作近后备时，按下一级线路末端金属性短路校验，即灵敏系数为

$$K_{sen}=\frac{Z_{OP1}^{\mathrm{III}}}{Z_{AB}+K_b Z_{BC}}\geqslant 1.2 \tag{2-42}$$

2.3.6 对距离保护的评价

(1) 主要优点

① 能满足多电源复杂电网对保护动作选择性的要求。

② 阻抗继电器是同时反应电压的降低与电流的增大而动作的，因此距离保护较电流保护有较高的灵敏度。

(2) 主要缺点

① 不能实现全线瞬动。

② 距离保护装置较复杂，调试比较麻烦，可靠性较低。

(3) 距离保护与电流保护的主要差别

① 测量元件采用阻抗元件而不是电流元件。

② 电流保护中不设专门的启动元件，而是与测量元件合二为一；距离保护中每相均有独立的启动元件，可以提高保护的可靠性。

③ 电流保护只反应单一电流的变化，而距离保护即反应电流的变化（增加）又反应电压的变化（降低），其灵敏度明显高于电流保护。

④ 电流保护的保护范围与系统运行方式和故障类型有关；而距离保护的保护范围基本上不随系统运行方式而变化，较稳定。

习 题

一、填空题

1. 距离保护的动作时间与保护安装处至短路点之间的距离称为距离保护的________。

2. 距离保护Ⅰ段能够保护本线路全长的________________。

3. 距离保护第Ⅲ段的整定一般按照躲开________________来整定。

4. 阻抗继电器按比较原理的不同，可分为____________式和____________式。

5. 方向阻抗继电器引入非故障相电压是为了________。

6. 若方向阻抗继电器和全阻抗继电器的整定值相同，________继电器受过渡电阻影响大，________继电器受系统振荡影响大。

7. 全阻抗继电器和方向阻抗继电器均按躲过最小负荷阻抗整定，当线路上发生短路时，

________继电器灵敏度更高。

8. 阻抗继电器的0°接线是指________，加入继电器的________。

9. 助增电流的存在，使距离保护的测量阻抗________，保护范围________，可能造成保护的________。

10. 常用的反应相间短路的阻抗继电器接线方式有________、________和________接线。

11. 三段式距离保护中各段的动作阻抗的大小关系________；其中________段灵敏性最高，________段灵敏性最低。

二、选择题

1. 电力系统振荡闭锁装置，在系统发生振荡且被保护线路短路时，（　　）。
   A. 不应闭锁保护　　B. 应可靠闭锁保护
   C. 应将闭锁装置退出　　D. 应将保护装置退出

2. 当整定阻抗相同时，下列阻抗继电器的测量阻抗受过渡电阻影响最大的是（　　）。
   A. 偏移特性阻抗继电器　　B. 方向阻抗继电器
   C. 全阻抗继电器

3. 短距离输电线路比长距离输电线路受过渡电阻的影响要（　　）。
   A. 小　　B. 大　　C. 一样　　D. 不受影响

4. 距离保护装置的动作阻抗是指能使阻抗继电器动作的（　　）。
   A. 最小测量阻抗
   B. 最大测量阻抗
   C. 介于最小与最大测量阻抗之间的一个定值
   D. 大于最大测量阻抗的一个定值

5. 为了使方向阻抗继电器工作在（　　）状态下，故要求继电器的最大灵敏角等于被保护线路的阻抗角。
   A. 最有选择　　B. 最灵敏　　C. 最快速　　D. 最可靠

6. 距离保护中阻抗继电器，需采用记忆回路和引入第三相电压的是（　　）。
   A. 全阻抗继电器　　B. 方向阻抗继电器
   C. 偏移特性的阻抗继电器　　D. 偏移特性和方向阻抗继电器

7. 距离保护是以距离（　　）元件作为基础构成的保护装置。
   A. 测量　　B. 启动　　C. 振荡闭锁　　D. 逻辑

8. 从继电保护原理上讲，受系统振荡影响的有（　　）。
   A. 零序电流保护　　B. 负序电流保护
   C. 相间距离保护　　D. 相间过流保护

9. 单侧电源供电系统短路点的过渡电阻对距离保护的影响是（　　）。
   A. 使保护范围伸长　　B. 使保护范围缩短
   C. 保护范围不变　　D. 保护范围不定

10. 方向阻抗继电器中，记忆回路的作用是（　　）。
    A. 提高灵敏度　　B. 消除正向出口三相短路的死区
    C. 防止反向出口短路动作　　D. 提高选择性

11. 阻抗继电器常用的接线方式除了0°接线方式外，还有（　　）。
    A. 90°接线方式　　B. 60°接线方式
    C. 30°接线方式　　D. 20°接线方式

12. 按比幅式原理构成的全阻抗继电器的动作条件是（　　）。

A. $|Z_r| \geqslant |Z_{set}|$　　B. $|K_{uv}\dot{U}_r| \leqslant |\dot{K}_{ur}\dot{I}_r|$

C. $|K_{uv}\dot{U}_r| \geqslant |\dot{K}_{ur}\dot{I}_r|$　　D. $|Z_m| \geqslant |Z_{set}|$

13. 单电源线路相间短路故障点存在过渡电阻时，反应相间短路故障的阻抗继电器测量到附加阻抗（　　）。

A. 呈电感性质　　B. 呈电阻性质

C. 呈电容性质　　D. 无法确定

三、判断题

1. 在输电线路保护区末端短路时，方向阻抗继电器工作在最灵敏状态下，方向阻抗继电器的动作阻抗、整定阻抗、测量阻抗均相等。（　　）

2. 距离保护就是反应故障点至保护安装处的距离，并根据距离的远近而确定动作时间的一种保护装置。（　　）

3. 距离Ⅱ段可以保护线路全长。（　　）

4. 距离保护的测量阻抗的数值随运行方式的变化而变化。（　　）

5. 方向阻抗继电器中，电抗变压器的转移阻抗角决定着继电器的最大灵敏角。（　　）

6. 汲出电流的存在，使距离保护的测量阻抗增大，保护范围缩短。（　　）

7. 相间0°接线的阻抗继电器，在线路同一地点发生各种相间短路及两相接地短路时，继电器所测得的阻抗相同。（　　）

8. 不论是单侧电源电路，还是双侧电源的网络上，发生短路故障时，短路点的过渡电阻总是使距离保护的测量阻抗增大。（　　）

9. 距离保护受系统振荡的影响与保护的安装地点有关，当振荡中心在保护范围外或位于保护的反方向时，距离保护就不会因系统振荡而误动作。（　　）

10. 距离保护是本线路正方向故障和与本线路串联的下一条线路上故障的保护，它具有明显的方向性。因此，即使作为距离保护Ⅲ段的测量元件，也不能用具有偏移特性的阻抗继电器。（　　）

四、问答题

1. 何谓距离保护？有什么特点？

2. 什么是距离保护的时限特性？试画出三段式距离保护的时限特性图。

3. 阶段式距离保护与阶段式电流保护相比具有哪些优点？

4. 距离保护装置一般由哪几部分组成？简述各部分的作用。

5. 影响距离保护正确动作的因素有哪些？

6. 阻抗继电器的动作条件是什么？阻抗继电器的接线形式有哪些？

7. 什么是测量阻抗、动作阻抗及整定阻抗？试以方向阻抗继电器为例，说明测量阻抗、动作阻抗及整定阻抗的区别及其相互间的关系。

8. 有一方向阻抗继电器，其整定阻抗为$10\angle 60°\Omega$，若测量阻抗为$8.5\angle 30°\Omega$，试问该继电器能否动作？为什么？

9. 何谓0°接线方式？为什么相间短路阻抗继电器通常采用0°接线方式？

10. 什么是助增电流和外汲电流？它们对阻抗继电器的工作有什么影响？

五、计算题

1. 网络如习题1图所示，已知：网络的正序阻抗$Z_1=0.4\Omega/km$，线路阻抗角$\varphi_L=65°$，

A、B变电站装有反应相间短路的二段式距离保护，它的Ⅰ、Ⅱ段测量元件均系采用方向阻抗继电器。试求A变电站距离保护动作值（Ⅰ、Ⅱ段可靠系数取0.8）。

（1）当在线路AB距A侧55km和65km处发生相间金属性短路时，A变电站各段保护的动作情况。

（2）当在距A变电站30km处发生$R=12\Omega$的相间弧光短路时，A变电站各段保护动作情况。

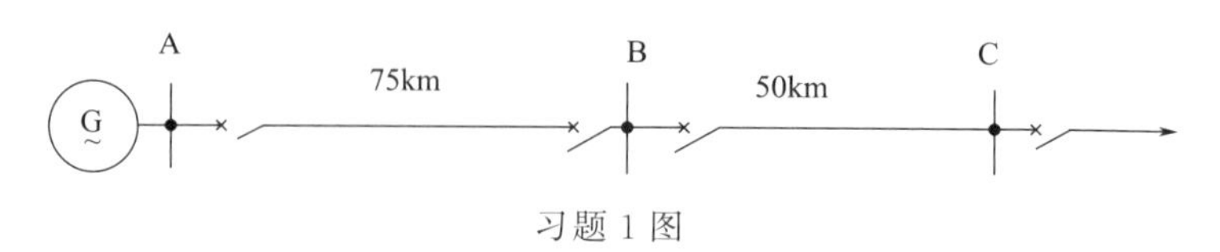

习题1图

2.如习题2图网络，1、2处均装设三段式相间距离保护，各段测量元件均采用圆特性方向阻抗继电器，且均采用0°接线。已知：线路的阻抗角为70°；线路MN的阻抗为$Z_{MN}=12.68\Omega$；保护1各段的动作阻抗和动作时限分别为$Z_{set1}^{Ⅰ}=3.6\Omega$，$t_1^{Ⅰ}=0s$，$Z_{set1}^{Ⅱ}=11\Omega$，$t_1^{Ⅱ}=0.5s$，$Z_{set1}^{Ⅲ}=114\Omega$，$t_1^{Ⅲ}=3s$；MN线路输送的最大负荷电流$I_{Lmax}=500A$，负荷功率因数角$\varphi_{loa}=40°$；$K_{rel}^{Ⅰ}=0.8$，$K_{rel}^{Ⅱ}=0.8$，$K_{rel}^{Ⅲ}=1.2$。试整定保护2的距离Ⅰ、Ⅱ、Ⅲ段的动作阻抗、动作时限和最大灵敏角。

习题2图

3.设网络如习题3图所示，计算QF1上三段式距离保护的整定阻抗，并校验Ⅱ、Ⅲ段的灵敏度。取Ⅰ、Ⅱ段的可靠系数为0.85，Ⅲ段的可靠系数取1.15，返回系数取1.15，$Z_1=0.4\angle70°\Omega/km$。

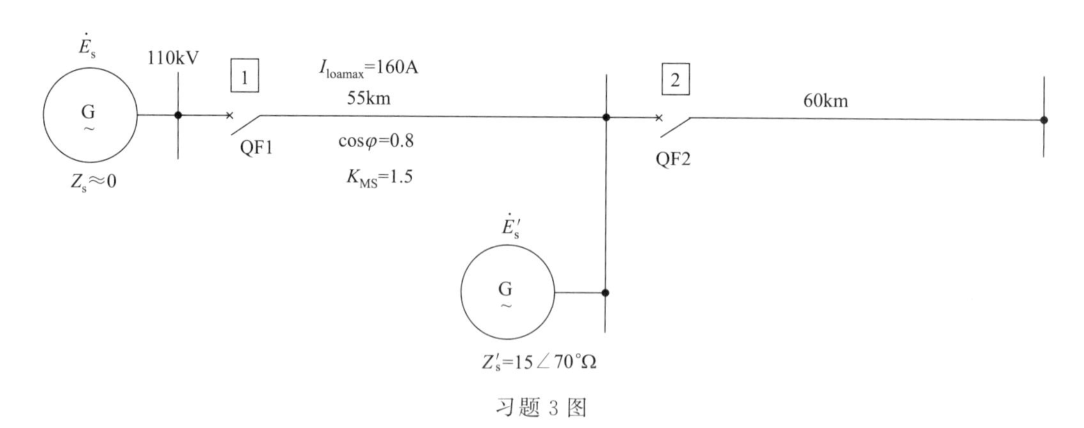

习题3图

4.设网络如习题4图所示，计算QF1上三段式距离保护的整定阻抗，并校验Ⅱ、Ⅲ段的灵敏度。取Ⅰ、Ⅱ段的可靠系数为0.85，Ⅲ段的可靠系数取1.15，返回系数取1.15，$Z_1=0.4\angle70°\Omega/km$。

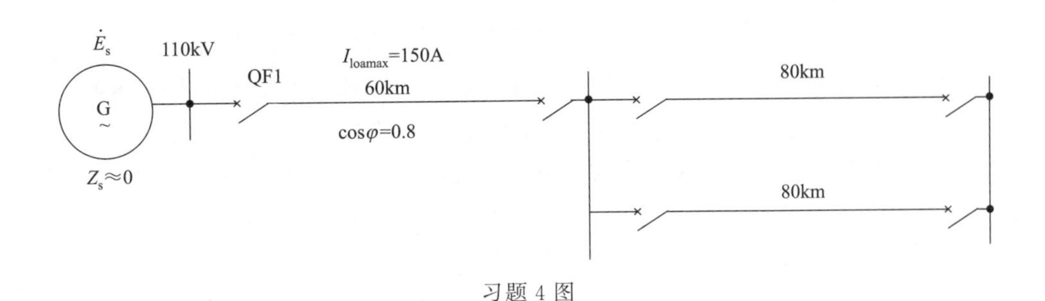

习题 4 图

任务 2.4 输电线路的全线快速保护

思考：电流、电压和距离保护在动作值整定上必须与相邻元件相配合才能满足动作的选择性，而且是阶段式配置，不能实现全线瞬时切除故障，这就不能满足高压输电线路系统运行稳定的要求。对于现在的电力系统，要求高电压、大容量、长距离的重要线路，保护必须满足整条线路全长范围故障时快速切除。如何保证瞬时切除高压输电线路故障？

2.4.1 输电线路的纵联差动保护

输电线路纵联差动保护（简称纵差保护）是一种选择性不靠延时、不靠方向、也不靠定值，而是靠基尔霍夫电流定律的较为理想的保护。

线路纵联差动保护是利用辅助导线将被保护线路两端（侧）电流的大小和相位进行比较的原理来构成输电线路保护的。不反应相邻线路故障，不需要在时间上与相邻线路保护相配合，所以当在被保护范围内任一点发生故障时，它都能瞬时切除故障。

2.4.1.1 纵联差动保护的基本原理

电网的纵联差动保护反应被保护线路首末两端电流的大小和相位，保护整条线路，全线速动。因此要求输电线路两侧的电流互感器型号、变比完全相同，性能一致。纵联差动保护原理接线如图 2.49 所示。

电流互感器二次侧采用环流法接线。流入继电器的电流为两个电流互感器二次电流的差，继电器为差动继电器 KD，即：

$$\dot{I}_{r}=\dot{I}_{\mathrm{I}2}-\dot{I}_{\mathrm{II}2}=\frac{1}{K_{TA}}(\dot{I}_{\mathrm{I}}-\dot{I}_{\mathrm{II}}) \tag{2-43}$$

式中，K_{TA} 为电流互感器变比。

当被保护线路两端的电流互感器变比相等，两侧电流的大小相等，相位相同，差动回路几乎无电流，差动继电器不动作；两侧电流的大小不相等或者相位不相同时，差动回路电流大，差动继电器动作。

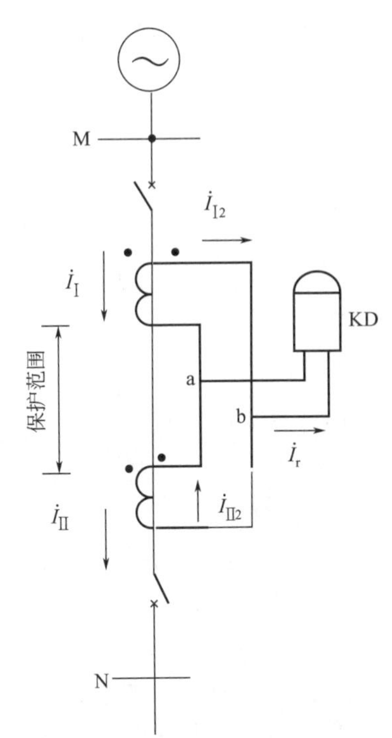

图 2.49 输电线路纵联差动保护基本接线图

由图 2.50 可知，线路正常运行和外部短路时流入差回路的电流为：

$$\dot{I}_{r}=\dot{I}_{\mathrm{I}2}-\dot{I}_{\mathrm{II}2}=\frac{1}{K_{TA}}(\dot{I}_{\mathrm{I}}-\dot{I}_{\mathrm{II}})\approx 0 \tag{2-44}$$

被保护线路在正常运行及区外故障时，在理想状态下，流入差动保护差回路中的电流为零。实际上，差回路中还有一个不平衡电流 I_{unb}。差动继电器 KD 的启动电流是按大于不平衡电流整定的，所以，在被保护线路正常及外部故障时差动保护不会动作。

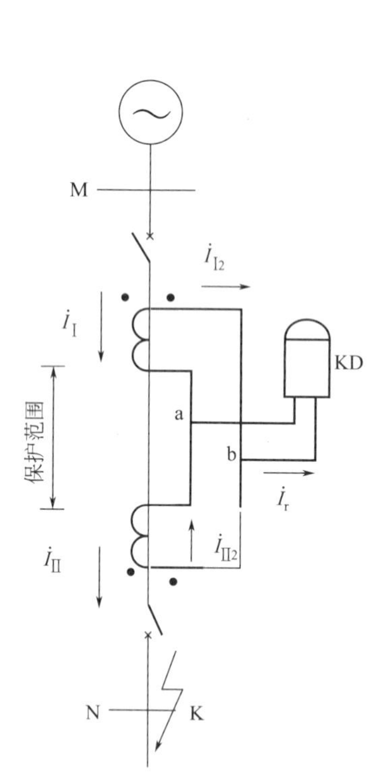

图 2.50 正常运行和区外故障时纵差保护接线

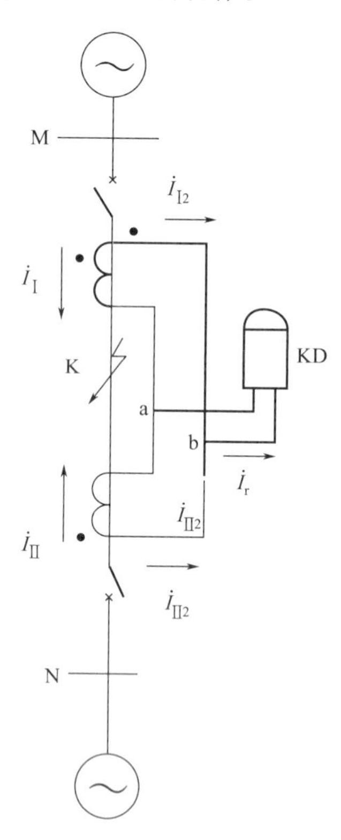

图 2.51 区内故障时的差动保护接线图

如图 2.51 所示，线路内部故障时流入差回路的电流为：

$$\dot{I}_{r}=\dot{I}_{\mathrm{I}2}+\dot{I}_{\mathrm{II}2}=\frac{\dot{I}_{\mathrm{I}}}{K_{TA}}+\frac{\dot{I}_{\mathrm{II}}}{K'_{TA}}=\frac{\dot{I}_{K}}{K_{TA}} \tag{2-45}$$

被保护线路内部故障时，流入差回路的电流远大于差动继电器的启动电流，差动继电器动作，瞬时发出跳闸脉冲，断开线路两侧断路器。

结论：

① 差动保护灵敏度很高；

② 保护范围稳定；

③ 可以实现全线速动；

④ 不能作相邻元件的后备保护。

2.4.1.2 纵联差动保护的不平衡电流

(1) 稳态情况下的不平衡电流

在输电线路纵联差动保护中，电流互感器的特性总是有区别的，即使同一厂家同一型号的电流互感器也是如此，并且这个特性的不同主要表现在励磁特性不同，即铁芯的饱和程度的不同。饱和程度越严重，差别越大，两侧电流互感器励磁电流之差称为不平衡电流。在差动回路中的不平衡电流最大为：

$$I_{\text{unbmax}}=\frac{K_{\text{err}}K_{\text{st}}I_{\text{Kmax}}}{K_{\text{TA}}} \tag{2-46}$$

式中，K_{err} 为电流互感器 10%误差；K_{st} 为电流互感器的同型系数，两侧电流互感器为同型号时，取 0.5，否则取 1；I_{Kmax} 为被保护线路外部短路时，流过保护线路的最大短路电流。

(2) 暂态情况下的不平衡电流

暂态过程中，短路电流含有按指数规律衰减的非周期分量，非周期分量大部分是变化缓慢的直流分量，很难传变到二次侧。大部分成为励磁电流，在铁芯中产生非周期分量磁通，使铁芯严重饱和，因此需要考虑在外部短路时暂态过程中差动回路中出现的不平衡电流，其最大值为

$$I'_{\text{unbmax}}=K_{\text{err}}K_{\text{st}}K_{\text{np}}I_{\text{kmax}} \tag{2-47}$$

式中，K_{np} 为非周期分量的影响系数，在接有速饱和变流器时，取为 1，否则取为 1.5～2。

(3) 减少不平衡电流的方法

正常运行或外部短路时，纵差保护中总会有不平衡电流流过，而且在外部短暂态过程中，I_{unb} 有可能很大。为防止外部短路时纵差保护误动作，应设法减少 I_{unb} 对保护的影响，从而提高纵差保护的灵敏度。采用带速饱和变流器或带制动特性的纵差保护，是一种减少 I_{unb} 影响、提高保护灵敏度的有效方法。

2.4.1.3 纵联差动保护的整定计算

(1) 动作电流

差动电流继电器的整定电流按如下两式条件进行整定，其整定电流如下。

① 为保证正常运行及保护范围外部故障时差动保护不动作，差动保护的动作电流按躲开外部故障时的最大不平衡电流整定：

$$I_{\text{OP}}=\frac{K_{\text{rel}}K_{\text{err}}K_{\text{st}}K_{\text{np}}I_{\text{Kmax}}}{K_{\text{TA}}} \tag{2-48}$$

式中，K_{rel}为可靠系数，取 1.3～1.5；I_{Kmax} 为外部短路故障时流过保护线路的最大短路电流。

② 为防止电流互感器二次断线差动保护误动，按躲开电流互感器二次断线整定：

$$I_{\text{OP}}=\frac{K_{\text{rel}}I_{\text{Lmax}}}{K_{\text{TA}}} \tag{2-49}$$

式中，K_{rel}为可靠系数，取 1.3～1.5；I_{Lmax} 为输电线路正常运行时的最大负荷电流。

整定值取两式中的较大值。

(2) 灵敏系数校验

灵敏系数为保护范围内故障时的最小短路电流与差动保护动作电流之比。

$$K_{\text{sen}}=\frac{I_{\text{Kmin}}}{I_{\text{OP}}}\geqslant(1.5\sim2) \tag{2-50}$$

式中，I_{Kmin} 为保护范围内故障时，流过短路点的最小短路电流。

当灵敏系数不满足要求时，可采用带制动特性的差动继电器。

(3) 动作时限

差动保护的动作时限为 0s。

2.4.1.4 纵联差动保护的评价

(1) 优点

全线速动，不受过负荷及系统振荡的影响，灵敏度较高。

(2) 缺点

① 需敷设与被保护线路等长的辅助导线，且要求电流互感器的二次负载阻抗满足电流互感器10%的误差。这在经济上、技术上都难以实现。

② 需装设辅助导线断线与短路的监视装置，辅助导线断线应将纵联差动保护闭锁。

③ 纵联差动保护不能作为相邻元件的后备保护。

由于纵联差动保护存在上述问题，所以在输电线路中，只有用其他保护不能满足要求的短线路（一般不超过5～7km线路）才采用。

2.4.2 平行线路差动保护

为了提高供电可靠性，增加传输容量，加强电力系统间的联系，电力系统常采用双回路平行线路的供电方式对重要用户进行供电。平行线路在正常情况下是并联运行的，当只有在其中一条线路发生故障时，另外一条线路才单独运行，这样就要求保护在保证平行线路同时运行时有选择性地切除故障，保证无故障线路正常运行。

2.4.2.1 横联差动保护的工作原理

横差方向保护是用于平行线路的保护装置，它装设于平行线路的两侧。其保护范围为双回线的全长。横差方向保护的动作原理是反应双回线路的电流之差及功率方向，有选择性地瞬时切除故障线路，如图2.52所示。

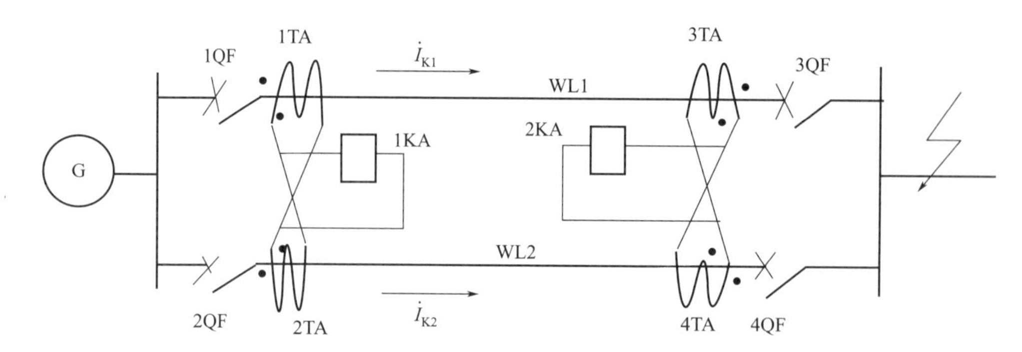

图2.52 横联差动保护的基本原理

在正常运行或外部短路时，线路WL1和WL2流过相同电流，1KA和2KA流过不平衡电流I_{unb}或最大不平衡电流I_{unbmax}，整定电流继电器1KA和2KA的动作电流$I_{OPr}>I_{unbmax}$，则保护装置不会误动作。

① 设线路WL1内部发生故障，则通过线路WL1、WL2短路电流I_{K1}、I_{K2}的大小与它们由母线M到故障点之间阻抗值成反比。显然$I_{K1}>I_{K2}$，流入继电器1KA、2KA中电流分别为：

$$I_{r1}=\frac{1}{K_{TA}}(I_{K1}-I_{K2})>I_{OP1} \qquad I_{r2}=\frac{1}{K_{TA}}(2I_{K2})>I_{OP2}$$

结果：1KA、2KA动作，使断路器1QF、3QF跳闸，切除故障线路WL1。

② 设线路WL2内部发生故障，则通过线路WL1、WL2短路电流I_{K1}、I_{K2}的大小与它们由母线M到故障点之间阻抗值成反比。显然$I_{K2}>I_{K1}$，流入继电器1KA、2KA中电流分别为：

$$I_{r1}=\frac{1}{K_{TA}}(I_{K2}-I_{K1})>I_{OP1} \qquad I_{r2}=\frac{1}{K_{TA}}(2I_{K1})>I_{OP2} \tag{2-51}$$

结果：1KA、2KA 动作，使断路器 2QF、4QF 跳闸，切除故障线路 WL2。

以上分析表明，差动电流继电器 1KA、2KA 只能判别平行线路内部、外部故障，但不能选择出那条线路故障。从图 2.52 中看出，不同线路故障通过电流继电器 1KA、2KA 的电流方向不同，因此，可用功率方向继电器元件选择故障线路。方向元件电压接于母线电压互感器二次侧，工作电流接于差动回路。

在横联差动保护中，反应差电流的电流继电器称为启动元件，功率方向继电器作为平行线路的故障判别元件。

2.4.2.2 平行线路横联差动方向保护

(1) 工作原理

正常运行及外部发生短路时，两线路中的电流相等。两电流互感器差回路中的电流仅为很小的不平衡电流，小于继电器的启动电流，电流继电器不会启动。

内部出现故障时，如图 2.53 所示。

如在线路 WL1 的 K 点发生短路，M 侧电流继电器中的电流为

$$\dot{I}_{rM}=\frac{1}{K_{TA}}(\dot{I}_{K1}-\dot{I}_{K2}) \tag{2-52}$$

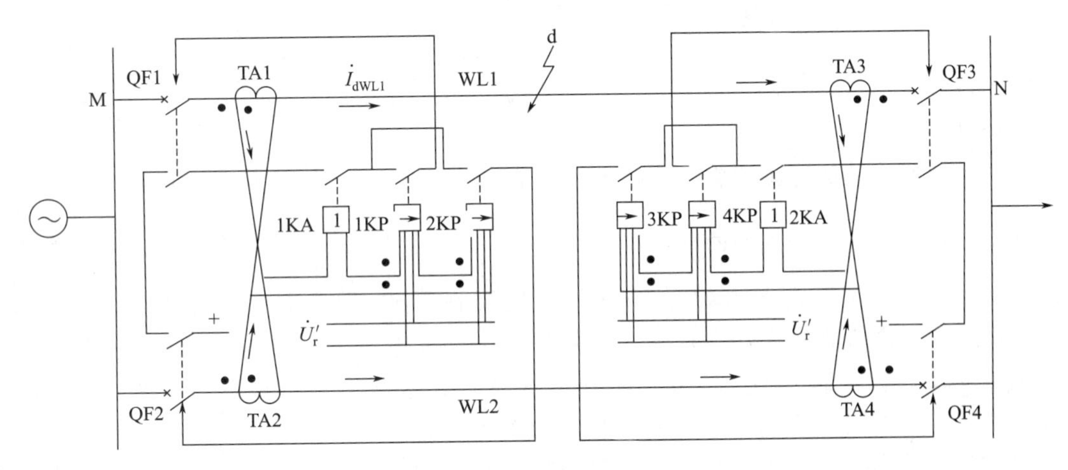

图 2.53 横联方向保护原理图

功率方向继电器 1KP 承受正方向功率动作，功率方向继电器 2KP 承受负功率不动作，因而跳开 QF1。当 $\dot{I}_{rM}>I_{OP1}$ 时，电流继电器 1KA 动作。当 $\dot{I}_{rN}>I_{OP2}$ 时，电流继电器 2KA 动作。功率方向继电器 3KP 承受负功率，不动作；4KP 承受正功率，触点闭合，跳开 QF3，瞬时切除故障线路 WL1，非故障线路 WL2 继续运行。

(2) 横联差动方向保护的相继动作区和死区

① 相继动作区 在靠近对端附近短路时，两回线路电流大小差不多，相位也相同，导致 KA 不动作；当对端保护动作跳开对端断路器后，电流重新分配，然后本侧保护才动作。这种情况称为相继动作，此区域称为相继动作区。

以图 2.54 为例进行说明：

假设相继动作区的临界点 K 的短路电流与 N 侧母线上的短路时的短路电流相等

$$\dot{I}_{K1}\approx\dot{I}_{K2},\dot{I}_{KN}=\dot{I}_{K1}+\dot{I}_{K2}$$

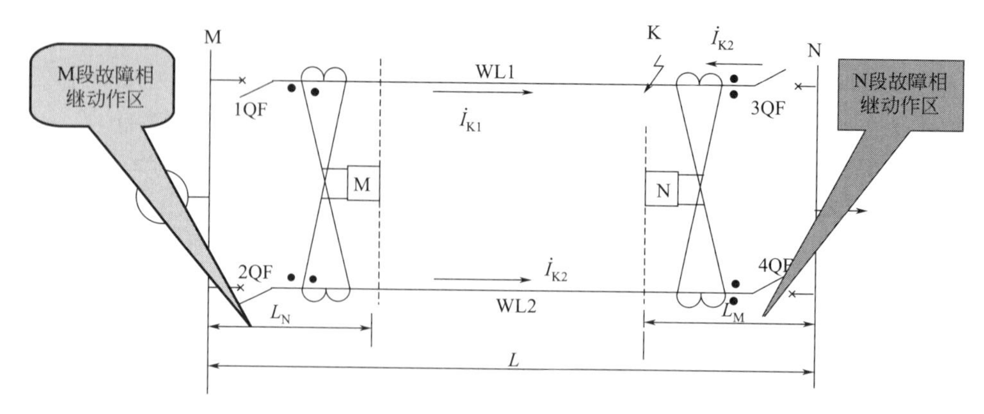

图 2.54 相继动作区说明图

M 侧保护差动回路的一次电流为：

$$I_r=\frac{1}{K_{TA}}(I_{K1}-I_{K2})$$

M 端保护不动作。

N 侧保护差动回路电流为：

$$I_r=\frac{2}{K_{TA}}I_{K2}$$

N 端保护动作，3QF 跳闸。

3QF 跳闸后，故障并未切除。短路电流重新分布 $I_{K2}=0$，故障点全部短路电流通过保护 1，于是 M 端保护 1 的差动回路电流为 $I_r=\frac{I_{K1}}{K_{TA}}$，大于启动元件动作电流，故保护 1 动作，1QF 跳闸。这样，K 点故障分别有 N、M 端保护先后动作，使 3QF 先跳闸，然后 1QF 跳闸切除故障线路的情况称为相继动作。在靠近 N 端变电所母线的一段区域发生故障，首先 N 端保护先动作，继之 M 端保护才动作的这段区域称为 M 端的相继动作区 L_M。同样，N 端保护在 M 端变电所附近也存在一段相继动作区 L_N。

② 横联差动保护的死区　功率方向继电器采用 90°接线，但当出口发生三相短路时，母线残压为零，功率方向继电器不动作，这种不动作的范围称为死区。死区在本保护出口，在对侧保护的相继动作区内。在死区内发生三相短路，两侧横差保护都不能动作。死区的长度不允许大于被保护线路全长的 10%。

③ 横联差动方向保护的优缺点及应用范围　横联差动方向保护能够迅速而有选择性地切除平行线路上的故障，实现起来简单、经济，不受系统振荡的影响。但是存在相继动作区，当故障发生在相继动作区时，切除故障的时间增加 1 倍。保护装置还存在死区，需加装单回线运行时线路的主保护和后备保护。横联差动方向保护广泛应用于 66kV 及以下的平行线路上。

2.4.3 高频保护

在高压输电线路上，要求无延时地切除被保护线路内部的故障。此时电流保护和距离保护都不能满足要求。纵联差动保护可以实现全线速动。但其需敷设与被保护线路等长

的辅助导线，这在经济上、技术上都难以实现。可以采用高频保护。

2.4.3.1 高频保护的工作原理及构成

(1) 高频保护

高频保护是将线路两端的电流相位或功率方向转化为高频信号，然后利用输电线路本身构成的高频电流通道，将此信号送至对端，以比较两端电流的相位或功率方向，决定保护是否动作的一种保护。高频保护与线路的纵联差动保护类似，正常运行及区外故障时，保护不动，区内故障全线速动。高频保护由继电部分和通信部分构成。通信部分由收发信机和通道组成。

继电部分根据被反应的工频电气量性质的高频信号（该高频信号通过通道，从线路一端传送到另一端，对端收信机收到高频信号后，将该高频信号还原成继电部分所需的工频信号通过继电部分进行比较），决定保护装置是否动作。高频信号也称为载波信号，这种通信方式也称为载波通信，其通道也称为载波通道。相-地制高频通道示意图见图 2.55。

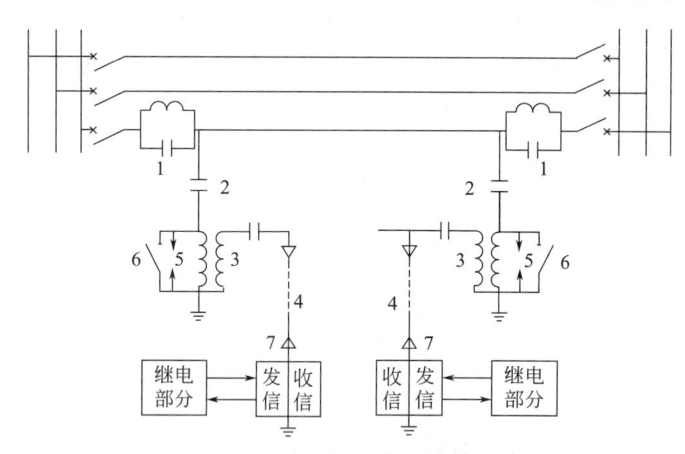

图 2.55 相-地制高频通道示意图

目前广泛采用的高频保护有高频闭锁方向保护、高频闭锁距离保护、高频闭锁零序方向电流保护和相差动高频保护。

(2) 高频信号的利用方式

闭锁信号：收不到这种信号是高频保护动作跳闸的必要条件。

允许信号：收到这种信号是高频保护动作跳闸的必要条件。

传送跳闸信号：收到这种信号是保护动作于跳闸充分而必要的条件。

2.4.3.2 高频闭锁方向保护

高频闭锁方向保护是通过高频通道间接比较被保护线路两端的功率方向，以判断是被保护范围内部故障还是外部故障。保护采用故障时发信方式，并规定线路两端功率从母线流向线路时为正方向，由线路流向母线为负方向。当系统发生故障时，若功率方向为正，则高频发信机不发信；若功率方向为负，则发信机发信。原理示意图如图 2.56 所示。

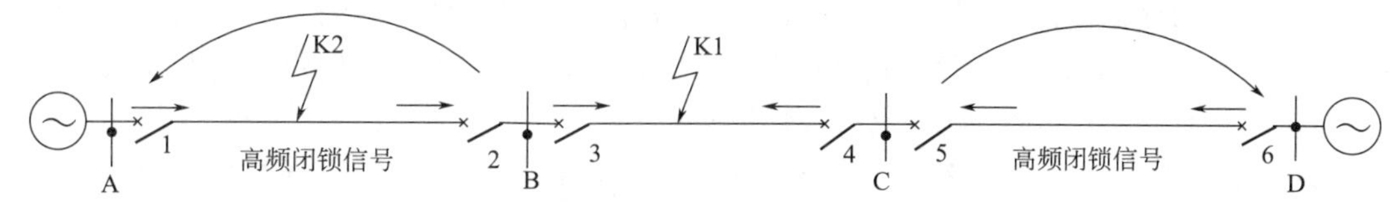

图 2.56 高频闭锁方向保护原理示意图

当区外故障时，被保护线路近短路点一侧为负短路功率，向输电线路发高频波，两侧收信机收到高频波后将各自保护闭锁。当区内故障时，线路两端的短路功率方向为正，发信机不向线路发送高频波，保护的启动元件不被闭锁，瞬时跳开两侧断路器。

区外故障：如在K1点短路，被保护线路AB两侧的启动发信机电流继电器1动作，接通发信机的功放级电源，向高频通道发信，并将方向高频保护闭锁。对AB线路来说，近短路点B侧的短路功率是负的，功率方向继电器不动作，不去停信。输电线路AB两侧方向高频保护的收信机收到高频信号，将各自的保护闭锁，不发出跳闸脉冲。

区内故障：被保护线路AB区内故障如在K2点短路，两侧启动发信机继电器1及启动跳闸继电器2动作，继电器1启动，向高频通道发信，两侧收信机收到高频信号后，立刻将保护闭锁，但两侧方向继电器3承受正方向短路功率而启动。首先停信，解除闭锁，与此同时闭锁继电器启动，发出跳闸脉冲。

如图2.57所示，在被保护线路两端都装有功率方向元件。当线路BC的K点发生短路时，靠近故障点的一端保护2和5功率为负，所以保护2和5应发出高频闭锁信号，通过高频通道送到线路对端保护1和6，虽然对端1和6功率方向为正，但收到对端发来的高频闭锁信号，故这一端保护1和6也不会动作。对于故障线路BC两端保护3和4处功率方向都是从母线流向线路，功率方向为正，两端保护3和4都不发闭锁信号，故两端高频收信机都收不到高频闭锁信号，断路器3QF和4QF无延时跳闸。

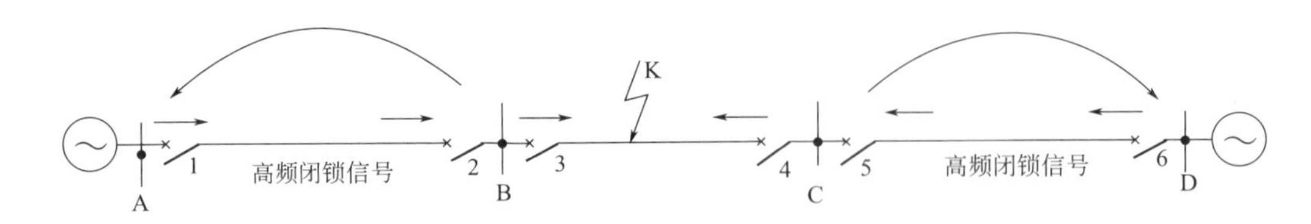

图2.57 高频闭锁方向保护原理接线示意图

2.4.3.3 相差高频保护

(1) 相差高频保护的工作原理

比较被保护线路两侧电流的相位，即利用高频信号将电流的相位传送到对侧去进行比较而决定跳闸与否。区内故障：两侧电流同相位，发出跳闸脉冲。区外故障：两侧电流相位相差180°，保护不动作。

如图2.58所示，正常时，发信机没有电源，所以不能向高频通道发送信号；系统发生故障时，灵敏元件首先启动，给发信机提供电源，发信机立刻向通道发送出故障电流调制的断续高频波。不灵敏元件启动后，准备好保护跳闸出口回路电源。

相差高频保护是通过测定通道上高频信号是否间断，来判断是保护范围内部还是外部故障的。当间断角大于闭锁角时，为保护范围内部故障，保护动作。反之，当间断角小于闭锁角时，为保护范围外部故障，保护不动作。

① 当被保护范围内部故障时，由于两侧电流相位相同，相位差为零。两侧高频发信机同时工作，发出高频信号，也同时停止发信。这样，在两侧收信机收到的高频信号是间断的，即正半周有高频信号，负半周无高频信号。

② 当被保护范围外部故障时，由于两侧电流相位相差180°，线路两侧的发信机交替工作，收信机收到的高频信号是连续的高频信号。经检波限幅倒相处理后，电流为直流。

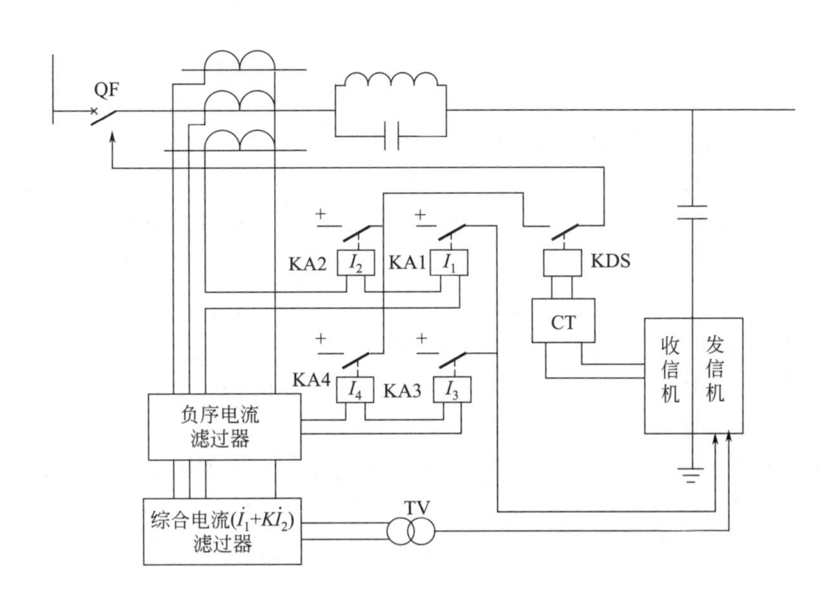

图 2.58 相差高频保护的原理图

相位比较实际上是通过收信机所收到的高频信号来进行的。在被保护范围内部发生故障时，两侧收信机收到的高频信号重叠约 10ms，于是保护瞬时的动作，立即跳闸。在被保护范围外部故障时，两侧的收信机收到的高频信号是连续的，线路两侧的高频信号互为闭锁，使两侧保护不能跳闸。

(2) 对相差高频保护的评价

① 优点

a. 相差保护不反应系统振荡，因为振荡时，流过线路两端电流是同一个电流，与外部故障时情况一样。同时，振荡过程中无负序电流，启动元件不启动。因此，保护装置中不需要设置振荡闭锁装置，使保护构造简单，同时也提高了保护的可靠性。

b. 相差保护在非全相运行时不会误动作，这是因为此时线路两端通过同一负序电流，相位差为 180°。在使用单相重合闸或综合重合闸时的超高压输电线路上，相差高频保护这一优点对系统安全运行有很大好处，保护无需加非全相闭锁装置，简化接线。同时在系统振荡过程中，被保护线路发生故障或在线路单相跳闸后非全相运行过程中线路内部发生故障时，相差高频保护能瞬时切除故障。

c. 相差高频保护工作状态不受电压回路影响，因为相差高频保护均反应电流量，无电压回路，因此，其工作状态不受电压回路断线影响。

② 缺点

a. 受负载电流影响。在线路重负荷时，发生内部故障时其两端电流相位差较大，因此不能保证相差高频保护正确动作。

b. 在线路较长时，保护范围内部故障时，相差高频保护有可能工作在相继动作状态，增加了切除故障时间。

c. 相差高频保护不能作为相邻线路的后备保护。

相差高频保护适用于 200km 内的 110～220kV 输电线路，特别是装有单相自动重合闸或综合重合闸的线路上更有利。在 220kV 以上长距离线路上不宜采用这种装置。

习 题

一、填空题

1. 平行线路的横联差动保护启动元件的作用是__________________。

2. 平行线路横联差动保护方向元件的作用是__________________。

3. 横差保护是反应两平行线中电流之差的（大小）和（方向）而动作的，平衡保护是比较平行双回线路中电流的________动作的。

4. 电流平衡保护是通过比较双回线路________来判断线路是否发生短路。

5. 高频保护通道的工作方式有________方式、________方式和________方式。

6. 高频闭锁方向保护是比较线路两端功率方向的一种保护，当两侧收信机________时，保护将动作；当两侧收信机________时，保护将闭锁。

7. 高频闭锁方向保护的启动元件有两个任务，一是启动后解除保护的闭锁；二是_______，因此要求启动元件灵敏度足够高，以防止故障时不能启动发信。

8. 高频收发信机一般具有________，以方便运行人员进行交换信号，检查高频通道是否正常。

9. 高频通道的构成包括________、________、________、高频收发信机、高频电缆、输电线路。

10. 相差高频保护只比较被保护线路________，而不比较________。

11. 相差高频保护区内故障时，收信机收到的信号是________。

12. 纵差保护使不平衡电流增大的主要原因是____________。

二、选择题

1. 纵联保护电力载波高频通道用（　　）方式来传送被保护线路两侧的比较信号。

A. 卫星传输　　B. 微波通道

C. 相-地高频通道　　D. 电话线路

2. 高频阻波器所起的作用是（　　）。

A. 限制短路电流　　B. 补偿接地电流

C. 阻止高频电流向变电站母线分流　　D. 增加通道衰耗

3. 高频保护采用相-地制高频通道是因为（　　）。

A. 所需的加工设备少，比较经济　　B. 相-地制通道衰耗小

C. 减少对通信的干扰　　D. 相-地制通道衰耗大

4. 高频闭锁距离保护的优点是（　　）。

A. 对串补电容无影响　　B. 在电压二次断线时不会误动

C. 能快速地反应各种对称和不对称故障　　D. 系统振荡无影响，不需采取任何措施

5. 在高频闭锁方向保护中，当发生外部短路时两端发信机将（　　）。

A. 同时发送高频信号

B. 都不发送高频信号

C. 一端发高频信号，一端不发高频信号

6. 高频闭锁方向保护的发信机发送的高频信号是（　　）。

A. 允许信号　　B. 闭锁信号　　C. 跳闸信号

7. 相差高频保护中，两侧高频信号重叠角的存在减小了脉冲间隔，从保护的灵敏度考虑（　　）。

A. 使灵敏度提高了　　B. 使灵敏度降低了

C. 对灵敏度没有影响　　D. 视重叠角的大小而定

8. 系统振荡与短路同时发生，高频保护装置会（　　）。

A. 误动　　B. 拒动　　C. 正确动作　　D. 不定

9. 快速切除线路任意故障的主保护是（　　）。

A. 距离保护　　B. 纵联差动保护

C. 零序电流保护　　D. 电流速断保护

10. 线路纵联差动保护可作线路全长的（　　）保护。

A. 主保护　　B. 限时速动　　C. 后备　　D. 辅助

三、判断题

1. 双回线横差保护是全线速动保护。（　　）

2. 双回线电流平衡保护和横差保护都存在相继动作区。（　　）

3. 双回线电流横差保护存在出口动作死区。（　　）

4. 高频保护通道传送的信号按其作用不同，可分为跳闸信号、允许信号和闭锁信号三类。（　　）

5. 因为高频保护不反应被保护线路以外的故障，所以不能作为下一段线路的后备保护。（　　）

四、问答题

1. 简述输电线路纵差保护的基本工作原理及输电线路纵差保护的优缺点。

2. 画出输电线路纵差保护的单相原理接线图，分析保护的工作原理。

3. 纵差保护与电流保护的区别是什么？

4. 何谓横联差动保护的“相继动作”及“相继动作区”？相继动作区的存在有何不利影响？

5. 什么是高频保护？

6. 试说明高频闭锁方向保护的基本工作原理。

7. 试说明相差高频保护的基本工作原理。

学习项目 三

电力变压器保护

1. 掌握变压器的故障与不正常运行状态类型及其对应的保护措施；
2. 了解变压器的主保护及后备保护类型；
3. 对变压器差动保护原理、接线及整定计算（BCH-2型）能熟练掌握；
4. 熟知变压器瓦斯保护的原理及接线；
5. 能对变压器的其他保护进行准确分析。

任务 3.1 变压器的异常运行状态分析

3.1.1 变压器常见故障、不正常运行状态

内部故障有：绕组的相间短路、绕组的匝间短路、直接接地系统侧绕组的接地短路。

外部故障有：油箱外部绝缘套管、引出线上发生相间短路或一相碰接箱壳（或称直接接地短路）。

变压器不正常运行状态：过负荷；由外部短路引起的过电流；油箱漏油引起的油位下降；外部接地短路引起中性点过电压；绕组过电压或频率降低引起的过励磁；变压器油温升高和冷却系统故障等。

3.1.2 变压器应装设的保护

为反应油箱内部各种短路故障和油面降低，对于0.8MV·A及以上的油浸式变压器和户内0.4MV·A以上变压器应装设瓦斯保护。

为反应变压器绕组和引出线的相间短路，以及中性点直接接地电网侧绕组和引出线的接地短路及绕组匝间短路，应装设纵差保护或电流速断保护。

为反应外部相间短路引起的过电流和作为瓦斯、纵差保护（或电流速断保护）的后备保护，应装设过电流保护。

为反应大接地电流系统外部接地短路，应装设零序电流保护。

对于0.4MV·A以上的变压器，当数台并列运行或单独运行并作为其他负荷的备用电

源时，应装设过负荷保护。过负荷保护通常只装在一相，其动作时限较长，延时动作于发信号。

高压侧电压为 500kV 及以上的变压器，对频率降低和电压升高而引起的变压器励磁电流升高，应装设变压器过励磁保护。

对变压器温度和油箱内压力升高，以及冷却系统故障，按变压器现行标准要求，应装设相应的保护装置。

任务 3.2 变压器的差动保护

3.2.1 差动保护的基本原理

差动保护能正确区分被保护元件保护区内、外故障，并能瞬时切除保护区内的故障。变压器差动保护用来反应变压器绕组、引出线及套管上各种短路故障，是变压器的主保护。其原理图如图 3.1 所示。

电流互感器采用环流法接线。流入继电器的电流为两个电流互感器二次电流的差。

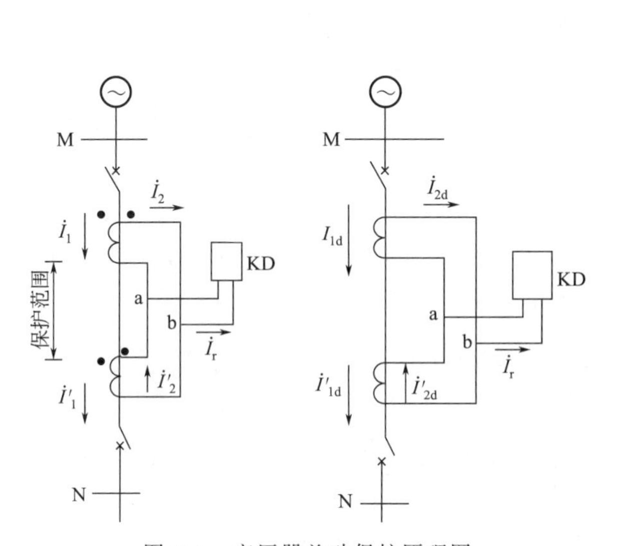

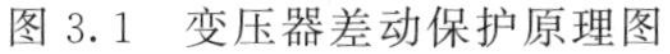
图 3.1 变压器差动保护原理图

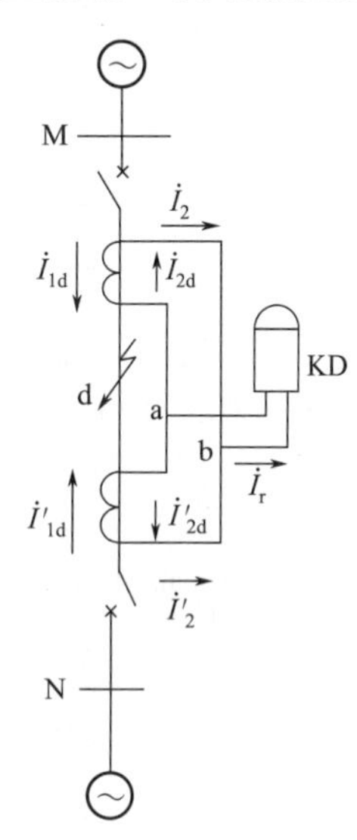

图 3.2 纵联差动保护原理图

正常运行：流入差回路中的电流为

$$\dot{I}_{\mathrm{r}}=\dot{I}_{2}-\dot{I}_{2}'=\frac{\dot{I}_{1}}{K_{\mathrm{TA}}}-\frac{\dot{I}_{1}'}{K_{\mathrm{TA}}'}\approx 0 \tag{3-1}$$

外部短路：流入差回路中的电流为

$$\dot{I}_{\mathrm{r}}=\dot{I}_{2\mathrm{d}}-\dot{I}_{2\mathrm{d}}'=\frac{\dot{I}_{1\mathrm{d}}}{K_{\mathrm{TA}}}-\frac{\dot{I}_{1\mathrm{d}}'}{K_{\mathrm{TA}}'}\approx 0 \tag{3-2}$$

在正常运行及保护区外故障时，在理想状态下，流入差动保护差回路中的电流为零。实际上，差回路中还有一个不平衡电流 I_{unb}。差动继电器 KD 的启动电流是按大于不平衡电流整定的，所以，在正常及保护区外部故障时差动保护不会动作。如图 3.2 所示。

短路：流入差动保护回路的电流为

$$\dot{I}_{\mathrm{r}}=\dot{I}_{2\mathrm{d}}+\dot{I}_{2\mathrm{d}}'=\frac{\dot{I}_{1\mathrm{d}}}{K_{\mathrm{TA}}}+\frac{\dot{I}_{1\mathrm{d}}'}{K_{\mathrm{TA}}'}=\frac{\dot{I}_{\mathrm{d}}}{K_{\mathrm{TA}}} \tag{3-3}$$

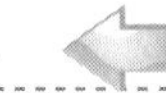

被保护范围内部故障时，流入差动保护回路的电流远大于差动继电器的启动电流，差动继电器动作，瞬时发出跳闸脉冲，断开两侧断路器。

3.2.2 原理接线图

图 3.3 为变压器差动保护单相原理接线图。

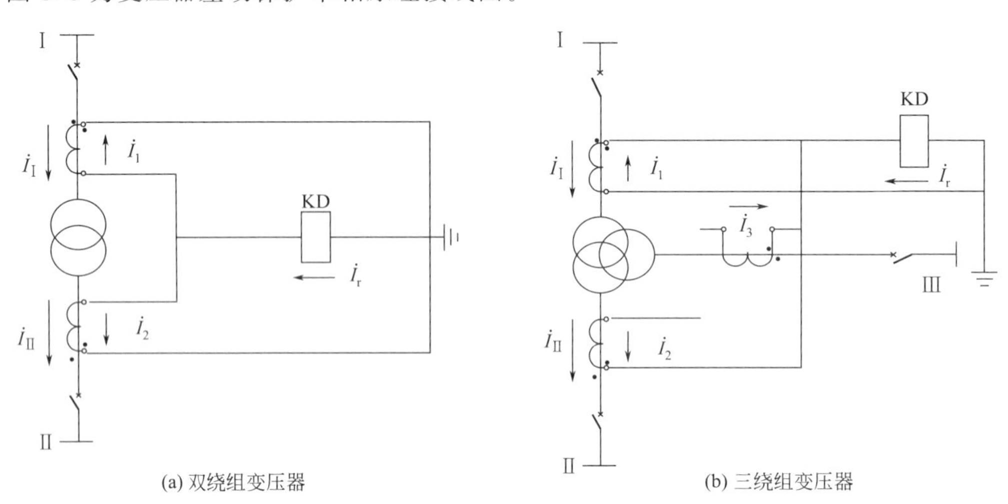

图 3.3 变压器差动保护单相原理接线图

差动保护装置为了获得动作的选择性，差动继电器 KD 的动作电流必须大于在差动回路中出现的最大不平衡电流。不平衡电流越大会使得保护的灵敏系数降低，分析变压器差动保护的不平衡电流产生的原因和减小它对保护的影响是差动保护的主要问题。

3.2.3 不平衡电流产生的原因及减小不平衡电流的方法

(1) 稳态不平衡电流

① 变压器各侧电流相位不同引起不平衡电流　在电力系统中大、中型变压器采用 Y,d11 接线的很多，变压器一、二次侧线电流相位差 30°，如果两侧电流互感器采用相同接线方式，即使和的数值相等，其不平衡电流为 $I_{\rm unb1}=2I_1\sin15°=0.518I_1$。因此，必须补偿由于两侧电流相位不同而引起的不平衡电流。具体方法是将 Y,d11 接线的变压器星形接线侧的电流互感器接成三角形接线，三角形接线侧电流互感器接成星形接线，这样可以使两侧电流互感器二次连接臂上的电流相位一致，如图 3.4 所示。

② 由于电流互感器计算变比与选用的标准变比不同而引起的不平衡电流　变压器星形接线侧按三角形接线的电流互感器变比为

$$K_{\rm TA.d}=\frac{I_{\rm TN.y}}{5}\sqrt{3} \tag{3-4}$$

变压器角形接线侧按星形接线的电流互感器的变比为

$$K_{\rm TA.y}=\frac{I_{\rm TN.d}}{5} \tag{3-5}$$

式中，$I_{\rm TN,y}$、$I_{\rm TN,d}$ 为变压器星形接线侧和角形接线侧的额定电流。

由于实际所选电流互感器的变比不同于计算值，势必在差动回路中出现不平衡电流值。应采取补偿措施：用自耦变压器 UT 改变差动臂的电流；用中间变流器 UA 进行磁势补偿；

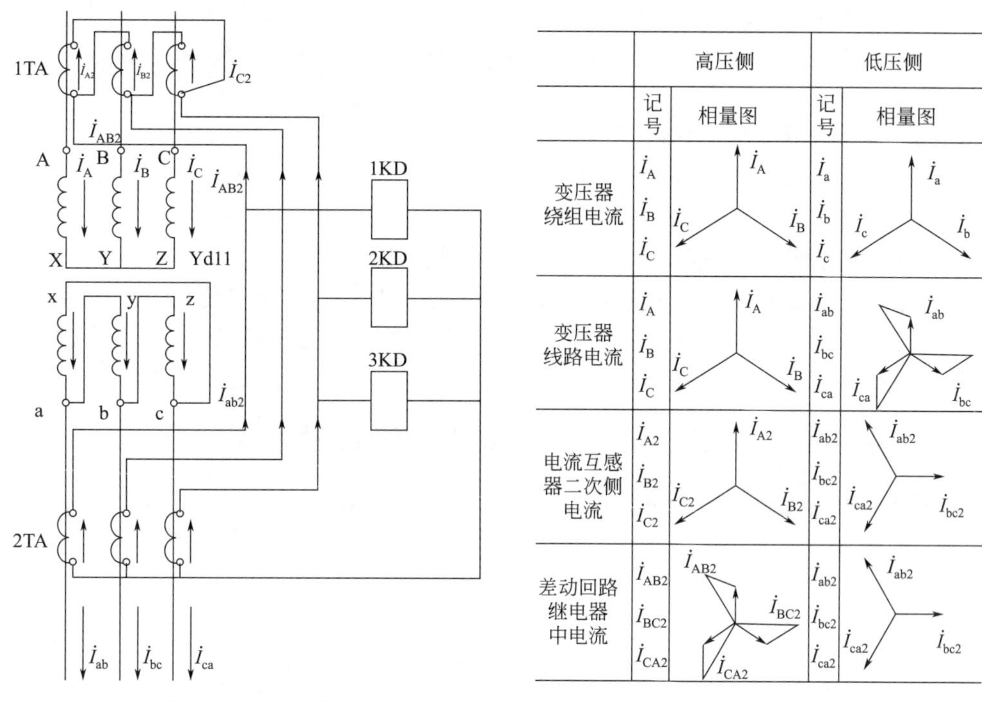

图 3.4 Yd11 接线的变压器两侧电流互感器的接线及电流相量图

用电抗变换器 UX1 和 UX2 二次绕组串接差动输出进行磁势补偿。

③ 由变压器调压引起的不平衡电流　当系统运行方式改变时，需要调节变压器调压分接头以保证系统电压水平。当调压分接头位置改变时，在差动回路中引起很大不平衡电流。该不平衡电流的大小与调压范围 ΔU 及变压器一次电流成正比，可由下式计算

$$I_{\mathrm{unb}}=\pm\Delta U\frac{\sqrt{3}I_{\mathrm{y(1)}}}{K_{\mathrm{TA.d}}} \tag{3-6}$$

在运行中不可能随变压器分接头改变而重新调整差动继电器的参数，因此，ΔU 引起的不平衡电流要在整定计算时考虑躲过。

④ 由于各侧电流互感器误差不同引起的不平衡电流　变压器各侧电压等级和额定电流不同，因而采用的电流互感器型号不同，它们的特性差别很大，故引起较大的不平衡电流（实际上是两个电流互感器励磁电流之差）

$$I_{\mathrm{unb}}=\frac{\sqrt{3}K_{\mathrm{err}}K_{\mathrm{st}}}{K_{\mathrm{TA.d}}}I_{\mathrm{Kmax}} \tag{3-7}$$

式中，K_{err} 为电流互感器 10%误差，取 0.1。

(2) 暂态过程中的不平衡电流

差动保护要躲过外部短路时暂态过程中的不平衡电流，其中含有很大非周期分量，综合考虑暂态和稳态的影响，总的不平衡电流为：

$$I_{\mathrm{unbmax}}=(K_{\mathrm{err}}K_{\mathrm{st}}K_{\mathrm{np}}+\Delta u+\Delta f_{\mathrm{s}})\frac{\sqrt{3}I_{\mathrm{Kmax}}}{K_{\mathrm{TA.d}}} \tag{3-8}$$

式中，Δf_{s} 为变比误差，取 0.05。

(3) 变压器的励磁涌流

变压器励磁电流仅流经变压器的某一侧，因此，通过电流互感器反应到差动回路中不能

被平衡，在外部故障时，由于电压降低，励磁电流减小，它的影响就更小。可忽略不计。

但是当变压器空载投入和外部故障切除后电压恢复时，则可能出现数值很大的励磁电流（又称为励磁涌流）。

防止励磁涌流的影响措施有：

① 用具有速饱合铁芯的差动继电器；

② 利用二次谐波制动而躲开励磁涌流；

③ 按比较波形间断角来鉴别内部故障和励磁涌流的差动保护。

由于速饱和变流器躲过非周期分量性能不够理想，目前，中小型变压器广泛采用加强型速饱和变流器（BCH-2 型）构成的变压器差动保护。BCH-2 型（DCD-2、DCD-2M 型）差动继电器，是在速饱和变流器基础上，再加上短路绕组，以改善躲过非周期分量的性能。

3.2.4 采用 BCH 型差动继电器构成的差动保护

(1) BCH-2 型差动继电器构成的差动保护（图 3.5、图 3.6）

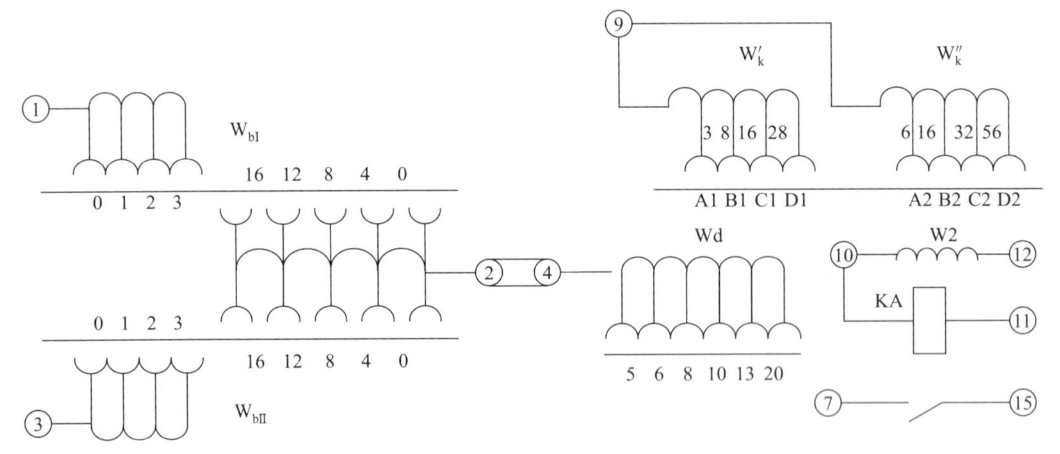

图 3.5 BCH-2 型差动继电器内部电路图

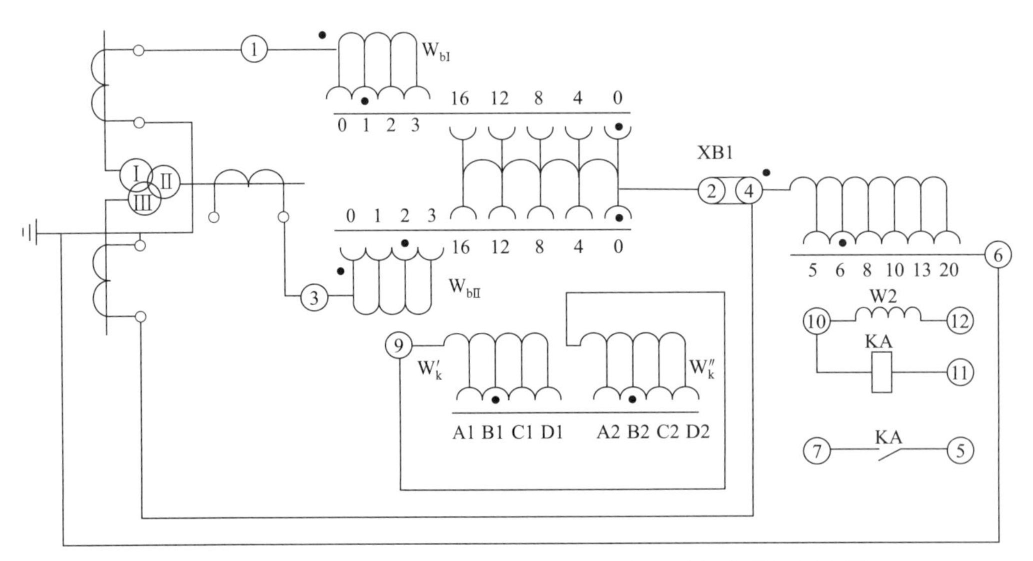

图 3.6 三绕组变压器采用 BCH-2 型继电器的差动保护单相原理图

(2) 用 DCD-2 型差动继电器构成差动保护接线（图 3.7）

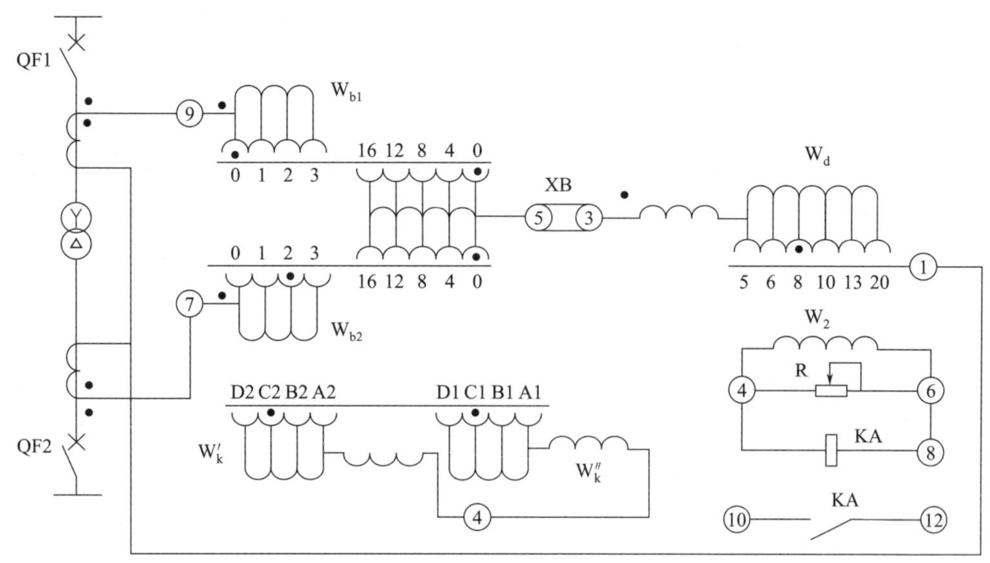

图 3.7 DCD-2 型差动继电器构成的差动保护接线

任务 3.3 变压器的过电流保护

3.3.1 变压器的电流速断保护

(1) 工作原理

变压器的电流速断保护是反应电流增大而瞬时动作的保护。装于变压器的电源侧，对变压器及其引出线上各种形式的短路进行保护。为保证选择性，速断保护只能保护变压器的部分，它适用于容量在 10MV·A 以下较小容量的变压器，当过电流保护时限大于 0.5s 时，可在电源侧装设电流速断保护。

(2) 保护接线

保护接线如图 3.8、图 3.9 所示。

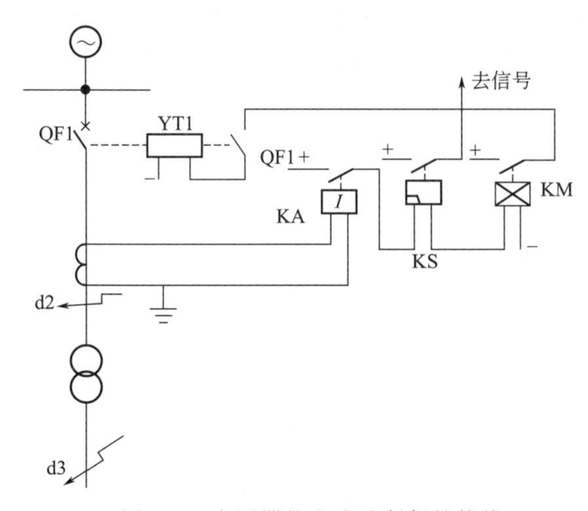

图 3.8 变压器的电流速断保护接线

(3) 电流速断保护的整定计算

① 动作值

a. 按躲开变压器负荷侧出口 K1 短路时的最大短路电流来整定，即 $I_{OP}=K_{rel}I_{K1max}$。

b. 躲过励磁涌流。根据实际经验及实验数据，一般取 $I_{OP}=(3\sim5)I_{TN}$。

按上两式条件计算，选择其中较大值作为变压器电流速断保护的动作电流。

② 灵敏度校验 按变压器原边 K2 点短路时，流过保护的最小短路电流校验，即

$$K_{sen}=\frac{I_{K2min}^{(2)}}{I_{OP}}\geqslant 2 \tag{3-9}$$

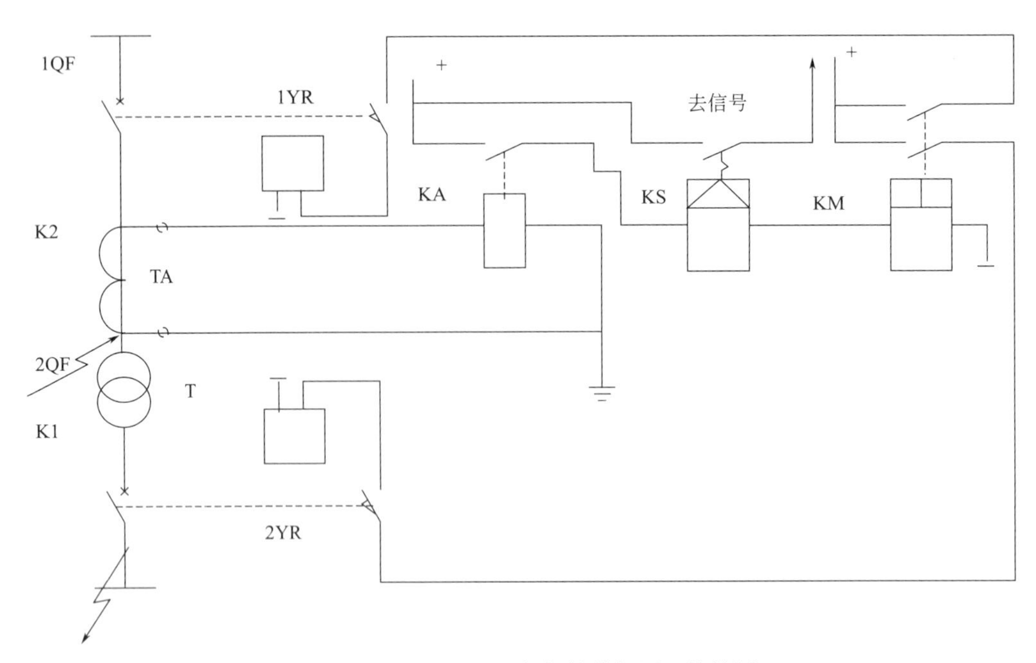

图 3.9 变压器电流速断保护单相原理接线图

(4) 变压器电流速断保护评价

优点：接线简单，动作迅速。

缺点：只能保护变压器的一部分。

3.3.2 变压器相间短路的后备过电流保护

反应相间短路电流增大而动作的过电流保护作为变压器的后备保护。为满足灵敏度要求，可装设过电流保护、低电压启动的过电流保护、复合电压启动的过电流保护，负序过电流保护，甚至阻抗保护。

(1) 过电流保护

① 整定

a. 动作值：启动电流按躲开变压器可能出现的最大负荷电流进行整定。

$$I_{OP}=\frac{K_{rel}}{K_{re}}I_{Lmax} \tag{3-10}$$

式中，K_{rel} 为可靠系数，取 1.2～1.3；K_{re} 为返回系数，取 0.85。

对并列运行的变压器，应考虑切除一台变压器时所出现的过负荷。当各台变压器的容量相同时，可按下式计算

$$I_{Lmax}=\frac{m}{m-1}I_{TN} \tag{3-11}$$

式中，m 为并列运行变压器的最少台数；I_{TN} 为每台变压器的额定电流。

对降压变压器应考虑电动机的自启动电流。过电流保护的动作电流为

$$I_{Lmax}=K_{SS}I_{NT} \tag{3-12}$$

式中，K_{SS} 为自启动系数，其值与负荷性质及用户与电源间的电气距离有关，对于 110kV 降压变电站的 6～10kV 侧，取 $K_{SS}=1.5$～2.5；35kV 侧，取 $K_{SS}=1.5$～2.0。

b. 灵敏度校验

$$K_{Smin}=\frac{I_{Kmin}^{(2)}}{I_{OP}}\geqslant 1.2\sim 1.5 \tag{3-13}$$

式中，$I_{Kmin}^{(2)}$ 为最小运行方式下，在灵敏系数校验点发生两相短路时，流过保护装置最小两相短路电流。

过电流保护作为变压器的近后备保护，灵敏系数要求大于 1.5，远后备保护的灵敏系数大于 1.2。

保护的动作时间比出线的第三段保护动作时限长 1 个时限阶段。过电流保护装置应装于变压器的电源侧，保护动作后，跳开变压器两侧断路器。

② 原理接线（图 3.10）

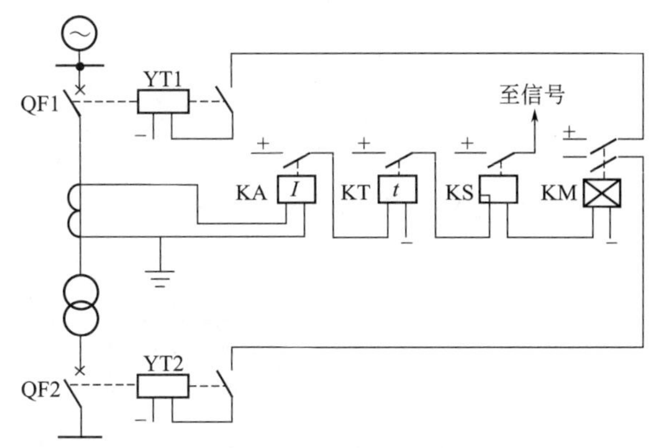

图 3.10 变压器相间短路的过电流保护单相原理接线图

(2) 低电压启动的过流保护

当过电流保护不能满足灵敏度要求时，怎么办？可采用低压启动的过电流保护，如图 3.11 所示。只有电压测量元件和电流测量元件同时动作后才能启动时间继电器，经预定的延时发出跳闸脉冲。

$$U_{OP}=0.7U_{NT} \qquad K_{sen}=\frac{U_{OP}}{U_{Kmax}}>1.2 \tag{3-14}$$

式中，U_{Kmax} 为最大运行方式下，灵敏系数校验点短路时，保护安装处的最大电压。

(3) 复合电压启动的过电流保护

由负序电压滤过器、过电压继电器及低电压继电器组成复合电压启动回路，如图 3.12 所示。

当发生各种不对称短路时，出现负序电压，过压继电器动作→其常闭触点断开→低电压继电器失电→其常闭触点闭合→启动中间继电器，低压闭锁开放。若电流继电器也动作，则启动时间继电器，经预定延时发出跳闸脉冲。

三相短路时，也会短时出现负序电压，闭锁开放。由于低电压继电器返回电压较高，三相短路后，若母线电压低于低电压继电器的返回电压，则低电压继电器不会返回。

复合电压启动的过电流保护的电流元件和低电压元件的整定同低压闭锁过电流保护。负序电压继电器的动作电压根据运行经验为 $U_{OP}=(0.06\sim 0.12)\ U_{NT}$。

灵敏度校验与上述两种过电流保护相同。

这种保护方式灵敏度高，接线简单，故应用比较广泛。

(4) 负序电流保护

对于大型发电机-变压器组，额定电流大，电流元件往往不能满足远后备灵敏度的要求，

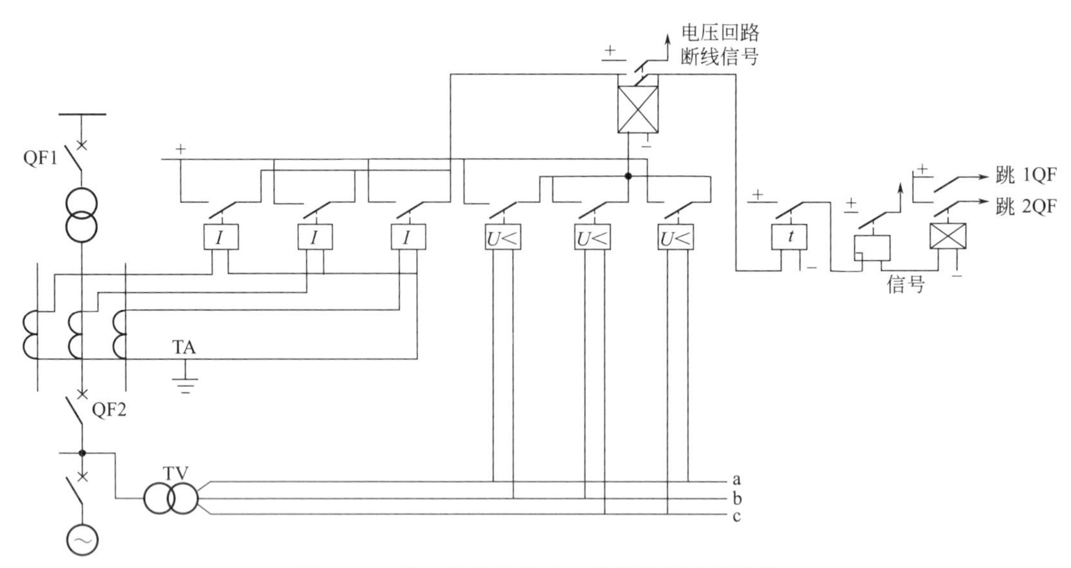

图 3.11 低电压启动的过电流保护原理接线图

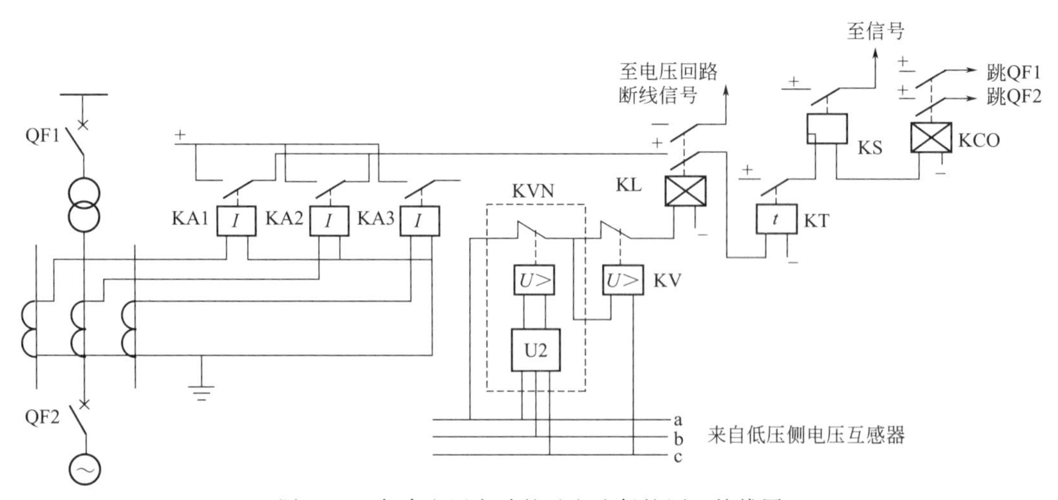

图 3.12 复合电压启动的过电流保护原理接线图

可采用负序电流保护。其原理接线如图 3.13 所示。它由反应对称短路的低电压启动的过电流保护和反应不对称短路的负序电流保护组成。

负序电流继电器的一次动作电流按以下条件选择。

① 躲开变压器正常运行时负序电流滤过器出口的最大不平衡电流。其值为

$$I_{OP}=(0.1\sim0.2)I_{TN}$$

② 躲开线路一相断线时引起的负序电流。

③ 与相邻元件负序电流保护在灵敏度上相配合。

灵敏度校验：

$$K_{sen}=\frac{I_{K2min}}{I_{2OP}}\geqslant2 \tag{3-15}$$

式中，I_{K2min} 为远后备保护范围末端不对称短路时，流过保护的最小负序电流。

负序电流保护的灵敏度较高，接线也较简单，但整定计算比较复杂，通常用在 31.5MV·A 及以上的升压变压器。

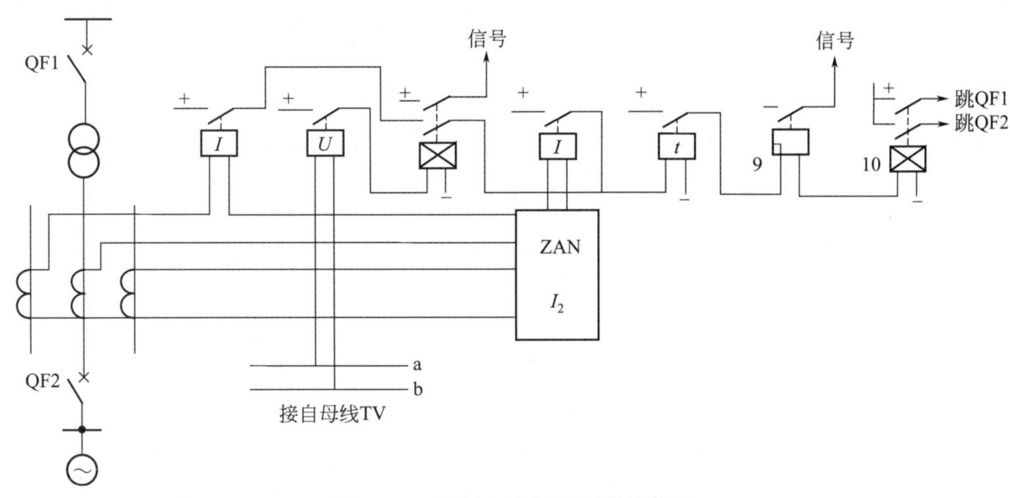

图 3.13 负序电流保护原理接线图

3.3.3 变压器的过负荷保护

变压器过负荷电流三相对称，过负荷保护装置只采用一个电流继电器接于一相电流回路中，经过较长的延时后发出信号。原理接线如图 3.14 所示。

过负荷保护的动作电流按躲过变压器的额定电流进行整定：

$$I_{OP}=\frac{K_{rel}}{K_{re}}I_{TN} \tag{3-16}$$

过负荷保护的延时应比变压器过电流保护时限长一个时限阶段，一般取 10s。

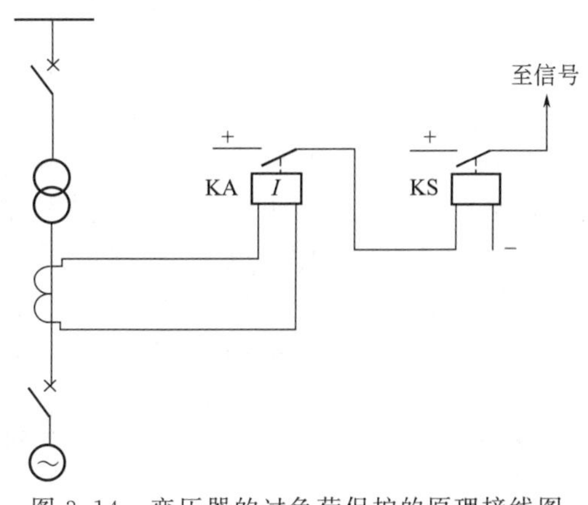

图 3.14 变压器的过负荷保护的原理接线图

3.3.4 变压器的零序保护

对 110kV 以上中性点直接接地系统中的电力变压器，一般应装设零序电流（接地）保护，作为变压器主保护的后备保护和相邻元件短路的后备保护。

大接地电流系统发生单相或两相接地短路时，零序电流的分布和大小与系统中变压器中性点接地的台数和位置有关。

(1) 变电所单台变压器的零序电流保护

零序电流保护装于变压器中性点接地引出线的电流互感器上，其原理接线如图 3.15 所示。保护动作后切除变压器两侧的断路器。

动作电流按与被保护侧母线引出线零序保护后备段在灵敏度上相配合的条件进行整定，即

$$I_{0OP}=K_{co}K_{b}I'''_{0OP} \tag{3-17}$$

式中 K_{co}——配合系数，K_{co} 取 1.1～1.2；

K_b——零序电流分支系数，其值为远后备范围内故障时，流过本保护与流过出线零序保护零序电流之比；

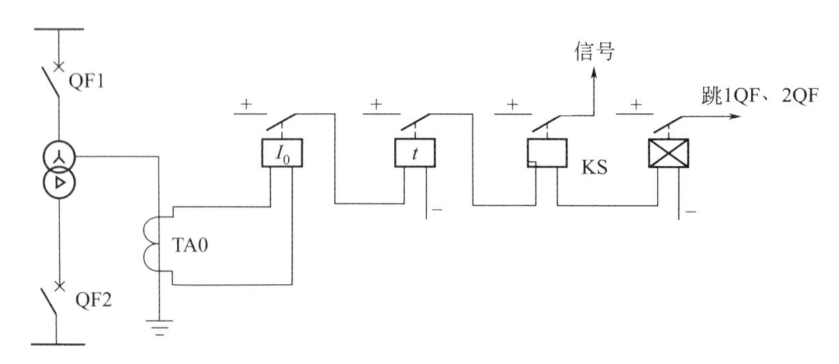

图 3.15　变压器零序保护原理接线图

I'''_{0OP}——出线零序电流保护第三段的动作电流。

为满足远后备灵敏度的要求，取

$$K_{sen}=\frac{3I_{d0}}{I_{0OP}}>1.2$$

动作时限为

$$t_0=t'''_0+\Delta t$$

式中　t'''_0——出线零序保护第三段动作时限。

(2) 变电所多台变压器的零序电流保护

当变电所有多台变压器并列运行时，只允许一部分变压器中性点接地。中性点接地的变压器可装设零序电流保护，而不接地运行的变压器不能投入零序电流保护。

当发生接地故障时，变压器接地保护不能辨认接地故障发生在哪一台变压器。若接地故障发生在不接地的变压器，会产生什么后果?

接地保护动作，切除接地的变压器后，接地故障并未消除，且变成中性点不接地系统在接地点会产生较大的电弧电流，使系统过电压。同时系统零序电压加大，不接地的变压器中性点电压升高，其零序过电压可能使变压器中性点绝缘损坏。

为此，变压器的零序保护动作时，首先应切除非接地的变压器。若故障依然存在，经一个时限阶段 Δt 后，再切除接地变压器，其原理接线如图 3.16 所示。

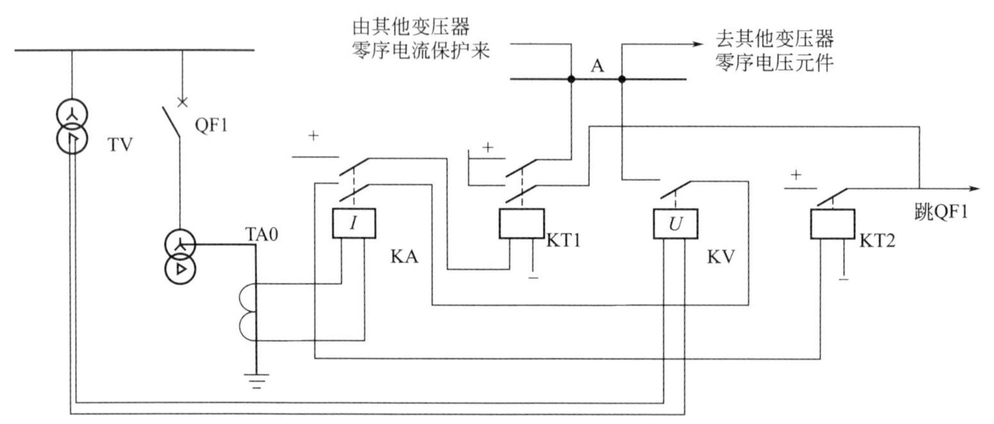

图 3.16　变压器零序保护原理图

每台变压器都装有同样的零序电流保护，它由电流元件和电压元件两部分组成。正常时零序电流及零序电压很小，零序电流继电器及零序电压继电器皆不动作，不会发出跳闸脉冲。

发生接地故障时，出现零序电流及零序电压，当它们大于启动值后，零序电流继电器及零序电压继电器皆动作。电流继电器启动后，常开触点闭合，启动时间继电器KT1。时间继电器的瞬动触点闭合，给小母线A接通正电源，将正电源送至中性点不接地变压器的零序电流保护。

不接地的变压器零序电流继电器不会动作，常闭触点闭合。小母线A的正电源经零序电压继电器的常开触点、零序电流继电器的常闭触点启动有较短延时的时间继电器KT2，经较短时限首先切除中性点不接地的变压器。

若接地故障消失，零序电流消失，则接地变压器的零序电流保护的零序电流继电器返回，保护复归。若接地故障没有消失，接地点在接地变压器处，零序电流继电器不返回，时间继电器KT1一直在启动状态，经过较长的延时KT1跳开中性点接地的变压器。

习 题

一、填空题

1. 变压器气体保护的作用是反应变压器油箱内部线圈短路或铁芯故障，并反应变压器油面__________。

2. 变压器瓦斯保护分为轻瓦斯和重瓦斯保护，其中________保护动作于跳闸，________保护动作于发信号。

3. BCH-2型差动继电器，其短路线圈的作用是________________。

4. 变压器纵联差动保护因变压器各侧电流互感器型号不同而产生不平衡电流，采取的措施是________________________。

5. 变压器差动保护由于变压器带负荷改变调压抽头而产生不平衡电流，解决办法是_______________________。

6. 采用BCH-2型差动继电器构成的变压器差动保护的基本侧是以______________的大小决定的。

7. 为了防止变压器外部短路引起变压器绕组的过电流以及作为变压器本身差动保护和气体保护的后备，变压器必须装设______________。

8. 中性点直接接地变压器的零序电流保护，保护用的电流互感器应装于__________。

9. 变压器复合电压启动的过电流保护，负序电压主要反应______________短路故障，低电压反应______________短路故障。

10. 双绕组降压变压低电压启动的过电流保护，电压元件应接于______________侧电压互感器上。

11. 变压器气体保护的主要构成元件是________，它安装在变压器________和________之间的管道上。

12. 电力变压器广泛采用油浸式结构，其故障可分为__________和__________。

13. 变压器负序过电流保护及单相式低电压启动的过电流保护中，负序过电流保护主要反应______________短路故障，单相式低电压启动的过电流保护反应______________短路故障。

14. 一般情况下大型变压器所装设的主保护有________和________。

15. 电力变压器纵联差动保护中相位补偿的方法是形变压器星形侧的电流互感器二次绕组接成________，将变压器三角形侧的电流互感器二次绕组接成________。

二、选择题

1. 对于单侧电源的双绕组变压器，采用带制动线圈的差动保护，其制动线圈（　　）。

A. 应装在电源侧　　B. 应装在负荷侧
C. 应装在电源侧或负荷侧　　D. 可不用

2. 当变压器外部故障时，有较大的穿越性短路电流流过变压器，这时变压器的差动保护（　　）。

A. 立即动作　　B. 延时动作
C. 不应动作　　D. 视短路时间长短而定

3. 变压器励磁涌流可达变压器额定电流的（　　）。

A. 6～8 倍　　B. 1～2 倍
C. 10～12 倍　　D. 14～16 倍

4. 变压器励磁涌流的衰减时间为（　　）。

A. 1.5～2s　　B. 0.5～1s
C. 3～4s　　D. 4.5～5s

5. 变压器差动保护差动继电器内的平衡线圈消除（　　）。

A. 励磁涌流产生的不平衡电流
B. 两侧相位不同产生的不平衡电流
C. TA 计算变比与实际变比不一致产生的不平衡电流
D. 两侧电流互感器的型号不同产生的不平衡电流

6. 谐波制动的变压器纵差保护中设置差动速断元件的主要原因是（　　）。

A. 为了提高差动保护的动作速度
B. 为了防止在区内故障较高的短路水平时，由于电流互感器的饱和产生高次谐波量增加，导致差动元件拒动
C. 保护设置的双重化，互为备用
D. 为了提高差动保护的可靠性

7. 气体（瓦斯）保护是变压器的（　　）。

A. 主后备保护　　B. 内部故障的主保护
C. 外部故障的主保护　　D. 外部故障的后备保护

8. 变压器过励磁保护是按磁密 B 正比于（　　）原理实现的。

A. 电压 U 与频率 f 的乘积　　B. 电压 U 与频率 f 的比值
C. 电压 U 与绕组线圈匝数 N 的比值　　D. 电压 U 与绕组线圈匝数 N 的乘积

9. 当变压器空载合闸时，产生很大的励磁涌流，这时变压器的差动保护（　　）。

A. 立即动作　　B. 延时动作
C. 不应动作　　D. 视短路时间长短而定

10. 变压器的瓦斯保护能反应（　　）。

A. 变压器油箱内的故障　　B. 油面降低
C. 变压器油箱内故障和油面降低　　D. 引出线短路

三、判断题

1. 变压器的故障可分为油箱内部故障（变压器油箱里面发生的各种故障）和油箱外部故障（油箱外部绝缘套管及其引出线上发生的各类故障）。（　　）

2. 气体保护能反应变压器油箱内的各种短路和油面降低、运行比较稳定、可靠性比较

高，因此能完全取代差动保护的作用。 （ ）

3. 变压器在运行中补充油或作实验时，应事先将重瓦斯保护改接信号位置，以防止误动跳闸。 （ ）

4. 变压器气体继电器的安装，要求变压器顶盖沿气体继电器方向与水平面具有1%～1.5%的升高坡度。 （ ）

5. Y，d11组别的变压器差动保护，高压侧电流互感器（TA）的二次绕组必须采用三角形接线。 （ ）

6. 变压器励磁涌流和短路电流都包含有很大成分的非周期分量，往往偏于时间轴的一侧。 （ ）

7. 在空载投入变压器或外部故障切除后电压恢复时等情况下，有可能产生很大的励磁涌流。 （ ）

8. 当变压器发生少数绕组匝间短路时，匝间短路电流很大，因而变压器气体保护和纵差保护均会动作跳闸。 （ ）

9. 中性点接地的三绕组变压器与自耦变压器的零序电流保护的差别是电流互感器装设的位置不同。三绕组变压器的零序电流保护装于变压器的中性线上，而自耦变压器的零序电流保护，则分别装于高、中压侧的零序电流滤过器上。 （ ）

10. 对于分级绝缘的变压器，中性点不接地或经放电间隙接地时应装设零序过电压和零序电流保护，以防止发生接地故障时因过电压而损坏变压器。 （ ）

11. 变压器的气体保护范围在差动保护范围内，这两种保护均为瞬动保护，所以可用差动保护来代替气体保护。 （ ）

12. 在空载投入变压器或外部故障切除后电压恢复时等情况下，将产生很大的励磁涌流，此时，变压器差动保护应该可靠动作。 （ ）

13. 变压器的差动保护是通过比较变压器各侧电流的大小和相位而构成的。 （ ）

四、问答题

1. 什么是瓦斯保护？有哪些优缺点？

2. 什么是变压器的励磁涌流？变压器励磁涌流具有哪些特点？

3. 变压器可能发生的故障和异常工作状态有哪些？通常应装设哪些保护？

4. 变压器差动保护中产生不平衡电流的因素有哪些？

5. 全绝缘和分级绝缘变压器接地保护有何异同？

6. 变压器纵差保护能否代替瓦斯保护？为什么？

7. 试述中性点可能接地也可能不接地且装设放电间隙的分级绝缘的变压器接地后备保护的配置情况及动作结果。

8. 变压器相间短路的后备保护有哪几种方案？

9. Y，d11接线的变压器在构成纵差保护时，需要进行相位补偿，相位补偿的方法是什么？变压器两侧电流互感器的变比如何确定？

五、综合分析题

1. 画图说明变压器纵差保护的工作原理，并画出一、二次侧电流的分布情况。

2. 画出比率制动式变压器差动保护的动作特性图，写出动作方程，如何整定计算？

3. 以变压器复合电压启动的过电流保护（习题3图）为例，回答下列问题。

（1）复合电压包括哪几个电压？

（2）负序电压滤过器什么情况有电压输出？输出的是什么电压？

(3) 发生不对称短路时，写出动作过程。

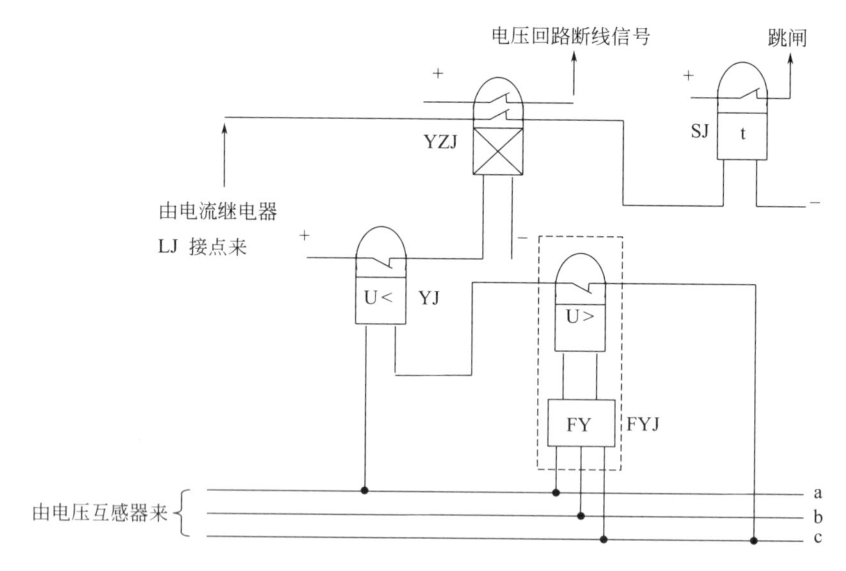

习题 3 图

4. 参考 BCH-2 差动继电器构成的变压器差动保护回路，回答下列问题。

(1) 以 BCH-2 差动继电器为例说明变压器差动保护的原理、接线，分析其工作过程。

(2) 如习题 4 图所示，单独运行的降压变压器中，采用 BCH-2 型纵联差动保护，已知变压器的参数为 20MV・A，110 (1±2×2.5%) /11kV，UK (%) =10.5。Y，d11 接线，归算到平均电压系统最大电抗 $X_{smax}=0.44\Omega$，最小电抗 $X_{smin}=0.22\Omega$，11kV 侧的最大负荷为 900A，试决定动作电流 I_{OP}，差动线圈的整定匝数 W_{dset}，平衡线圈的整定匝数 W_{bset} 和灵敏度 K_{sen}。

习题 4 图

学习项目 四

发电机保护

技能目标

1. 能对发电机故障与不正常运行状态进行分析；
2. 了解发电机的主保护及后备保护类型；
3. 对发电机纵联差动保护、定子绕组单相接地保护、定子绕组匝间短路保护、励磁回路接地保护的工作原理、接线能熟练掌握；
4. 熟知发电机失磁保护的原理及接线；
5. 能对发电机的其他保护进行准确分析；
6. 了解发电机-变压器组的保护方式。

任务 4.1 发电机保护基本知识

发电机的安全运行对保证电力系统的正常工作和电能质量起着决定性的作用，同时发电机本身也是一个十分贵重的电气元件，因此，应该针对各种不同的故障和不正常运行状态，装设性能完善的继电保护装置。

4.1.1 故障类型及不正常运行状态

(1) 故障类型

① 定子绕组相间短路：危害最大。

② 定子绕组一相的匝间短路：可能发展为单相接地短路和相间短路。

③ 定子绕组单相接地：较常见，可造成铁芯烧伤或局部熔化。

④ 转子绕组一点接地或两点接地：一点接地时危害不严重；两点接地时，因破坏了转子磁通的平衡，可能引起发电机的强烈振动或将转子绕组烧损。

⑤ 转子励磁回路励磁电流急剧下降或消失：从系统吸收无功功率，造成失步，从而引起系统电压下降，甚至可使系统崩溃。

(2) 不正常运行状态

① 由于外部短路引起的定子绕组过电流：温度升高，绝缘老化。

② 由于负荷等超过发电机额定容量而引起的三相对称过负荷：温度升高，绝缘老化。

③ 由于外部不对称短路或不对称负荷而引起的发电机负序过电流和过负荷：在转子中感应出 100Hz 的倍频电流，可使转子局部灼伤或使护环受热松脱，而导致发电机重大事故。此外，引起发电机的 100Hz 的振动。

④ 由于突然甩负荷引起的定子绕组过电压：调速系统惯性较大发电机，在突然甩负荷时，可能出现过电压，造成发电机绕组绝缘击穿。

⑤ 由于励磁回路故障或强励时间过长而引起的转子绕组过负荷。

⑥ 由于汽轮机主汽门突然关闭而引起的发电机逆功率：当机炉保护动作或调速控制回路故障以及某些人为因素造成发电机转为电动机运行时，发电机将从系统吸收有功功率，即逆功率。

4.1.2 保护类型

纵联差动保护：定子绕组及其引出线的相间短路保护。

横联差动保护：定子绕组一相匝间短路的保护。

单相接地保护：对发电机定子绕组单相接地短路的保护。

发电机的失磁保护：反应转子励磁回路励磁电流急剧下降或消失。

过电流保护：反应外部短路引起的过电流，同时兼作纵差保护的后备保护。

负序电流保护：反应不对称短路或三相负荷不对称时，发电机定子绕组中出现的负序电流。

过负荷保护：发电机长时间超过额定负荷运行时作用于信号的保护。

过电压保护：反应突然甩负荷而出现的过电压。

转子一点接地保护和两点接地保护：励磁回路的接地故障保护。

逆功率保护：当汽轮机主汽门误关闭而发电机出口断路器未跳闸，发电机失去原动力而变为电动机运行，从电力系统中吸收有功功率。危害：汽轮机尾部叶片有可能过热而造成事故。

任务 4.2 发电机纵联差动保护

4.2.1 工作原理

这种保护是利用比较发电机中性点侧和引出线侧电流幅值和相位的原理构成，因此在发电机中性点侧和引出线侧装设特性和变比完全相同的电流互感器来实现纵联差动保护。两组电流互感器之间为纵联差动保护的范围。电流互感器二次绕组按照循环电流法接线，即如果两组电流互感器一次侧的极性分别以中性点侧和母线侧为正极性，则二次侧同极性相连接。差动继电器与两侧电流互感器的二次绕组并联。保护的单相原理接线如图 4.1 所示。

发电机内部故障时，如图 4.1 (a) 中的 k_1 点短路，两侧电流互感器的一、二次侧电流如图所示，差动继电器中的电流为 $I_d=I_2'+I_2''$。当 I_d 大于继电器的整定电流时，继电器动作。在正常运行或保护区外故障时，流过继电器的电流为两侧电流之差（$I_d=I_2'-I_2''$），如图 4.1 (b) 所示（短路点 k_2）。在循环电流回路两臂引线阻抗相同、两侧电流互感器特性完全一致和铁芯剩磁一样的理想情况下，两侧二次电流相等（$I_2'=I_2''$），流过继电器的电流为零。但实际上差动继电器中流过不大的电流，此电流称为不平衡电流。

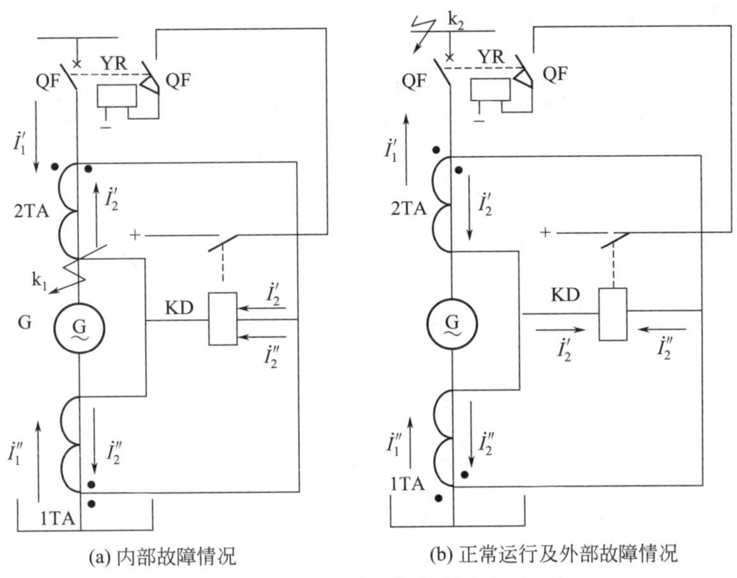

图 4.1 发电机纵差保护单相原理图

纵差保护在原理上不反应负荷电流和外部短路电流，只反应发电机两侧电流互感器之间保护区内的故障电流，因此，纵差保护在时限上不必与其他时限配合，可以瞬时动作于跳闸。

4.2.2 整定原则

(1) 在正常运行情况下，电流互感器二次回路断线时保护不应误动

如图 4.1 所示，假设流过电流互感器 2TA 的二次引线发生了断线，则电流 I_2' 被迫变为零，此时，在差动继电器中将流过 I_2'' 电流，当发电机在额定容量运行时，此电流即为发电机额定电流变换到二次侧的电流，用 I_{NG}/K_{TA} 表示。在这种情况下，为防止差动保护误动，应整定保护装置的启动电流大于发电机的额定电流，引入可靠系数后，则保护装置和继电器的整定电流分别为

$$I_{set}=K_{rel}I_{NG} \tag{4-1}$$

$$I_{set.r}=K_{rel}I_{NG}/K_{TA} \tag{4-2}$$

式中 K_{TA}——电流互感器变比。

这样整定之后，在正常运行情况下，任一相电流互感器二次回路断线时，保护将不会误动作。但如果在断线后又发生了外部短路，则继电器回路中要流过短路电流，保护仍然要误动。为防止这种情况的发生，在差动保护中，一般装设断线监视装置，当断线后，它动作发出信号，运行人员接到信号后即应将差动保护退出工作。

断线监视继电器的整定电流按躲开正常运行时的不平衡电流整定，原则上越灵敏越好。根据经验，一般选择为

$$I_{set.r}=0.2I_{NG}/K_{TA} \tag{4-3}$$

为了防止断线监视装置在外部故障时由于不平衡电流的影响而误发信号，取其动作时限大于发电机后备保护的时限。

具有断线监视装置的发电机纵差保护原理接线如图 4.2 所示。

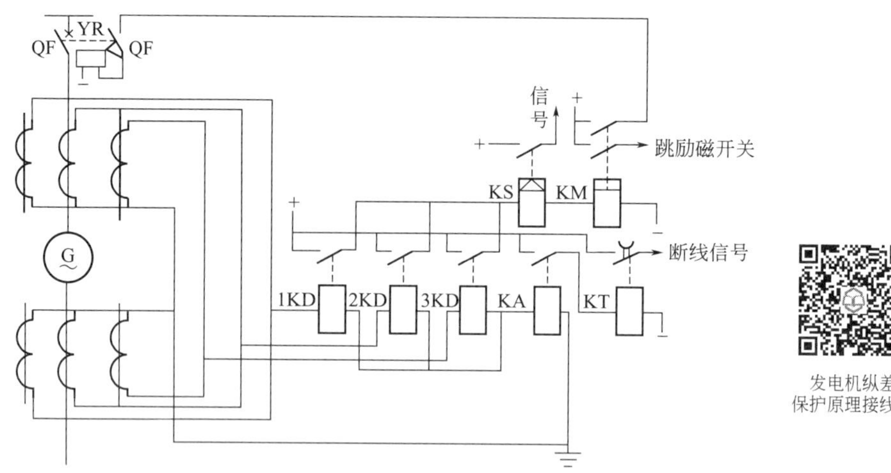

发电机纵差
保护原理接线图

图 4.2 具有断线监视装置的发电机纵差保护原理接线图

保护装置采用三相式接线（1KD～3KD 为差动继电器），在差动回路的中线上接有断线监视继电器 KA，当任一相电流互感器回路断线时，它都能动作，经过延时发出信号。

为了使差动保护的范围能包括发电机引出线（或电缆）在内，因此所使用的电流互感器应装设在靠近断路器的位置。

(2) 躲过外部故障时的最大不平衡电流

整定电流为：

$$I_{set.r}=K_{rel}I_{unb.max} \tag{4-4}$$

考虑非周期分量的影响，并将稳态不平衡电流计算式 $I_{unb}=0.1K_{st}I_{K.max}/K_{TA}$ 代入式(4-4) 得

$$I_{set.r}=0.1K_{rel}K_{np}K_{st}I_{K.max}/K_{TA} \tag{4-5}$$

式中 K_{rel}——可靠系数，取 1.3；

K_{np}——非周期分量系数，当采用具有速饱和铁芯的差动继电器时，取 1；

K_{st}——电流互感器同型系数，当型号相同时取 0.5。

对于汽轮机组，其出口处发生三相短路的最大短路电流约为 $I_{K.max}\approx 8I_{NG}$，代入式(4-5) 中，则差动继电器的整定电流为

$$I_{set.r}=(0.5\sim 0.6)I_{NG}/K_{TA} \tag{4-6}$$

对于水轮机组，由于电抗 X''_K 的数值比汽轮机组大，其出口处发生三相短路时的最大短路电流约为 $I_{K.max}\approx 8I_{NG}$，则差动继电器中的整定电流为

$$I_{set.r}=(0.3\sim 0.4)I_{NG}/K_{TA} \tag{4-7}$$

对于内冷的大容量发电机组，其电抗数值也较上述汽轮机组为大，因此，差动继电器的启动电流较汽轮机组小。

综上可见，按躲过不平衡电流的条件整定的差动保护，其启动值远小于按躲过电流互感器二次回路断线时的整定值，因此，保护的灵敏性就高。但这样整定后，在正常运行情况下发生电流互感器二次回路断线时，在负荷电流的作用下，差动保护可能误动，就这点看，可靠性较差。

当差动保护的定值小于额定电流时，可不装设电流互感器二次回路断线监视装置。运行经验表明，只要重视对差动保护回路的维护与检查，如采取防震措施，以防接线端子松脱，检修时测量差动回路的阻抗，并与以前的值比较等，在实际运行中发生该类故障的概率还是

很少的。

4.2.3 灵敏度校验

保护装置灵敏度校验按下式计算

$$K_{sen}=\frac{I_{K.min}}{I_{set}} \tag{4-8}$$

式中 $I_{K.min}$——发电机内部故障时流过保护装置的最小短路电流。

实际应考虑以下两种情况。

① 发电机与系统并列运行以前，在其出线端发生两相短路，此时差动回路中只有发电机供给的短路电流 I''_1，而 $I_1=0$。

② 发电机采用自同期并列（此时发电机先不加励磁，电动势 $E\approx0$ 时，在系统最小运行方式下，发电机出线端发生两相短路），此时，差动回路只有系统供给的短路电流 I'_1，而$I''_1=0$。

对灵敏系数的要求一般不小于 2。

应该指出，上述灵敏系数的校验，都是以发电机出口处发生两相短路为依据的，此时短路电流较大，一般都能够满足灵敏系数的要求。但当内部发生轻微的故障，例如经绝缘材料的过渡电阻短路时，短路电流的数值往往较小，差动保护不能启动，此时只有等故障进一步发展以后，保护方能动作，而这时可能已对发电机造成更大的危害。因此，尽量减小保护装置的启动电流，以提高差动保护对内部故障的反应能力还是很有意义的，发电机的纵联差动保护可以无延时地切除保护范围内的各种故障，同时又不反应发电机的过负荷和系统振荡，且灵敏系数一般较高。因此，纵联差动保护毫无例外地用作容量在 1MW 以上发电机的主保护。

任务 4.3 发电机定子绕组匝间短路保护

4.3.1 装设匝间短路保护的必要性

以往对于双星形接线而且中性点侧引出 6 个端子的发电机，通常装设单元件式横联差动保护（简称横差保护）。但是，对于一些大型机组，出于技术上和经济上的考虑，发电机中性点侧常常只引出三个端子，更大的机组甚至只引出一个中性点，这就不可能装设常用的单元件式横差保护。在这种情况下，便出现了以下观点。

① 定子绕组匝间绝缘强度高于对地绝缘强度，因此绝缘破坏引起的故障首先应该是定子单相接地，随后才发展为匝间或相间短路，现在已有无死区的 100％定子接地保护，因此可以不装匝间短路保护。

这种观点有一定的根据，但也确有首先发生匝间短路而后再发展为接地故障或相间短路的实例。考察匝间短路的发生过程，首先是看匝间绝缘，由于定子线棒变形或受振动而发生机械磨损，以及污染腐蚀、长期的受热和老化都会使匝间绝缘逐步劣化，这就构成了匝间短路的内因，不能肯定匝间绝缘的劣化一定晚于对地绝缘。更重要的是，外来冲击电压的袭击，给定子匝间绝缘造成极大威胁，因为冲击电压波沿定子绕组的分布是不均匀的，波头愈陡，分布愈不均匀，一个波头为 3ns 的冲击波，在绕组的第一个匝间可能承受全部冲击电压的 25％，因此由机端进入的冲击波，完全可能首先在定子绕组的始端发生匝间短路。鉴于此，大型机组往往在机端装设三相对地电容器和磁吹避雷器，即使如此，也不能认为再也没

有发生匝间短路的可能和完全不必装设匝间短路保护了。

② 另一种观点认为，大型机组的定子同槽上、下层线棒同属一相的很少，因此，即使上、下层绝缘破坏也主要是相间短路，既然装设单元式横差保护有困难，就不再装设匝间短路保护。

实际上这是一种错觉，多极的水轮发电机，很多情况下定子同槽上、下层线棒同相的已超过1/2，大型汽轮发电机，极数也不一定再是2，现以运行中的60万千瓦两极汽轮发电机为例，其定子总槽数为42，同槽上、下层同相的槽数为18（均为同相但不同分支的），约占总槽数的42.86%，完全有发生匝间短路的可能。在实际中因未装设匝间短路保护以致在发生匝间短路时严重损坏发电机的例子是有的。

总之，随着单机容量的增大，发电机定子绕组的并联分支数将增多，不考虑定子匝间短路及其保护是不合理的。

4.3.2 单继电器横差保护

在大容量发电机组中，由于额定电流很大，其每相都做成两个及其以上绕组的并联，如图4.3所示。

在正常情况下，两个绕组中的电势相等，各供1/2的负荷电流。当任一各绕组中发生匝间短路时，两个绕组中的电动势就不再相等，因而会由于出现电动势差而产生一个均衡电流，在两个绕组中环流。因此，利用反应两个支路电流之差的原理，即可实现对发电机定子绕组匝间短路的保护，此即横差保护，现对其原理分述如下。

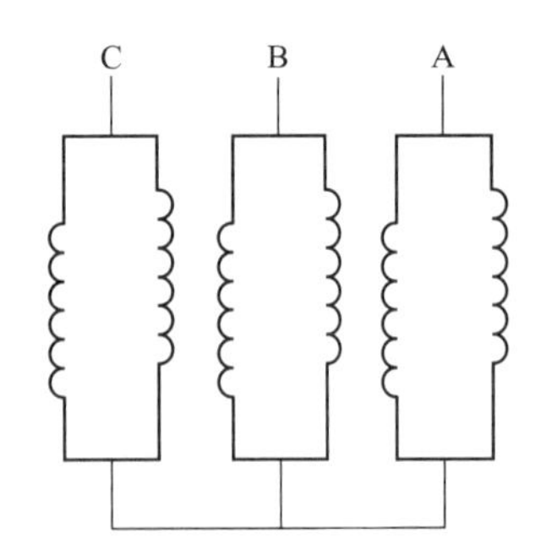

图4.3 大容量发电机内部接线示意图

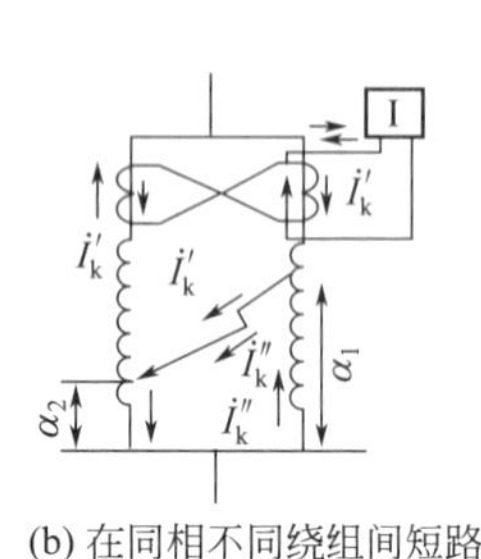

图4.4 发电机定子绕组匝间短路的电流分布

如图4.4（a）所示，当某一绕组内发生匝间短路时，由于故障支路与非故障支路的电动势不相等，因此，有一个环流产生，这时在差动回路中将有电流，当此电流大于继电器的整定电流时，保护动作。短路匝数 α 越多，则环流越大，而当 α 较小时，保护就不动作。因此，保护是有死区的。

如图4.4（b）所示，在同相的两个分支间发生匝间短路，当 $\alpha_1 \neq \alpha_2$ 时，由于两个分支存在电势差，将分别出现两个环流 I'_k 和 I''_k，流入继电器内的电流为 $I_r = 2I''_k / K_{TA}$。若这种短路发生在等位点上（即 $\alpha_1 = \alpha_2$）时，将不会有环流。因此，$\alpha_1 = \alpha_2$ 或 $\alpha_1 \neq \alpha_2$ 时，保护也出现死区。

根据定子绕组匝间短路的特点，横差保护有两种接线方式。一种是比较每相两个分支绕组的电流之差，这种方式每相需装设两个差接的电流互感器，三相共需六个电流互感器和三个继电器。由于这种方式接线复杂，且流过继电器的不平衡电流较大，故实际中很少采用。

另一种接线方式是在两组星形接线的中性点连线上装设一个电流互感器，将一组星形接线绕组的三相电流之和与另一组星形接线绕组的三相电流之和进行比较。这种方式由于只用一个电流互感器，不存在两个电流互感器的误差不同所引起的不平衡电流问题，因而启动电流小，灵敏度高，加上接线简单，故目前广泛采用。

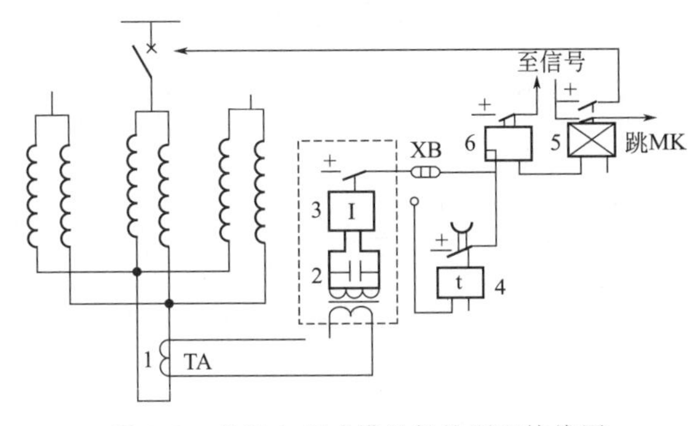

图 4.5 单继电器式横差保护原理接线图

单继电器式横差保护原理接线图如图 4.5 所示。

按这种接线方式，当发电机出现三次谐波电动势（用 E_3 表示）时，由于三相都是同相位的，因此，如果任一支路的 E_3 与其他支路的不相等时，都会在两组星形中性点的连线上出现三次谐波的环流，并通过互感器反应到保护中去，这是不希望的，为此采用了三次谐波过滤器 2，以滤掉三次谐波的不平衡电流，提高灵敏度。

保护装置的整定电流，根据运行经验，通常取发电机定子绕组额定电流的 20%～30%，即

$$I_{set}=(0.2\sim0.3)I_{NG} \tag{4-9}$$

当转子回路两点接地时，横差保护可能误动。这是因为，当两点接地后转子磁极的磁通平衡遭到破坏，而定子同一相的两个绕组并不是完全位于相同的定子槽中，因而其感应的电动势就不相等，这样就会产生环流，使差动保护误动。

运行经验表明，当励磁回路发生永久性的两点接地时，由于发电机励磁电动势的畸变而引起空气隙磁通发生较大的畸变，发电机将产生异常的振动，此时励磁回路两点接地保护应动作于跳闸。在这种情况下，虽然按照横差保护的工作原理来看它不应该动作，但由于发电机已有必要切除，因此，横差保护动作与跳闸也是允许的。基于上述考虑，目前已不采用励磁回路两点接地保护动作时闭锁横差保护的措施。为了防止在励磁回路中发生偶然性的瞬间两点接地时引起横差保护误动，因此，当励磁回路发生一点接地后，在投入两点接地保护的同时，也应将横差保护切换至带 0.5～1s 的延时动作于跳闸。

在图 4.5 中，当励磁回路未发生接地故障时，切换片 XB 接通直接启动出口继电器 5 的回路，而当励磁回路发生一点接地后，则切换到启动时间继电器 4 的回路，此时需经延时后才动作于跳闸，即满足了以上所提出的要求。按以上原理构成的横差保护，也能反应定子绕组上可能出现的分支开焊故障。

4.3.3 定子绕组零序电压原理的匝间短路保护

图 4.6 所示为由负序功率闭锁的纵向零序电压匝间短路保护的原理示意图。图中 PT 一次侧中性点必须与发电机中性点直接相连，而不能再直接接地，正因为 TVN_1 的一次侧中性点不接地，因此，其一次绕组必须采用全绝缘，且不能被用来测量相电压，故图 4.6 中的 TVN_1 是零序电压匝间短路保护专用电压互感器。开口三角绕组安装了具有三次谐波滤过器的高灵敏性过电压继电器。

当发电机正常运行和外部相间短路时，TVN_1 辅助二次绕组没有输出电压，即 $3U_0=0$。

当发电机内部或外部发生单相接地故障时，虽然一次系统出现了零序电压，即一次侧三

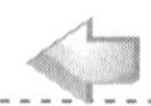

相对地电压不再平衡，中性点电位升高为U_0，但由于TVN_1一次侧中性点不接地，所以即使中性点的电位升高，但三相电压仍然对称，故开口三角绕组输出电压为0V。

只有当发电机内部发生匝间短路或发生对中性点不对称的各种相间短路时，TVN_1一次对中性点的电压不再平衡，开口三角绕组才有电压输出，从而使零序匝间短路保护正常动作。

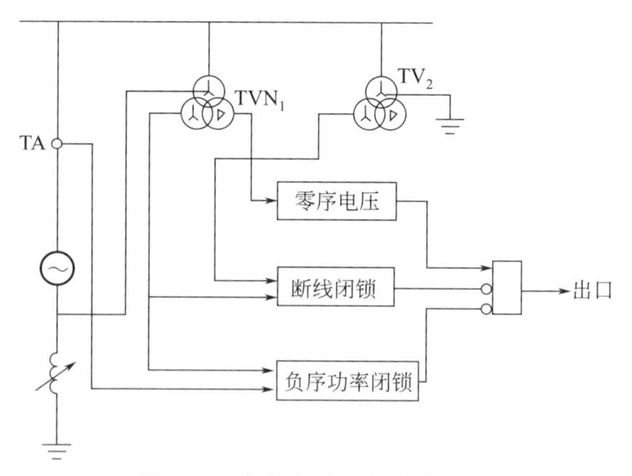

图 4.6 由负序功率闭锁的纵向零序电压匝间短路保护原理图

为了防止低定值零序电压匝间短路保护在外部短路时误动，设有负序功率方向闭锁元件。因为三次谐波不平衡电压随外部短路电流增大而增大，为提高匝间短路保护的灵敏性，就必须考虑闭锁措施。采用负序功率闭锁是一成熟的措施，因为发电机内部相间短路以及定子绕组分支开焊，负序源位于发电机内部，它所产生的负序功率一定由发电机流出。而当系统发生各种不对称运行或不对称故障时，负序功率由系统流入发电机，这是一个明确的特征量，利用它和零序电压构成匝间短路是十分可取的。

为防止TVN_1一次熔断器熔断而引起保护误动，还必须设有电压闭锁装置，如图3.10所示。保护的零序动作电压由正常运行负荷工况下的零序不平衡电压$U_{0.unb}$决定，$U_{0.unb}$中的成分主要是三次谐波电压，为此，在零序电压继电器中采用滤过比高的三次谐波滤波器和阻波器。一般负荷工况下的基波零序不平衡电压（二次值）为百分之几伏，所以$U_{0.set}=0$整定为1V左右。外部短路时，$U_{0.unb}$急剧增长，但由于有负序功率方向元件闭锁，故不会引起误动。

国内上述有闭锁的零序电压匝间保护短路保护$U_{0.set}$整定为1V左右；国外进口机组无负序功率方向元件闭锁的保护一般整定为3V左右。当然整定值越高死区就越大。

可以看出，该保护由零序电压、功率方向和电压断线闭锁三部分组成，装置比较复杂，灵敏性也不太高，因此适于在不装设单元件横差保护的情况下采用。

值得指出的是，一次中性点与发电机中性点的连线如发生绝缘对地击穿，就形成发电机定子绕组单相接地故障，如果定子接地保护动作于跳闸，这无疑就扩大了故障范围。

任务 4.4 发电机定子绕组单相接地保护

4.4.1 发电机定子绕组单相接地的特点

发电机的定子绕组的单相接地故障是发电机定子绕组与铁芯间绝缘在某一点上遭到破坏，就可能发生单相接地故障，为发电机最常见的故障之一。为了安全起见，发电机的外壳、铁芯都要接地。

假设A相在距离定子绕组中心点α处发生金属性接地故障，如图4.7所示，其中α表示中性点到故障点的绕组占全部绕组的百分数，作近似估计时机端各相对地电势为：

$$\dot{U}_{AD}=(1-\alpha)\dot{E}_{A},\ \dot{U}_{BD}=\dot{E}_{B}-\alpha\dot{E}_{A},\ \dot{U}_{CD}=\dot{E}_{C}-\alpha\dot{E}_{A} \tag{4-10}$$

$$\dot{U}_{k0\alpha}=\frac{1}{3}(\dot{U}_{AD}+\dot{U}_{BD}+\dot{U}_{CD})=-\alpha\dot{E}_{A} \tag{4-11}$$

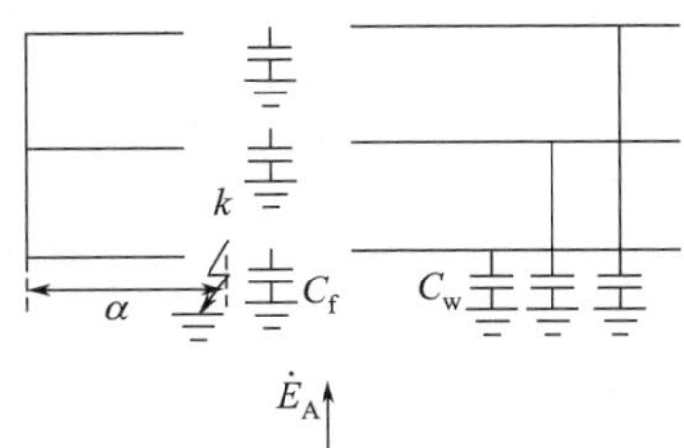

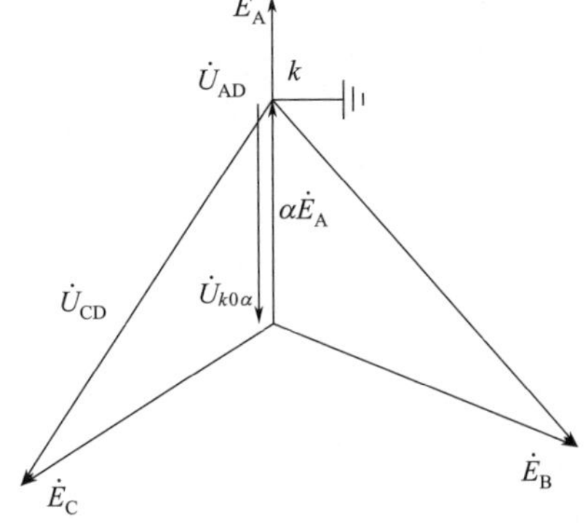

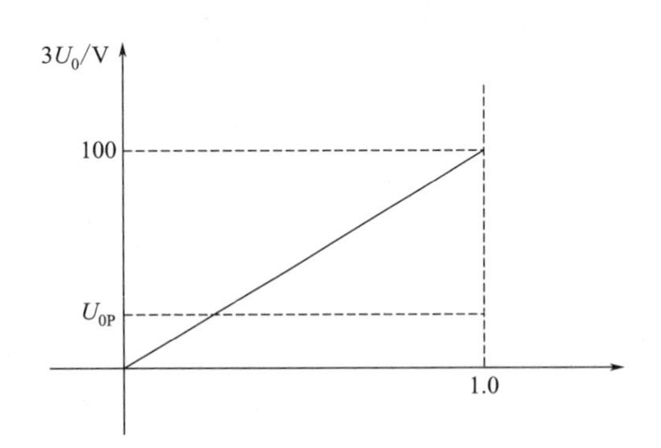

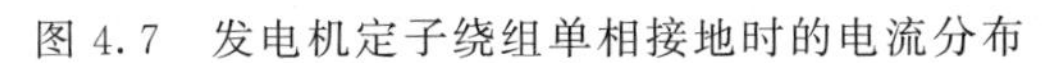
图 4.7 发电机定子绕组单相接地时的电流分布

图 4.8 零序电压故障点位置变化的曲线

4.4.2 利用零序电压构成的发电机定子单相接地保护

零序电压故障点位置变化的曲线如图 4.8 所示。越靠近机端，故障点的零序电压就越高，可以利用基波零序电压构成定子单相接地保护。

零序电压常用于发电机变压器组的接地保护。发电机变压器组的一次接线及相关对地电容如图 4.9 所示，用集中电容表示。

零序电压可取自发电机机端 TV 开口三角绕组或中性点 TV 二次侧。当保护动作于跳闸且零序电压取自发电机机端 TV 开口三角绕组时需要有 TV 一次侧断线的闭锁措施，如图 4.10 所示。

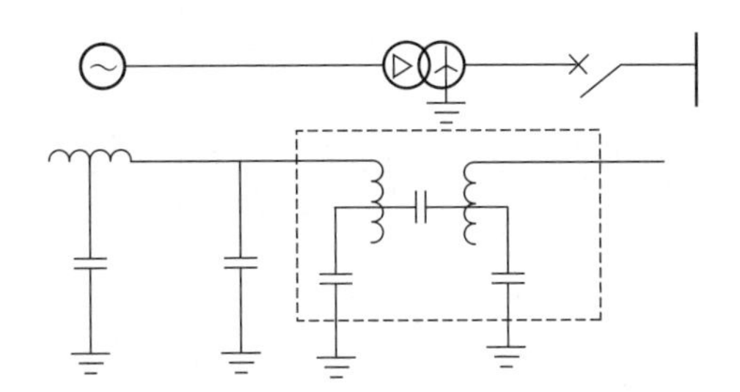

图 4.9 发电机变压器组的一次接线及相关对地电容

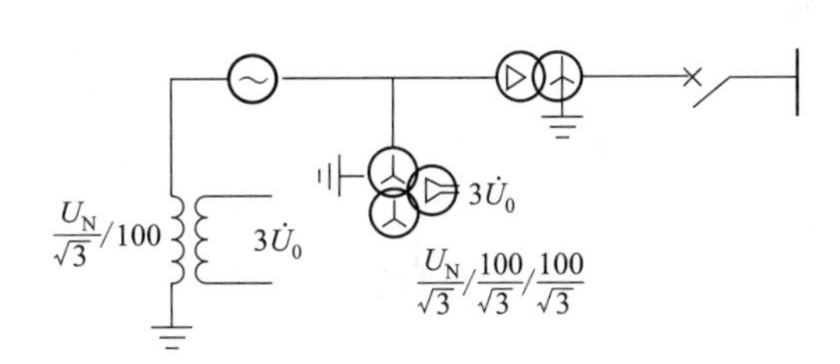

图 4.10 零序电压接线图

影响不平衡零序电压的因素主要有：

① 发电机的三次谐波电势；

② 机端三相 TV 各相间变比误差；

③ 发电机电压系统中三相对地绝缘不一致；

④ 主变高压侧接地故障时由变压器高压侧传递到发电机系统的零序电压。

任务 4.5 发电机的负序过流保护

4.5.1 负序电流保护的作用

发电机不平衡元件保护设备不会由于过多的负序电流引起转子的损坏。该元件有一个反时限段通常用来跳闸，一个定时限段通常用来报警。如图 4.11 所示。

4.5.2 负序定时限过流保护

两段式：

Ⅰ段 $I'_{2dz}=0.5I_{e.f}$，经 t_1 延时动作于跳闸；

Ⅱ段 $I''_{2dz}=0.1I_{e.f}$，经 t_2 延时动作于信号。

如图 4.11 所示，由分析可知：

① 在 ab 段内，$t_1>t_{允}$ 对发电机不安全；

② 在 bc 段内，$t_1<t_{允}$ 未充分利用发电机承受能力；

③ 在 cd 段内发信号，不安全；

④ 在 de 段内，保护根本不反应，即不能与反时限电流曲线很好配合，且对热积累的过程不能反应。

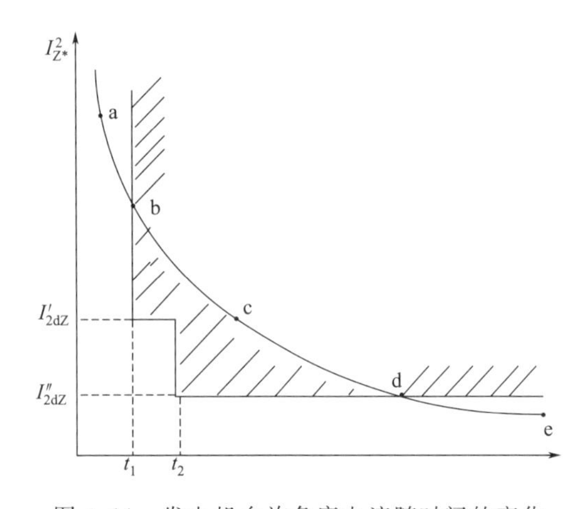

图 4.11 发电机允许负序电流随时间的变化

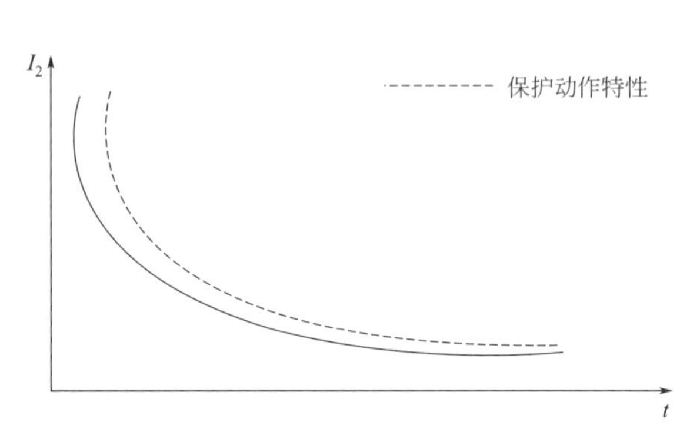

图 4.12 负序反时限过流保护特性

4.5.3 负序反时限过流保护

负序反时限过流保护特性如图 4.12 所示，其公式如下：

$$t=\frac{A}{I_{2*}^2-\alpha} \text{或} I_{2*}^2 t=A+\alpha t$$

式中 α——修正常数（考虑到转子的散热条件）；

I_2——转子过热，机械振动；

I_{2*}——以发电机额定电流倍数表示的负序电流的标幺值；

A——允许过热时间常数。

任务 4.6 发电机的失磁保护

发电机失磁故障是指励磁系统提供的励磁电流突然全部消失或部分消失。同步发电机失磁后将转入异步运行状态，从原来的发出无功功率转变为吸收无功功率。

对于无功功率容量小的电力系统，大型机组失磁故障首先反映为系统无功功率不足、电压下降严重时将造成系统的电压崩溃，使一台发电机的失磁故障扩大为系统性事故。在这种情况下失磁保护必须快速可靠动作，将失磁机组从系统中断开，保证系统的正常运行。

引起发电机失磁的原因大致有发电机转子绕组故障、励磁系统故障、自动灭磁开关无跳闸及回路发生故障等。

4.6.1 发电机的失磁运行及其产生的影响

失磁故障指励磁突然全部消失或部分消失（低励），励磁电流低于静稳极限所对应的励磁电流。

(1) 失磁原因

① 励磁回路开路，励磁绕组断线。灭磁开关误动作，励磁调节装置的自动开关误动，可控硅励磁装置中部分元件损坏。

② 励磁绕组由于长期发热，绝缘老化或损坏引起短路。

③ 运行人员调整等。

发电机失磁后，它的各种电气量和机械量都会发生变化，且将危及发电机和系统的安全。

(2) 失磁后的基本物理过程

发电机失磁以后等值电路如图 4.13 所示。

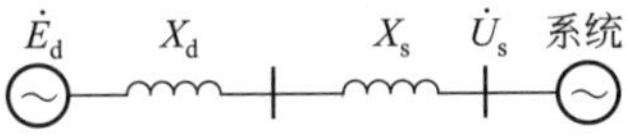

$\dot{E}_d$ X_d X_s $\dot{U}_s$ 系统

图 4.13 系统等值电路

功角特性关系：

$$P=\frac{E_d U_s}{x_s+x_d}\sin\delta \tag{4-12}$$

$$Q=\frac{E_d U_s}{x_s+x_d}\cos\delta-\frac{U_s}{x_s+x_d} \tag{4-13}$$

转子运动方程：

$$T_J\frac{d^2\delta}{dt^2}=P_T-(P-P_M) \tag{4-14}$$

式中 P_T——原动机功率；

P——同步功率；

P_M——异步功率：

$\frac{d^2\delta}{dt^2}$——电气角加速度；

T_J——机组的惯性时间常数。

发电机从失磁到进入稳态的异步运行，一般可分为三个阶段，如图 4.14 所示。

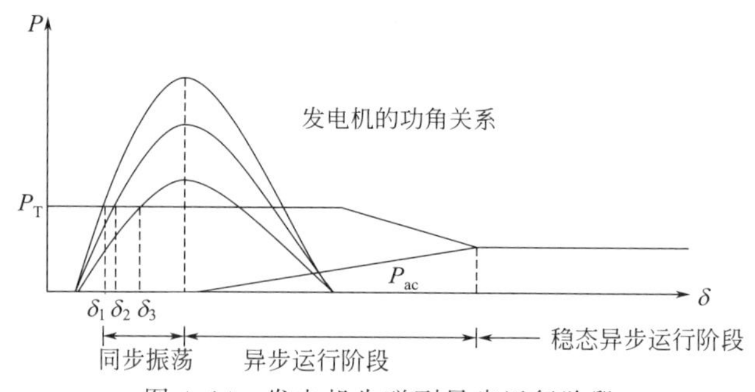

图 4.14 发电机失磁到异步运行阶段

① 失步前（$\delta \leqslant 90°$）

I_{lc} 减小，E_d 减小，δ 增大；维持 $P=P_T$；定子电流随 δ 的增大而增大；Q 缓慢减小。当 $\delta=90°$时，$Q=\frac{U_s^2}{x_d+x_s}$，即从系统吸收无功功率，机端电压下降。

② 开始失步（$90°<\delta \leqslant 180°$）

随着 δ 的增大，P_T-P 的值越来越大；在发电机超过同步转速后，转子回路中将感应出频率为 f_f-f_x 的电流，该电流将产生异步功率 P_{ac}，Q 负得越多，机端电压下降得越多，定子电流将持续增大。

③ 完全失步（$\delta>180°$）

在 δ 较大时，由于转子相对速度很大，发电机调速器必然动作，关小汽门或水门，减小原动机输入的功率，使转子减慢。

当 $P+P_{ac}=P_T$ 时，发电机运行在稳定的异步状态。同步功率随着 δ 的变化将呈周期振荡状态，各电气量也都相应地进行周期性的摆动。

(3) 失磁后的影响

对电力系统：

① 发电机失磁后，不但不能向系统送出无功功率，而且还要从系统吸收无功功率，将造成系统电压下降；

② 为了供给失磁发电机无功功率，可能造成系统中其他发电机过电流；

③ 发电机失磁失步后，将造成系统振荡，甩掉大量负荷。

对发电机：

① 发电机失磁后，转子和定子磁场间出现了速度差，则在转子回路中感应出转差频率的电流，引起转子局部过热。

② 发电机受交变的异步电磁力矩的冲击而发生振动，转差率越大，振动越厉害。可见，失磁后，若不失步，无直接危害。失步后，对发电机及系统有不利影响，故应装设失磁保护。

4.6.2 失磁发电机机端测量阻抗的变化轨迹

失磁发电机机端测量阻抗系统等值电路如图 4.15 所示。通常采用等有功阻抗圆（如图 4.16 所示）、等无功阻抗圆（临界失步阻抗圆）（如图 4.17 所示）和等电压阻抗圆（如图

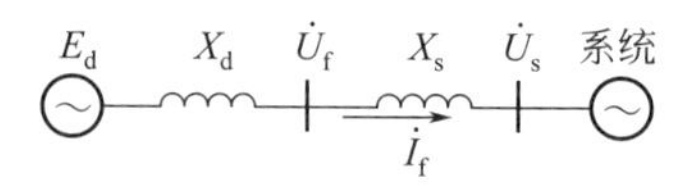

图 4.15 测量阻抗系统等值电路

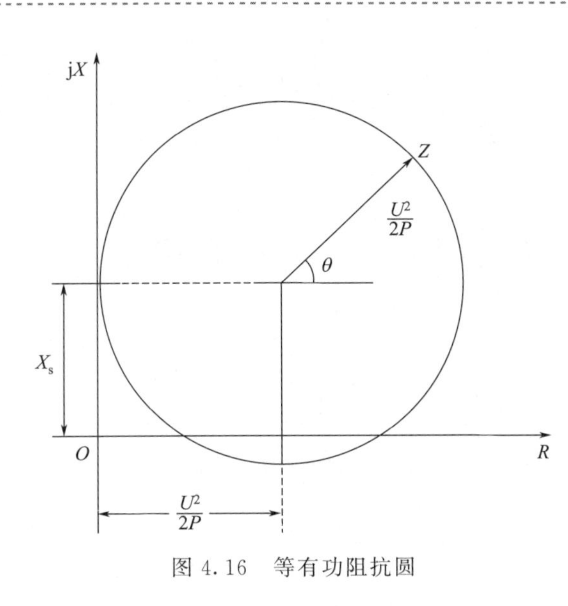

图 4.16　等有功阻抗圆

4.18 所示）来分析。

（1）等有功阻抗圆（$\delta<90°$）

$$Z=\frac{\dot{U}_g}{\dot{I}}=\frac{\dot{U}+j\dot{I}X_s}{\dot{I}}=\frac{\dot{U}}{\dot{I}}+jX_s$$

$$=\frac{U^2}{P-jQ}+jX_s=\frac{U^2\times 2P}{2P(P-jQ)}+jX_s$$

$$=\left(\frac{U^2}{2P}+jX_s\right)+\frac{U^2}{2P}e^{j\theta}$$

结论：

① 圆的大小与有功功率的大小有关，功率越小，圆的直径越大。

② 失磁前，发电机向系统送有功功率和无功功率，θ 为正，测量阻抗在第一象限；失磁后，无功功率由正变负，θ 角由正值向负值变化，测量阻抗也逐渐向第四象限过渡，失磁前，发电机送出的有功功率越大，进入第四象限的时间越短。

③ 等有功阻抗圆的圆心坐标与联系阻抗 X_s 有关。

可见，失磁后，Z_J 向第四象限移动，且最终将稳定在第四象限内。

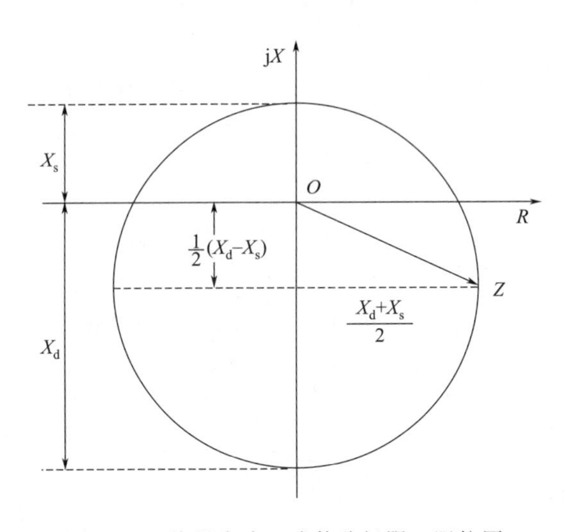

图 4.17　临界失步（或静稳极限）阻抗圆

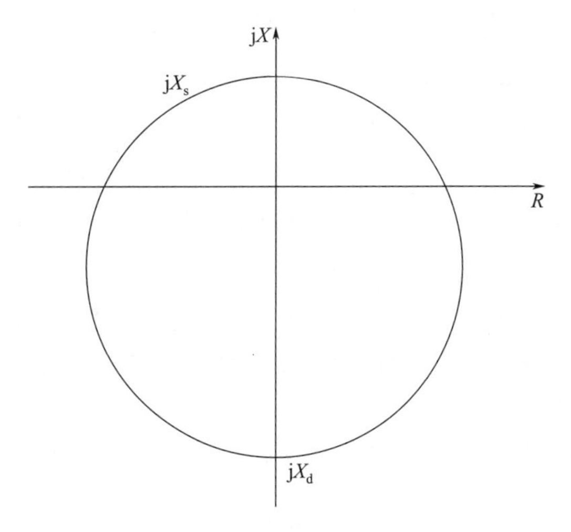

图 4.18　临界电压阻抗圆

（2）等无功阻抗圆（$\delta=90°$）

$$Z=\frac{\dot{U}_g}{\dot{I}}=\frac{U^2}{P-jQ}+jX_s=-\frac{U^2}{2jQ}\times\frac{-2jQ}{P-jQ}+jX_s$$

$$=j\frac{U^2}{2Q}\times\frac{P-jQ-P+jQ}{P-jQ}+jX_s$$

$$=j\frac{U^2}{2Q}\left(1-\frac{P+jQ}{P-jQ}\right)+jX_s=j\frac{U^2}{2Q}(1-e^{j\theta})+jX_s$$

$$Z=-\mathrm{j}\frac{X_{\mathrm{d}}-X_{\mathrm{s}}}{2}+\mathrm{j}\frac{X_{\mathrm{d}}+X_{\mathrm{s}}}{2}\mathrm{e}^{\mathrm{j}\theta}$$

$$\theta=2\arctan\frac{Q}{P}$$

(3) 临界电压值（临界电压圆）

发电机失磁后，系统某一点电压下降到使机组不能稳定运行，此为临界电压值。

$$\dot{U}_{\mathrm{s}}=\dot{U}_{\mathrm{f}}-\mathrm{j}\dot{I}(x_{\mathrm{B}}+x_{\mathrm{s}})=Z\dot{I}-\mathrm{j}\dot{I}(x_{\mathrm{B}}+x_{\mathrm{s}})$$

$$\dot{U}_{\mathrm{B}}=\dot{U}_{\mathrm{f}}-\mathrm{j}\dot{I}x_{\mathrm{B}}=Z\dot{I}-\mathrm{j}\dot{I}x_{\mathrm{B}}$$

$$\frac{|\dot{U}_{\mathrm{B}}|}{|\dot{U}_{\mathrm{s}}|}=\frac{|Z-\mathrm{j}x_{\mathrm{B}}|}{|Z-\mathrm{j}(x_{\mathrm{B}}+x_{\mathrm{s}})|}=\frac{\sqrt{R^2+(x-x_{\mathrm{s}})^2}}{\sqrt{R^2+(x-x_{\mathrm{B}}-x_{\mathrm{s}})^2}}$$

整理后：
$$R^2+\left(x+\frac{M^2}{1-M^2}x_{\mathrm{s}}-x_{\mathrm{B}}\right)^2=\frac{M^2}{(1-M^2)^2}x_{\mathrm{s}}^2$$

4.6.3 失磁保护的判据

发电机失磁是指发电机的励磁突然全部或部分消失。引起失磁的主要原因有：转子绕组故障、励磁机故障、自动灭磁开关误跳闸、半导体励磁系统中某些元件损坏或回路发生故障以及误操作等。在发电机上，尤其是在大型发电机上应装设失磁保护，以便及时发现失磁故障，并采取必要的措施，如发出信号、自动减负荷、动作于跳闸等，以保证发电机和系统的安全。

(1) 发电机失磁后的机端测量阻抗

发电机与无限大系统并列运行等值电路和相量图如图 4.19 所示。图中 $\dot{E}_{\mathrm{d}}$ 为发电机的同步电动势，$\dot{U}_{\mathrm{g}}$ 为发电机端的相电压，$\dot{U}_{\mathrm{s}}$ 为无穷大系统的相电压；$\dot{I}$ 为发电机的定子电流；X_{d} 为发电机的同步电抗；X_{s} 为发电机与系统之间的联系电抗，$X_{\Sigma}=X_{\mathrm{d}}+X_{\mathrm{s}}$；$\varphi$ 为受端的功率因数角；δ 为 $\dot{E}_{\mathrm{d}}$ 与 $\dot{U}_{\mathrm{s}}$ 之间的夹角（即功角）。根据电机学，发电机送到受端的功率 $S=P-\mathrm{j}Q$（本章规定发电机送出感性无功功率时表示为 $P-\mathrm{j}Q$）分别为

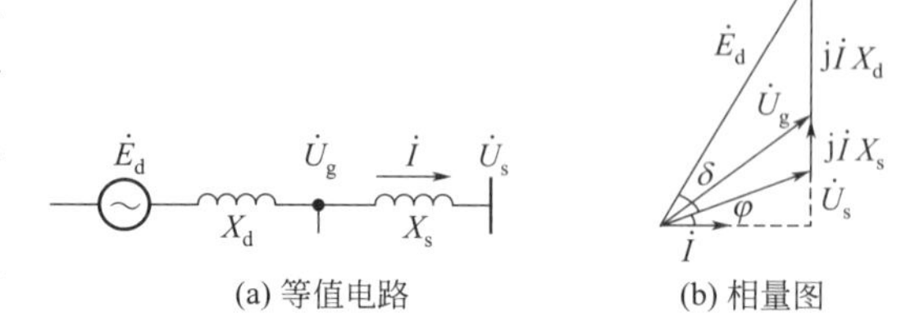

图 4.19 发电机与无穷大系统并列运行

$$P=\frac{E_{\mathrm{d}}U_{\mathrm{s}}}{X_{\Sigma}}\sin\delta \tag{4-15}$$

$$Q=\frac{E_{\mathrm{d}}U_{\mathrm{s}}}{X_{\Sigma}}\cos\delta-\frac{U_{\mathrm{s}}^2}{X_{\Sigma}} \tag{4-16}$$

受端的功率因数角为

$$\varphi=\arctan\frac{Q}{P} \tag{4-17}$$

在正常运行时，$\delta<90°$；一般当不考虑励磁调节器的影响时，$\delta=90°$为稳定运行的极限；当 $\delta>90°$后发电机失步。

为了构成有效的发电机失磁保护，除了可以利用已介绍的特点外，还经常利用失磁发电机的机端测量阻抗变化的特点。发电机在不同的运行工况和不同的系统故障行为时，其机端

测量阻抗是不同的，即在失磁情况下，处于失步前、临界失步点和失步后，其阻抗也有差异。

(2) 发电机失磁保护的辅助判据

以静稳定边界或异步边界作为判据的失磁阻抗继电器能够鉴别正常运行与失磁故障。但是，在发电机外部短路、系统振荡、长线路充电、自同期并列及电压回路断线等，失磁继电器可能误动作。因此，必须利用其他特征量作为辅助判据。增设辅助元件，才能保证保护的选择性。在失磁保护中，常用的辅助判据和闭锁措施如下。

① 当发电机失磁时，励磁电压下降。在外部短路、系统振荡过程中，励磁直流电压不会下降，反而因为强行励磁作用而上升。但是，在系统振荡、外部短路的过程中，励磁回路会出现交变分量电压，它叠加于直流电压之上，使励磁回路电压有时过零。此外，在失磁后的异步运行过程中，励磁回路还会产生较大的感应电压。由此可见，励磁电压是一个多变的参数，通常把它的变化作为失磁保护的辅助判据。

② 发生失磁故障时，三相定子回路的电压、电流是对称的，没有负序分量。在短路或短路引起的振荡过程中，总会短时或整个过程中出现负序分量。因此，可以利用负序分量作为辅助判据，防止失磁保护在短路或短路伴随振荡的过程中误动。

③ 系统振荡过程中，机端测量阻抗的轨迹只可能短时穿过失磁继电器的动作区，而不会长时间停留在动作区。因此，失磁保护带有延时可以躲过振荡的影响。

自同期过程是失磁的逆过程。当合上出口断路器后，机端测量阻抗的端点位于异步阻抗边界以内，不论采用哪种整定条件，都使失磁继电器误动作。随着转差的下降及同步转矩的增长，逐步退出动作区，最后进入复平面的第一象限，继电器返回。自同期属于正常操作过程，因而，可以采取在自同期过程中把失磁保护装置解除的办法来防止它误动作。

电压回路断线时，加于继电器上的电压大小和相位发生变化，可能引起失磁保护误动作。由于电压回路断线后三相电压失去平衡，利用这一特点构成断相闭锁元件，对失磁保护闭锁。

4.6.4 失磁保护的构成方式

失磁保护应能正确反应发电机的失磁故障，而在发电机外部故障、系统振荡、发电机自同步并列及发电机低励磁（同步）运行时均不误动。根据发电机容量和励磁方式的不同，失磁保护的方式有以下两种。

对于容量在100MW以下的带直流励磁机的水轮发电机和不允许失磁运行的汽轮发电机，一般是利用转子回路励磁开关的辅助触点联锁跳开发电机的断路器。这种失磁保护只能反应由于励磁开关跳开所引起的失磁，因此，是不完善的。

对于容量在100MW以上的发电机和采用半导体励磁的发电机，一般采用根据发电机失磁后定子回路参数变化的特点构成失磁保护。

失磁保护可以根据多种原理来构成，这里仅介绍一种根据机端测量阻抗的变化，构成的失磁保护。图4.20给出了一种失磁保护的原理接线图。

图中，KZ为失磁保护的阻抗继电器，KBB为电压回路断线闭锁继电器，其作用是防止电压回路断线时阻抗继电器误动。KBB的动断触点和阻抗继电器的动合触点串联，当电压回路断线时，动断触点打开，断开保护的正电源，从而启动断线闭锁作用。KT为时间继电器，时限为1～2s，以防止保护在系统振荡或自同期并列时误动。

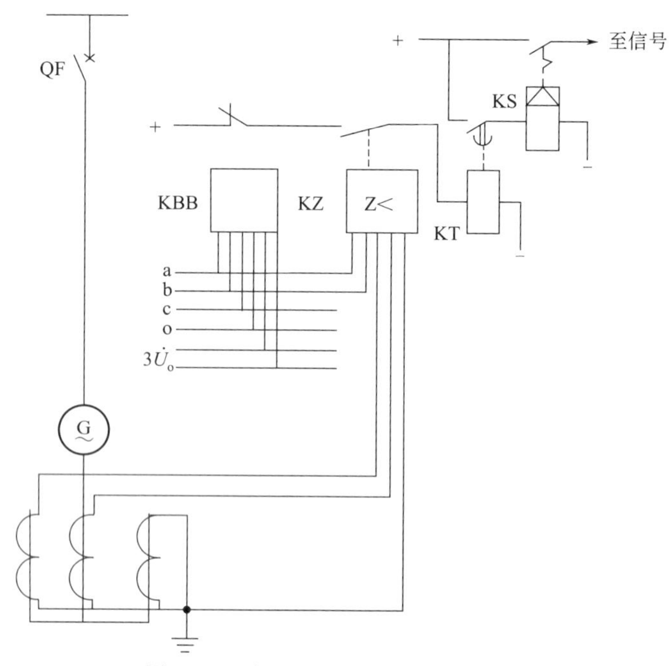

图 4.20 发电机失磁保护原理接线图

任务 4.7 发电机励磁绕组的接地保护

4.7.1 发电机转子励磁绕组的接地保护原理

发电机转子一点接地时，由于没有形成闭合通路，励磁绕组参数没有改变，所以并不造成直接的危险。然而如果再发生第二点接地，即形成两点接地。此时一部分励磁绕组被短接，便会烧坏绕组绝缘及转子，而且由于绕组短接的磁极磁势减小，而其他磁极的磁势则未改变，转子磁通的对称性受到破坏，转子上出现了径向的电磁力，因此引起机组的振动。振动的程度与励磁电流的大小及短接线圈的多少有关，在多极水轮机上振动尤其严重。转子绕组匝间短路同样也会烧坏绝缘及引起振动。

在中小型发电机组上，对于水轮发电机即要求装设转子一点接地保护，在发生一点接地故障时给出信号，以便尽快停机，消除故障；对于汽轮发电机，则在转子发生一点接地后，投入两点接地保护，在两点接地时立即切除发电机。在大型机组上则都要求装设转子一点接地保护，同时在正常运行时，也投入两点接地保护，以防护可能发生的两点同时接地及匝间短路故障。

4.7.2 一点接地保护原理

(1) 叠加直流式一点接地保护保护原理（图 4.21）

采用新型的叠加直流方法，叠加源电压为 50V，内阻大于 50kΩ，利用微机智能化测量克服了传统保护中绕组正负极灵敏度不均匀的缺点，能准确计算出转子对地的绝缘电阻值，范围可达 200kΩ。转子分布电容对测量无影响，电机启动过程中转子无电压时保护并不失去作用，保护引入转子负极与大轴接地线。一般情况下保护动作于发信号，如有跳闸要求或需分段时须特殊说明。

(2) 乒乓式转子一点接地保护原理(图 4.22)

励磁绕组中任何一点 E 经过渡电阻 R_{tr}(对地绝缘电阻)接地,励磁电压 U_{fd} 由 E 点分为 U_1 和 U_2。

S1 闭合,S2 打开时(此时设 $U_{fd}=U_{fd1}$)

$$I_1=U_1/(R_0+R_{tr}) \tag{4-18}$$

式中,R_0 为保护的固定电阻;R_{tr} 为励磁回路对地绝缘电阻。

S2 闭合,S1 打开时(此时 $U_{fd}=U_{fd2}$)

$$I_2=U_2/(R_0+R_{tr})$$

电导为:

$$G_1=K_1/(R_0+R_{tr});K_1=U_1/U_{fd1} \tag{4-19}$$

$$G_2=K_2/(R_0+R_{tr});K_2=U_2/U_{fd2} \tag{4-20}$$

因为 S1、S2 切换前后接地点 E 为同一点,故 $K_1+K_2=1$。

保护的动作判据为:

$$G_{set}\leqslant G_1+G_2 \text{ 或者 } R_{set}\geqslant R_{tr}+R_0$$

整定范围:$R_{set}\geqslant 0\sim 40\text{k}\Omega$。

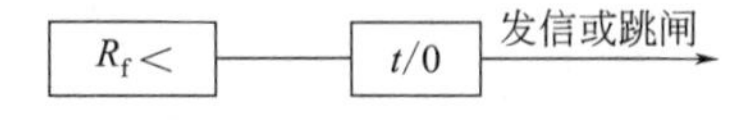

图 4.21 叠加直流式一点接地保护逻辑图

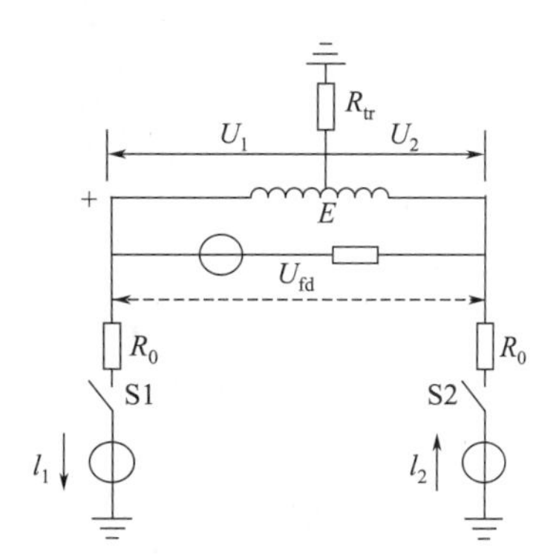

图 4.22 乒乓式转子一点接地保护原理图

4.7.3 两点接地保护原理

两点接地保护原理图

两点接地,故障点流过很大短路电流,电弧可能烧伤转子。转子磁场发生畸变,力矩不平衡,致使机组振动,可能使汽缸磁化。

保护装置原理分析如图 4.23 所示,当励磁回路 K1 点发生接地后,投入刀闸 S1 并按下按钮 SB,调节滑动触点,使电桥平衡。当励磁回路第二点发生接地时,电桥平衡遭到破坏,电流继电器中有电流通过,若电流大于继电器的动作电流,保护动作,断开发电机出口断路器。

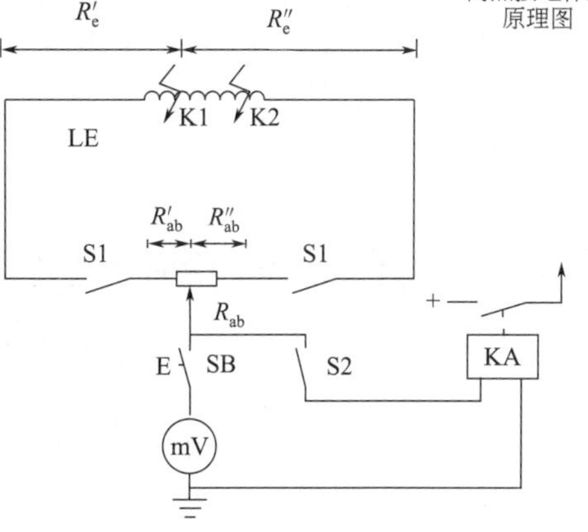

图 4.23 两点接地保护原理图

但是,这种方法有一定的缺点:若故障点 K2 点离第一个故障点 K1 点较远,则保护的灵敏度较好;反之,若 K2 点离 K1 点很近,保护将拒动,因此保护存在死区,死区范围在 10%左右。若第一个接地点 K1 点发生在转子绕组的正极或负极

端，则因电桥失去作用，不论第二点接地发生在何处，保护装置将拒动，死区达100%。由于两点接地保护只能在转子绕组一点接地后投入，所以对于发生两点同时接地，或者第一点接地后紧接着发生第二点接地的故障，保护均不能反应。

任务4.8 发电机的后备保护

发电机的后备保护用作内部短路主保护及外部短路的后备保护。与变压器的后备保护相似，发电机的后备保护也可以采用低电压启动的过电流保护、复合电压启动的过电流保护或负序电流加单相低电压启动的过电流保护。

4.8.1 低电压启动的过电流保护

发电机低电压启动的过电流保护原理接线图如4.24所示，图中KA1、KA2、KA3为过电流继电器，接于发电机中性点侧电流互感器，反应发电机外部或内部故障电流而动作，KV1、KV2、KV3为低电压继电器，接于发电机出口的电压互感器二次侧，只有电压元件和电流元件同时动作时，保护延时动作于跳闸。

电流继电器的一次动作电流按躲过发电机额定电流来整定，即

$$I_{OP}=(1.3\sim1.4)I_{G.N} \tag{4-21}$$

低电压继电器的动作电压按躲开正常时的最低工作电压来整定，即

$$U_{OP}=0.7U_{G.N} \tag{4-22}$$

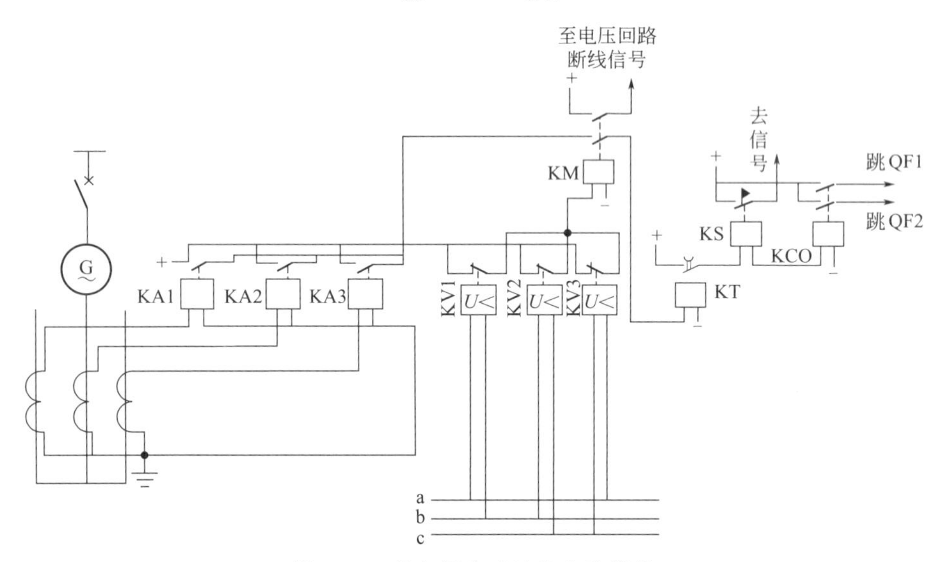

图4.24 低电压启动过的电流保护

4.8.2 复合电压启动的过电流保护

复合电压启动的过电流保护原理接线图如图4.25所示。复合电压启动的过电流保护通常作为变压器的后备保护，它是由一个负序电压继电器和一个接在相间电压上的低电压继电器共同组成的电压复合元件，两个继电器只要有一个动作，同时过电流继电器也动作，整套装置即能启动。

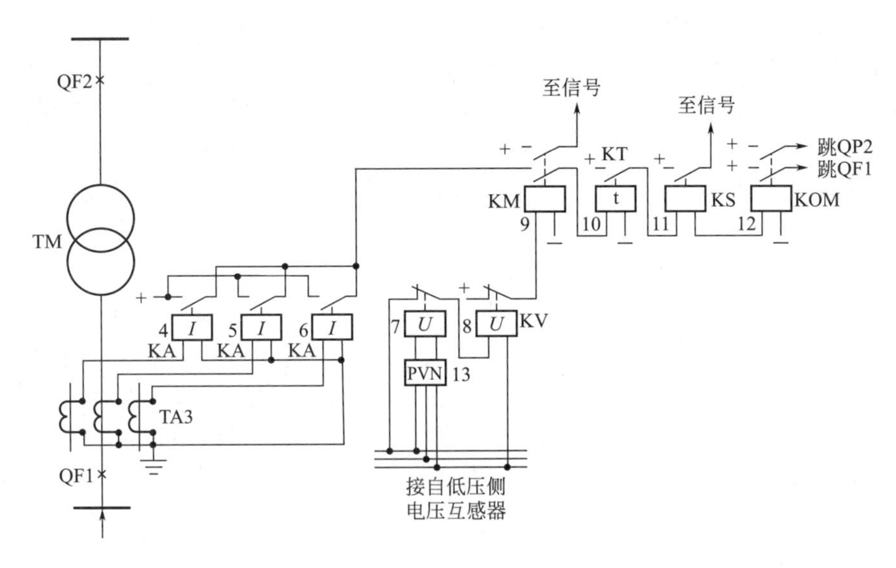

图 4.25 复合电压启动的过电流保护

4.8.3 负序反时限电流保护

发电机三相不对称或发电机三相定子绕组发生不对称短路时，定子绕组负责在转子中诱发出 100Hz 的电流，是转子附加发热。其发热量正比于负序电流的平方与所持续时间的乘积。转子过热所容许的负序电流 I_2 和时间 t 的关系可表示为

$$I_2^2 t = A \tag{4-23}$$

式中，A 为与发电机形式及其冷却方式有关的常数，对表面冷却的汽轮发电机，可取为 30。对直接冷却的 100～300MV 汽轮发电机，α 为与转子温升特性、温度裕度等有关的因数。发电机负序电流保护时限特性（$I_2^2 t = A + \alpha t$）与允许负序电流曲线（$I_2^2 t = A$）的配合如图 4.26 所示。图中，虚线为保护的时限特性，实线为允许负序电流曲线。

由图 4.26 可见，发电机负序电流保护的时限特性具有反时限特性，保护动作时间随负序电流的增大而减少，较好地与发电机承受负序电流的能力相匹配，这样既可以充分利用发电机承受负序电流的能力，避免在发电机还没有达到危险状态的情况下被切除，又能防止发电机损坏。发电机允许负序电流曲线 $I_2^2 t = A$ 是在绝热的条件下给出的，实际上考虑转子的散热条件后，对于同一时间所允许的负序电流值要比 $I_2^2 t = A$ 的计算值略高一些，因此在保护动作特性中引入了后面的一项 αt。

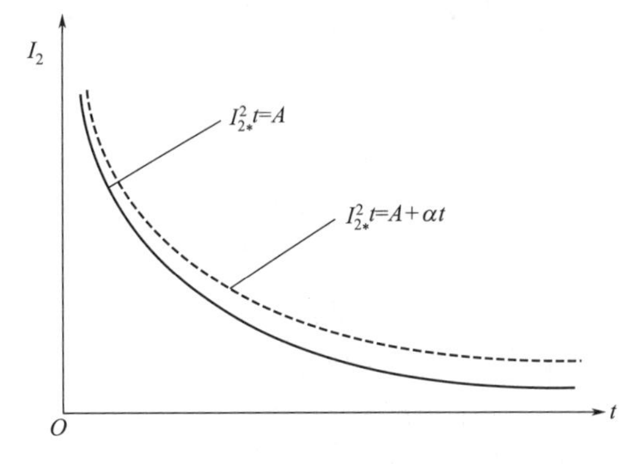

图 4.26 负序电流保护时限特性与允许负序电流曲线的配合

4.8.4 过负荷保护

(1) 定子绕组过负荷保护

发电机定子绕组通过的电流和允许电流的持续时间成反时限关系，因此，大型发电机的

过负荷保护，应尽量采用反时限特性的继电器，为了正确反映定子绕组的温升情况，保护装置采用三相式，动作于跳闸。

对于定子绕组非直接冷却的中小容量的发电机，由于模拟定子发热特性的反时限继电器太复杂，通常采用接于一相电流的过负荷保护。过负荷保护由一个电流继电器KA和一个时间继电器组成，动作时发信号。发电机定时限过负荷保护的整定值 I_{OP} 按发电机额定电流 $I_{G.N}$ 的1.24倍整定，即

$$I_{OP}=1.24I_{G.N} \tag{4-24}$$

保护的动作时限比发电机过电流保护的动作时限大一时限极差，一般整定为10s左右。这样整定是为了防止外部短路时过负荷保护动作。

对于定子绕组为直接冷却且过负荷能力较低（例如过负荷能力低于1.5倍额定电流、过负荷时间不超过60s）的发电机，过负荷保护应由定时限和反时限两部分组成。定时限过负荷部分动作于信号，有条件时，可以动作于自动减负荷。反时限部分动作于解列或程序跳闸。

（2）励磁绕组过负荷保护

当发电机励磁系统故障或强励磁时间过长时，转子的励磁回路都有可能过负荷。采用半导体励磁系统的发电机由于半导体励磁系统某些元件容易出故障（如可控硅控制回路失灵），转子过负荷的机会就比直流机励磁的发电机多。大容量发电机的转子绕组一般用氢或水直接内冷，绕组导线所取电流密度较高，线径相对较小，因而允许过负荷的时间很短，国内生产的一些机组在2倍额定励磁电流时允许运行20s。如果让值班人员在这样短的时间内处理好励磁绕组过负荷问题是有困难的，因此，行业标准规定：容量为100MW及以上的采用半导体励磁的发电机，应装设励磁绕组过负荷保护。

励磁绕组允许的电流和电流持续时间的关系特性是反时限特性，即通过转子励磁绕组的电流越大，允许电流持续的时间越短。因此励磁绕组过负荷保护应该具有反时限特性。反时限特性的励磁绕组过负荷保护通常利用直流互感器作为转子励磁绕组电流测取元件，再利用半导体电路计算机软件形成所需要的反时限特性（其动作特性按发电机励磁绕组的热积累过程）。

由于反时限特性的励磁绕组过负荷保护实现起来比较复杂，因此行业标准规定：对于300MW以下，采用半导体励磁系统的发电机，可装设定时限的励磁绕组过负荷保护，保护装置带时限动作信号和动作于降低励磁绕组电流。对于300MW及以上的发电机，励磁绕组过负荷保护可有定时限和反时限两部分组成。定时限部分的动作电流按正常运行最大励磁电流下能可靠返回的条件整定，带时限动作于信号，并动作于降低励磁电流。反时限部分动作于解列灭磁。

励磁绕组过负荷保护一般接于转子回路的直流电压侧。对于用交流励磁电源经可控或不可控整流装置组成的励磁系统，励磁绕组过负荷保护可以配置在直流侧的好处是，当用备用励磁机时励磁绕组不会失去保护，但此时需要装设比较昂贵的直流变换设备（直流互感器或大型分流器）。为了使励磁绕组过负荷保护能兼作励磁机、整流装置及其引出线的短路保护，常把保护配置在励磁机中性点侧，当中性点没有引出端子时，则配置在励磁机的机端。此时，保护装置的动作电流要计及整流系数，换算到交流侧来。

（3）转子表层负序过负荷保护（负序电流保护）

当电力系统三相负荷不对称或非全相运行或发生外部不对称短路时，发电机定子绕组将流过负序电流，此电流产生负序电流旋转磁场，由于该磁场的旋转方向和转子运动方向相反，它相对转子的速度为两倍同步转速，因而会在转子中感应出两倍工频（即100Hz）的电

流。由于转子深部感抗大，此电流只能在转子表面流通，将使转子损耗增大，引起转子过热。当此电流流过槽楔与大小齿间的接触表面、转子本体和套箍间的接触表面时，将会引起局部高温，甚至可能使转子护环松脱，造成发电机的重大事故。为了防止发电机转子遭受负序电流的损伤，需要装设转子表层负序过负荷保护。

行业标准规定：500MW 及以上，A（与发电机形式及其冷却方式有关的常数）>10，应装设定时限表层负序过负荷保护。保护装置的动作电流按躲过发电机长期允许的负序电流和躲过最大负荷下负序电流滤过器的不平衡电流整定，保护带时限动作与信号。行业标准还规定，100MW 及以上，$A<10$ 的发电机，应装设由定时限和反时限两部分组成的转子表层负序过负荷保护。定时限部分动作于信号，反时限部分动作特性按发电机转子的热积累过程，不考虑在灵敏系数和时限方面与其他相同短路保护相配合，反时限部分动作于解列程序跳闸。

习 题

一、填空题

1. 发电机定子绕组的故障主要是指定子绕组的____________短路、____________短路和____________短路。

2. 发电机定子绕组匝间短路时，纵联差动保护____________动作。

3. 发电机定子绕组发生单相接地，当接地电容电流大于________A 时，保护动作于跳闸。

4. 发电机在____________发生单相接地时，零序电压为相电压，在____________发生单相接地时，零序电压为零。

5. 对于中、小型发电机励磁回路的一点接地故障，通常用____________________来发现。

6. 发电机低电压启动的过电流保护，电流元件应采用____________接线，电压元件采用____________接线。

7. 发电机-变压器组接线且发电机和变压器之间无断路器时，差动保护____________。

8. 发电机-变压器组低电压启动过电流保护，当电压元件不满足灵敏度要求时，可增设一个接在________________电压互感器上的电压元件。

9. 发电机采用什么形式的相间短路后备保护由____________和________来决定。

10. 发电机的横差动保护是为了反应发电机的____________故障而装设的，它适用于____________________的发电机。

11. 电桥平衡原理的励磁回路两点接地保护在____________不投入，在____________时投入。

二、选择题

1. 正常运行时发电机机端三次谐波电压总是（　　）中性点三次谐波电压。

A. 大于　　B. 小于　　C. 等于

2. 利用纵向零序电压构成的发电机匝间保护，为了提高其动作的可靠性，则应在保护的交流输入回路上（　　）。

A. 加装 2 次谐波滤过器　　B. 加装 5 次谐波滤过器

C. 加装3次谐波滤过器　　　　D. 加装高次谐波滤过器

3. 由反应基波零序电压和利用三次谐波电压构成的100%定子接地保护，其基波零序电压元件的保护范围是（　　）。

A. 由中性点向机端的定子绕组的85%～90%线匝

B. 由机端向中性点的定子绕组的85%～90%线匝

C. 100%的定子绕组线匝

D. 由中性点向机端的定子绕组的50%线匝

4. 发电厂接于110kV及以上双母线上有三台及以上变压器，则应（　　）。

A. 有一台变压器中性点直接接地

B. 每条母线上有一台变压器中性点直接接地

C. 三台及以上变压器中性点均直接接地

D. 三台及以上变压器中性点均不接地

5. 发电机定时限励磁回路过负荷保护，作用对象（　　）。

A. 全停　　B. 发信号　　C. 解列灭磁　　D. 解列

6. 发电机采用低电压过电流保护与采用复合电压过电流保护进行比较，低电压元件的灵敏系数（　　）。

A. 相同　　　　B. 低压过电流保护高

C. 复合电压启动过电流保护高　　　　D. 无法比较

7. 发电机低电压启动的过电流保护，电流元件应接在（　　）电流互感器二次回路上。

A. 发电机出口　　　　B. 发电机中性点

C. 变压器低压侧　　　　D. 变压器高压侧

8. 发电机负序过电流保护是反应定子绕组电流不对称，而引起的（　　）过热的一种保护。

A. 定子铁芯　　B. 转子绕组　　C. 转子铁芯　　D. 定子绕组

9. 发电机-变压器组采用公共纵联差动保护，且分支线包括在纵联差动保护范围内，这时分支线电流互感器的变比应（　　）。

A. 与变压器相同　　　　B. 与发电机相同

C. 按厂用变容量选择　　　　D. 按分支线容量选择

10. 发电机转子绕组两点接地对发电机的主要危害之一是（　　）。

A. 破坏了发电机气隙磁场的对称性，将引起发电机剧烈振动，同时无功功率出力降低

B. 无功功率出力增加

C. 转子电流被地分流，使流过转子绕组的电流减少

D. 转子电流增加，致使转子绕组过电流

11. 发电机复合电压启动的过电流保护，低电压元件的作用是反应保护区内（　　）故障。

A. 相间短路　　B. 两相接地短路　　C. 三相短路　　D. 接地短路

三、判断题

1. 发电机的零序电压匝间短路保护存在死区。　　（　　）

2. 对于大容量的发电机-变压器组，采用双重化纵联差动保护。　　（　　）

3. 发电机纵联差动保护没有动作死区。　　（　　）

4. 发电机必须装设动作于跳闸的定子绕组单相接地保护。 （ ）

5. 发电机励磁回路一点接地保护动作后，一般作用于全停。 （ ）

6. 发电机容量越大，它所能承受的负序过负荷能力越小。 （ ）

7. 对于直接连接在母线上的发电机，当接地电容电流小于4A时，则装设作用于信号的接地保护。 （ ）

8. 利用零序电压构成的发电机定子接地保护在中性点附近发生接地时，保护不存在死区。 （ ）

9. 微机发电机纵差保护瞬时值在一个周期内应满足基尔霍夫定律。 （ ）

10. 发电机失磁故障可采用机端测量阻抗超越静稳边界圆的边界、机端测量阻抗进入异步静稳边界阻抗圆为主要依据，检测失磁故障。 （ ）

11. 发电机的纵向零序电压匝间短路保护可以反应定子绕组接地短路，因为在发电机定子绕组发生接地短路时仍有零序电压产生。 （ ）

12. 反应基波零序电压的发电机定子接地保护存在死区，死区的位置在靠近中性点的5%～10%。 （ ）

13. 对于中、小型汽轮发电机组来说，当发现其励磁回路一点接地后，应投入励磁回路两点接地保护。 （ ）

14. 发电机必须装设动作于跳闸的定子绕组单相接地保护。 （ ）

15. 发电机双频式100%定子接地保护是由基波零序电压和三次谐波电压构成的。 （ ）

四、问答题

1. 发电机可能发生哪些故障？发电机可能出现哪些异常运行情况？

2. 发电机相间短路后备保护有哪些方案？

3. 试分析发电机纵联差动保护与横差动保护作用及保护范围如何？能否互相取代？

4. 发电机差动保护的不平衡电流比变压器差动保护的不平衡电流大还是小，为什么？

5. 发电机失磁保护判据的特征是什么？

6. 造成发电机失磁的主要原因有哪些？

7. 发电机为什么要装设负序电流保护？

8. 反应纵向零序电压的发电机匝间保护，适用于中性点什么样结构的发电机？简述其原理。

9. 由反应基波零序电压和三次谐波电压构成的发电机定子100%接地保护，其三次谐波元件的保护范围是发电机的哪一部分？为什么？

10. 反应纵向零序电压的发电机匝间保护能否反应定子绕组的接地短路？为什么？

11. 发电机一般应装设哪些保护？

12. 发电机双频式100%定子接地保护是由哪两部分组成的？各自的保护范围是什么？

五、分析题

1. 画出比率制动式发电机差动保护的动作特性图，写出动作方程，并说明整定计算方法。

2. 画出发电机纵联差动保护的单相原理接线图，并说明其工作原理。

学习项目 五

电动机保护

1. 能对电动机故障与不正常运行状态进行分析，针对各状态装设的保护类型；

2. 能分析厂用电动机的纵差保护、单相接地保护、速断保护、低电压保护的工作原理；

3. 能画出电动机保护的原理接线图，并分析其动作过程。

任务 5.1 电动机保护基础知识

(1) 电动机常见的故障及不正常工作状态

① 常见的故障 故障主要有定子绕组的相间短路、匝间短路以及单相接地。

② 常见的不正常工作状态 长时间的过负荷、三相电流严重不平衡或运行过程中发生两相运行、供电电压过高或过低、堵转等。

(2) 根据“继电保护和自动装置规程”规定，应装设的保护装置

① 电动机定子绕组相间短路，是最严重的故障。按规范规定，应装设电流速断保护。对容量在 2000kW 及以上的电动机，或容量小于 2000kW 但有 6 个引出端子的重要电动机，当电流速断保护灵敏度不能满足要求时，则应装设纵联差动保护。两种保护装置都应动作于跳闸。

② 电动机定子绕组单相接地（碰壳），是电动机常见的故障。在小接地电流系统中当接地电容电流大于 5A 时，应装设有选择性的单相接地保护；当单相接地电容电流小于 5A 时，可装设接地监视装置；当单相接地电容电流为 10A 及以上时，保护装置动作于跳闸；而当接地电容电流为 10A 以下时，可动作于跳闸或者发出信号。

③ 电动机由于所带机械负荷过大而引起的过负荷，是最常见的不正常运行状态。长时间过负荷运行，将使电动机温升超过允许值，造成绕组绝缘老化，甚至烧坏。因此对生产过程中易发生过负荷的电动机，应装设过负荷保护，保护装置应根据负荷特性，带时限动作于信号或跳闸或自动减负荷。

④ 定子绕组一相匝间短路。定子绕组一相匝间短路会造成局部发热严重，而且将破坏电动机的对称运行，并使相电流增大。过去没有专用的匝间短路保护装置，目前在微机保护中采用负序电流来反应此种故障。

⑤ 电源电压降低，即当电网电压短时降低或短时中断后，电动机转速将下降；而当电网电压恢复时，大量电动机将同时自启动，从电网吸收较大功率，造成电网电压不易恢复，影响重要电动机的重新工作。因此应在有些不重要的电动机上装设低电压保护，当电网电压降低到一定值时就将其从电网中断开，从而保证重要电动机的自启动再运行。

⑥ 同步电动机失步运行，即同步电动机失磁、电源电压过低等使同步电动机失去同步，进入异步运行状态，可利用失步运行时在定子回路内出现振荡电流或在转子回路内出现交流而构成同步电动机失步保护，失步保护动作于跳闸。

同步电动机所有保护动作于跳闸时，都应联动励磁装置断开电源开关并灭磁。

任务 5.2 高压电动机保护

5.2.1 相间短路保护

电流速断保护一般采用两相一继电器式接线（图 5.1）。如果要求保护灵敏度较高时，可采用两相两继电器式接线（图 5.2）。继电器采用 GL-15、25 型时，可利用该继电器的速断装置（电磁元件）来实现电流速断保护。

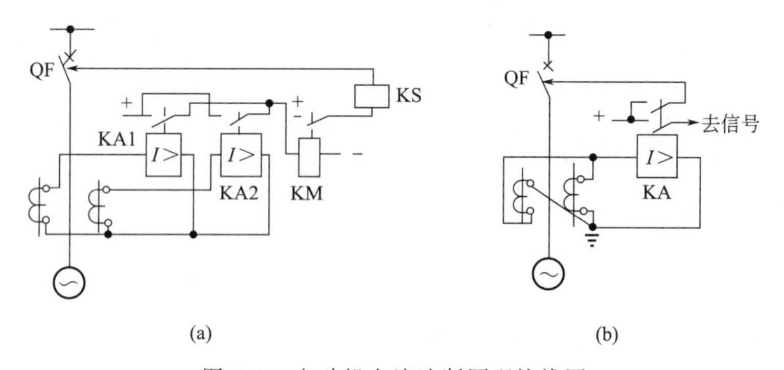

图 5.1 电动机电流速断原理接线图

电流速断的动作电流（速断电流）I_{qb}，按躲过电动机的最大启动电流 $I_{st.max}$ 来整定，整定计算的公式为

$$I_{qb}=\frac{K_{rel}K_{w}}{K_{i}}I_{st.max}=\frac{K_{rel}K_{w}K_{st}}{K_{i}}I_{NM} \tag{5-1}$$

式中，K_{rel} 为可靠系数，采用 DL 型电流继电器时取 1.4～1.6，采用 GL 型电流继电器时取 1.8～2；I_{NM} 为电动机的额定电流；K_{st} 为电动机的启动倍数，可查有关产品样本或手册。

电流速断保护的灵敏度可按下式校验

$$S_{p}=\frac{K_{w}I_{k.min}}{K_{i}I_{OP}}\geqslant 1.5 \tag{5-2}$$

式中，$I_{k.min}$ 为在系统最小运行方式下，电动机机端两相短路电流，即最小短路电流。

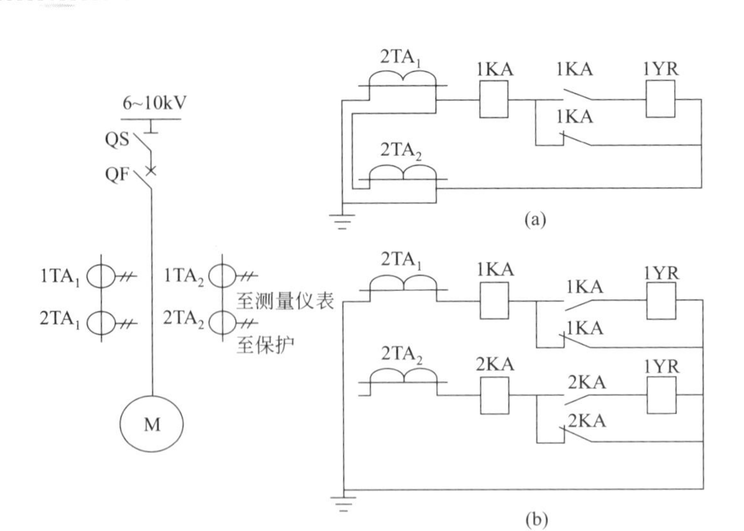

图 5.2 高压电动机过负荷保护接线图

5.2.2 低电压保护

电动机的低电压保护是一种辅助性保护，一般用于下列电动机。

当电源电压短时降低或中断后，根据生产过程不需要自启动的电动机，或者为保证重要电动机启动而需要断开的次要电动机上应装设低电压保护，其动作时限应在满足选择性条件下取最小值，一般取 0.5～1.5s。为保证重要的电动机自启动有足够电压，保护装置的动作电压一般整定为（60%～70%）U_N。

需要自启动，但为保证人身和设备安全或由生产工艺等要求，在电源电压长时间消失后不允许再自启动的电动机也应装设低电压保护，但其动作时限应足够大，一般取 5～10s，其动作电压一般整定为（40%～50%）U_N。

为保证电动机正常运转，低电压保护的接线应满足以下基本要求。

- 当电压互感器一次侧一相及两相断线或二次侧各种断线时，保护装置不应误动作。为此，装设三相低电压启动元件，并在第三相继电器上装设分路熔断器。
- 电压互感器一次侧隔离开关断开时，保护装置应予闭锁，不致误动作。
- 当电压下降到规定值时能可靠启动，并闭锁电压回路断线信号装置，不致误发信号。
- 低电压保护动作时限要根据电动机的分类而分别整定。通常对不重要的电动机应首先以 0.5s 时限将其切除；对不允许自启动的重要电动机以 1.5s 时限将其切除；对需要自启动的重要电动机以 10s 时限最后将它从电网中切除。

根据上述要求，高压电动机低电压保护的原理接线如图 5.1 所示。图中 TV 为电压互感器，KV 为低电压继电器。

在正常运行时，低电压继电器上所加电压为额定电压，继电器被吸动，其常开触点闭合，常闭触点断开，则时间继电器和出口继电器失去正电源，保护不动作。

当电压降低为（60%～70%）U_N 或以下时，低电压继电器 KV1、KV2、KV3 启动（即被释放），其常闭触点闭合，接通时间继电器 KT1，经过 0.5～1.5s 延时后，KT1 触点闭合，出口继电器 KM3 得电，其触点 KM3 闭合，将不重要电动机跳闸；若电压继续下降到（40%～50%）U_N 或以下时，低电压继电器 KV4、KV5 启动，其常闭触点闭合。启动出口继电器 KM2，使时间继电器 KT2 动作，经过 5～10s 延时后接通 KM4，使重要电动机

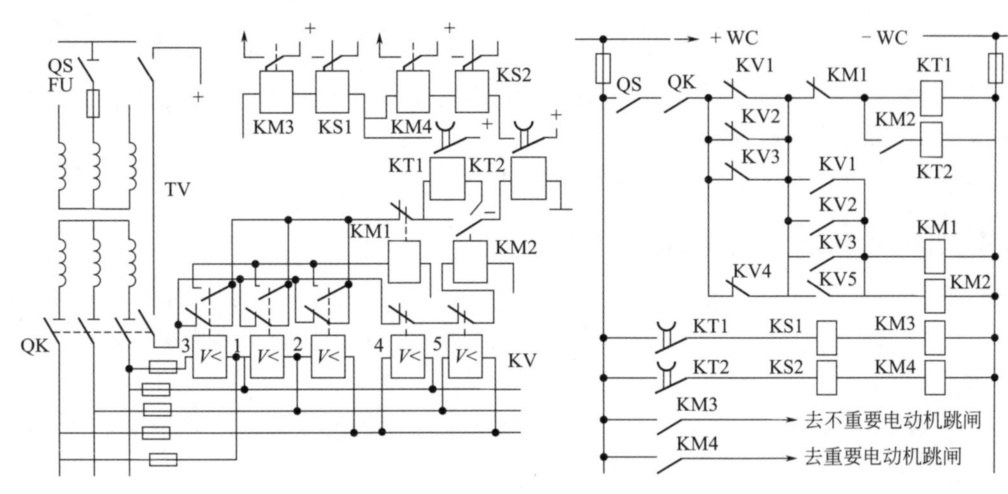

图 5.3 高压电动机低电压保护原理接线图

跳闸。

如果在正常运行时，发生 A 相熔断器熔断，则低电压继电器 KV1 失电，其常闭触点闭合，通过 KV2、KV3 仍在闭合的常开触点，启动出口继电器 KM1，使其常开触点断开，切断时间继电器 KT1 和 KT2 的线圈回路，从而防止误动作。如果三相熔断器同时熔断，这时虽然 KV1、KV2、KV4 和 KV5 都启动，但由于 KV3 接于分路熔断器不动作，因而 KM1 动作，切断时间继电器 KT1 和 KT2 的线圈回路，起到了闭锁作用，防止误动作。

当检修电压互感器或试验低电压继电器时，只要拉开隔离开关 QS 或刀开关 QK，就可以通过其辅助触点断开低电压保护的电源，使保护装置退出工作。

5.2.3 电动机差动保护

在 3～10kV 小接地电流系统中，电动机差动保护多采用两相两继电器式接线，如图 5.4 所示。继电器 KA 可采用 DL-11 型电流继电器，也可采用 BCH-2 型差动继电器。

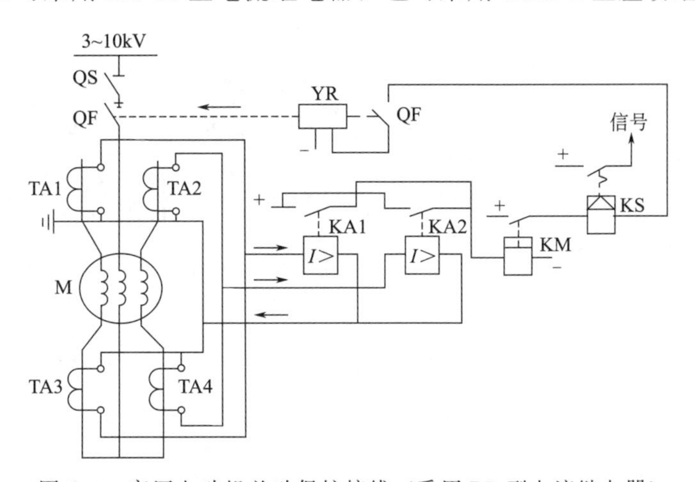

图 5.4 高压电动机差动保护接线（采用 DL 型电流继电器）

差动保护的动作电流 I_{OP}（d），应按躲过电动机额定电流 I_{NM} 来整定，整定计算的公式为

$$I_{OP}=\frac{K_{rel}}{K_i}I_{NM} \tag{5-3}$$

式中，K_{rel} 为可靠系数，对 DL 型继电器，取 1.5～2；对 BCH-2 型继电器，采用两相式接线取 1.3，采用三相式接线取 0.55。

差动保护的灵敏度校验同电流速断保护一样。

5.2.4 高压电动机过负荷保护

作为过负荷保护，一般可采用一相一继电器式接线（图 5.5）。但如果电动机装有电流速断保护时，可利用作为电流速断保护的 GL 型继电器的反时限过电流装置（感应元件）来实现过负荷保护。

过负荷保护的动作电流 I_{OP}（OL），按躲过电动机的额定电流 I_{NM} 来整定，整定计算的公式为

$$I_{OP}=\frac{K_{rel}K_w}{K_{re}K_i}I_{NM} \tag{5-4}$$

式中，K_{rel} 为可靠系数，对 GL 型继电器，取 1.3；K_{re} 为继电器的返回系数，一般取 0.85。

过负荷保护的动作时间，应大于电动机启动所需的时间，一般取为 10～15s。对于启动困难的电动机，可按躲过实测的启动时间来整定。

5.2.5 高压电动机单相接地保护

按 GB 50062—2008 规定，高压电动机在发生单相接地，接地电流大于 5A 时，应装设单相接地保护，如图 5.6 所示。

单相接地保护的动作电流 I_{OP}（e），按躲过保护区外（即 TAN 以前）发生单相接地故障时流过 TAN 的电动机本身及其配电电缆的电容电流 I_{cm} 计算，即其整定计算的公式为

$$I_{OP}=K_{rel}I_{cm}/K_i \tag{5-5}$$

式中，K_{rel} 为保护装置的可靠系数，取 4～5；K_i 为 TAN 的变流比。

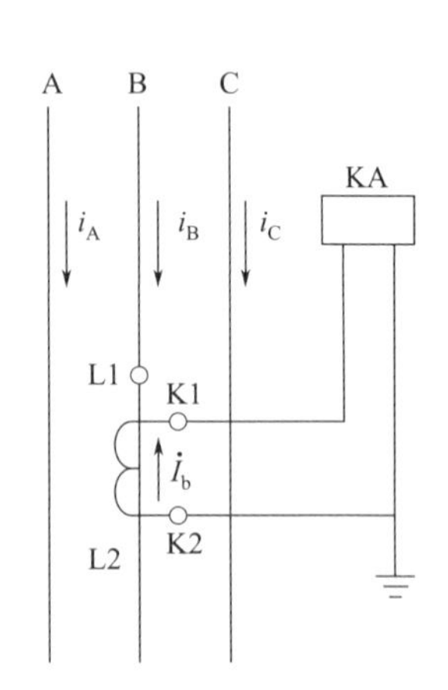

图 5.5 一相式电流互感器的接线

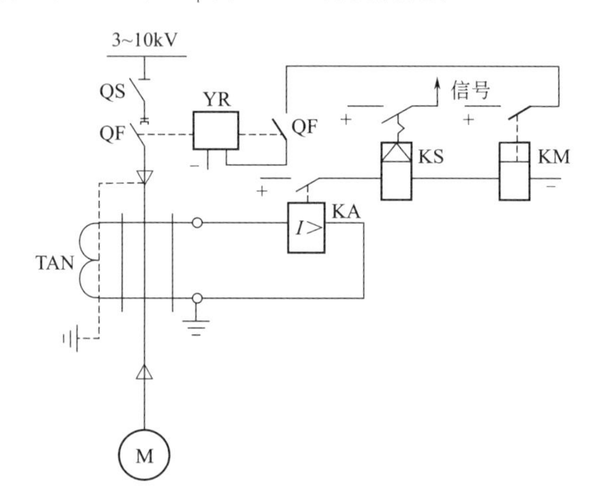

图 5.6 高压电动机的单相接地保护

KA—电流继电器；KS—信号继电器；KM—中间继电器；TAN—零序电流互感器

5.2.6 高压电动机负序电流及单相低电压启动的电流保护

当电力系统发生不对称短路或非全相运动时，发电机定子绕组将流过负序电流，该保护用于大型同步发电机作为不对称故障和不对称运行时防止负序电流引起发电机转子表面过热之用，可兼作系统不对称故障的后备保护。此外，由于大容量发电机额定电流很大，而在相邻元件末端发生两相短路时的短路电流较小，采用负序电压启动的过电流保护往往不能满足要求，因此，常采用负序电流及单相电压启动的电流保护。该保护原理接线图如图 5.7 所示。

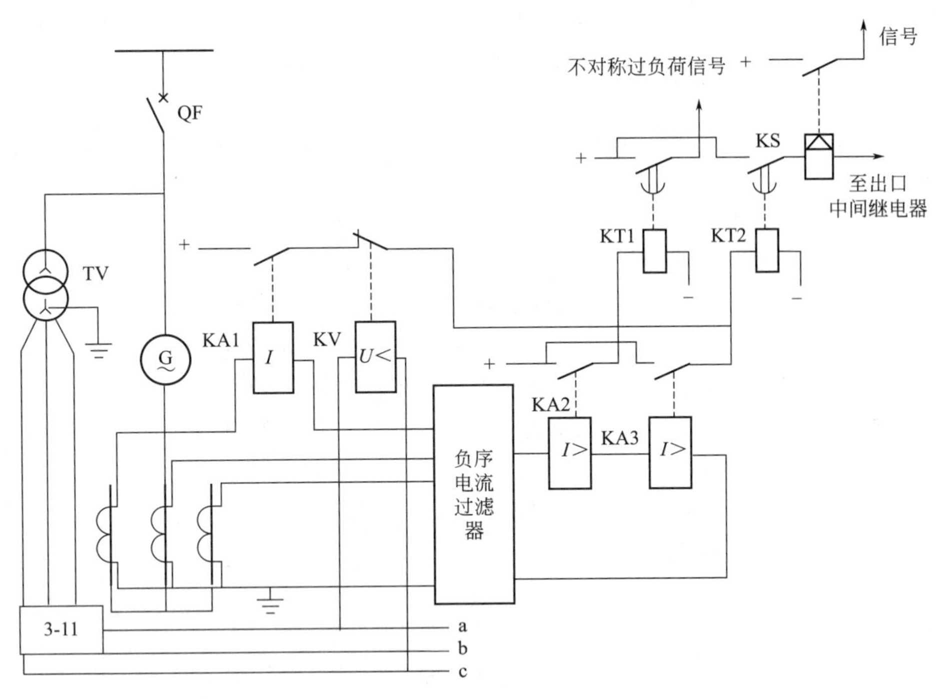

图 5.7 电动机过负荷启动原理图

图 5.7 中，KA2、KA3 为负序电流继电器，接在负序滤过器回路中，它反应负序电流而动作，其中 KA2 具有较小动作电流（躲过最大负荷下的不平衡负序电流，一般取 $0.1I_{GN}$），称为灵敏元件，当发电机负序电流超过允许值时，启动时间继电器 KT1（一般取 5～10s），延时发出发电机不对称过负荷信号。KA3 具有较大动作电流，称为不灵敏元件，根据运行经验，其整定值一般取（0.5～0.6）I_{GN}。当发电机负序电流超过转子发热允许值时，启动时间继电器 KT2（保护的动作时限，按后背保护的阶梯特性整定，一般取 3～5s），动作于发电机断路器和励磁开关跳闸。当三相短路时，由于没有负序电流，因此装设单相低电压启动过电流保护。

定时限的负序过电流保护由于接线简单，在保护范围内发生不对称短路有较高的灵敏性，但是根据发电机转子的发热条件，发电机可以承受的负序电流与持续电流关系是反时限关系。采用定时限的负序过电流保护不能满足要求，例如当负序电流很大时，根据转子发热条件，要求保护速度动作，而定时限的负序电流保护时限太长，可能使鼓风机转子过热而损坏。因此对于大型发电机，应尽量采用能够模拟允许的负序电流曲线的负序反时限电流保护。

习 题

一、填空题

1. 故障主要有定子绕组的________、________以及________。

2. 不正常工作状态是指长时间的过负荷、三相电流严重不平衡或运行过程中发生________、________或________、________等。

3. 电动机定子绕组相间短路，是最严重的故障，应装设________。

4. 在小接地电流系统中当接地电容电流大于 5A 时，应装设有________的单相接地保护；当单相接地电容电流小于 5A 时，可装设________；当单相接地电容电流为 10A 及以上时，保护装置动作于________；而当接地电容电流为 10A 以下时，可动作于________或者发出________。

5. 对生产过程中易发生过负荷的电动机，应装设________，保护装置应根据负荷特性，带时限动作于________或________或________。

6. 电源电压降低，即当电网电压短时降低或短时中断后，电动机转速将________；而当电网电压恢复时，大量电动机将同时自启动，从电网吸收较大________，造成电网电压不易恢复，影响重要电动机的重新工作。因此应在有些不重要的电动机上装设________，当电网电压降低到一定值时就将其从电网中断开，从而保证重要电动机的________再运行。

7. ________即同步电动机失磁、电源电压过低等使同步电动机失去同步，进入异步运行状态，可利用失步运行时在定子回路内出现________或在转子回路内出现交流而构成同步电动机失步保护，________动作于跳闸。

8. 当电源电压短时降低或中断后，根据生产过程不需要自启动的电动机，或者为保证重要电动机启动而需要断开的次要电动机上应装设________，其________应在满足选择性条件下取________。

二、选择题

1. 高压电动机通常装设纵联差动保护或电流速断保护、负序电流保护、启动时间过长保护、过热保护、堵转保护、过电流保护、(　　)、低电压保护等。

A. 瓦斯保护　　B. 距离保护　　C. 单相接地保护

2. 电动机堵转保护采用（　　）电流构成。

A. 正序　　B. 负序　　C. 零序

3. 高压电动机运行常见的异常运行状态有：(　　)、一相熔断器熔断或三相不平衡、堵转、过负荷引起的过电流、供电电压过低或过高。

A. 一相绕组的匝间短路　　B. 定子绕组的相间短路故障

C. 启动时间过长　　D. 单相接地短路

4. 电动机堵转保护在电动机启动结束后（　　）。

A. 投入　　B. 退出　　C. 动作

5. 电动机装设过电压保护，当三个相间电压均高于整定值时，保护（　　）。

A. 经延时跳闸　　B. 发出异常信号　　C. 不应动作

6. 电动机负序电流保护动作时限特性，可以根据需要选择定时限特性或（　　）。

A. 长延时特性　　B. 短延时特性　　C. 反时限特性

7. 下列保护中（　　）用于反应电动机在启动过程中或在运行中发生堵转，保护动作于跳闸。

A. 低电压保护　　B. 堵转保护
C. 过热保护　　D. 纵联差动保护和电流速断保护

8. 对于接地故障电流不是很大的电动机采用零序电流保护，一般采用（　　）取得零序电流。

A. 正序电流互感器　　B. 负序电流互感器
C. 零序电流互感器　　D. 零序电压互感器

9. 电动机堵转保护采用（　　）构成。

A. 定时限动作特性　B. 反时限动作特性　C. 长延时动作特性　D. 短延时动作特性

10. 电动机单相接地故障电流为（　　）时，保护带时限动作于跳闸。

A. 10A 以下　　B. 10A 及以上　　C. 5A 以下　　D. 5A 及以上

11. 高压电动机通常指供电电压等级为（　　）的电动机。

A. 220V/380V　　B. 3～10kV　　C. 110kV　　D. 220kV

12. 电流速断保护主要用于容量为（　　）的电动机。

A. 小于 2MW　　B. 2MW 及以上　　C. 小于 5MW　　D. 5MW 及以上

13. 当供电电网电压过高时，会引起电动机铜损和铁损增大，增加电动机温升，电动机应装设（　　）。

A. 低电压保护　　B. 过电压保护　　C. 过负荷保护　　D. 堵转保护

14. 电流速断保护在电动机启动时（　　）。

A. 应可靠动作　　B. 不应动作　　C. 发异常信号　　D. 延时跳闸

15. 装设低电压保护的电动机，在供电电压（　　）时退出。

A. 降低　　B. 升高　　C. 不变

16. 电动机在启动过程中或运行中发生堵转，转差率为（　　）。

A. 0.5　　B. 1　　C. 2　　D. 5

17. 电动机运行时，电压互感器一次或二次发生断线时，低电压保护（　　）。

A. 经延时跳闸　　B. 瞬时跳闸　　C. 不应动作

三、判断题

1. 电动机的过负荷保护的动作对象可以根据对象设置动作于跳闸或动作于信号。（　　）
2. 电动机低定值电流速断保护在电动机启动时投入。（　　）
3. 电动机纵联差动保护接线电流互感器二次回路发生断线时应闭锁保护。（　　）
4. 电动机电流速断保护高定值按照躲过电动机的最大启动电流整定。（　　）
5. 电动机负序电流保护动作时限特性，可以根据需要选择定时限特性或反时限特性。（　　）
6. 电动机纵联差动保护接线，一侧接于机端电流互感器，另一侧接于中性点侧电流互感器。（　　）
7. 电动机运行中被过热保护跳闸后，随着散热使积累热量减小到过热积累闭锁电动机再启动定值时，电动机禁止再启动回路解除，电动机不能再启动。（　　）
8. 电动机容量在 5MW 以下时，纵联差动保护采用三相式接线。（　　）
9. 电动机的过负荷保护简化时可以采用定时限特性的过负荷保护。（　　）
10. 电动机纵联差动保护中还设有差动电流速断保护，动作电流一般可取 1～2 倍额定电流。（　　）
11. 电动机电流速断保护定值按照躲过电动机的最大负荷电流整定。（　　）

12. 电动机纵联差动保护接线采用比率制动特性，应保证躲过正常运行时差动回路的最大负荷电流。 ( )

13. 电动机的过负荷保护简化时可以采用反时限特性的过负荷保护。 ( )

14. 电动机堵转保护动作后，作用于信号。 ( )

15. 电动机过热保护由过热闭锁、过热跳闸、过热禁止再启动构成。 ( )

16. 电动机纵联差动保护接线采用比率制动特性，应保证躲过正常运行时差动回路的最大负荷电流。 ( )

17. 电动机负序电流保护动作于信号。 ( )

18. 负序电流保护用于反应高压电动机定子绕组三相短路故障。 ( )

19. 变电站的主要调压手段是调节有载调压变压器分接头位置和低频减负荷。 ( )

四、问答题

1. 电动机运行中可能出现的故障和异常运行方式有哪些?

2. 电动机的保护配置情况如何? 应遵循哪些原则? 各有何特点?

3. 为什么容易过负荷的电动机的电流速断保护宜采用 GL-10 系列的电流继电器?

4. 电动机电流速断保护的接线方式有哪几种?

5. 小电流接地系统中，为什么单相接地故障在多数情况下只发信号，而不动作于跳闸?

6. 在发电厂中，装设电动机低电压保护有哪些作用?

7. 电动机低电压保护的接线应满足哪些要求?

8. 如何进行电动机保护的整定计算?

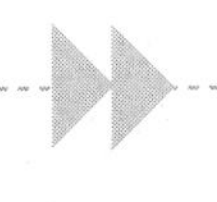

学习项目 六

母线保护

技能目标

1. 能对母线故障与不正常运行状态进行分析，知道其危害；
2. 了解母线的保护方式；
3. 能分析母线差动保护的动作过程；
4. 能分析断路器失灵保护的动作过程。

任务 6.1 母线故障及保护方式

(1) 母线故障

在发电厂和变电所中，屋内和屋外配电装置中的母线是电能集中与分配的重要环节，它的安全运行对不间断供电具有极为重要的意义。虽然对母线进行着严格的监视和维护，但它仍有可能发生故障。运行经验表明，大多数母线故障是单相接地，多相短路故障所占的比例很小。发生母线故障的原因主要有母线绝缘子及断路器套管闪络，电压互感器或装于母线与断路器之间的电流互感器故障，母线隔离开关在操作时绝缘子损坏，以及运行人员的误操作等。

(2) 母线的保护方式

母线保护的主要方式有两种：

① 利用供电元件的保护装置来保护母线；

② 装设母线的专用保护。

(3) 装设母线保护的基本原则

和发电机、变压器一样，发电厂和变电所的母线也是电力系统中的一个重要组成元件，当母线上发生故障时，将使连接在故障母线上的所有元件在修复故障母线期间或转换到另一组无故障的母线上运行以前被迫停电。此外，在电力系统中枢纽变电所的母线上故障时，还可能引起系统稳定的破坏，造成严重的后果。母线保护有两种情况，一般说来，不采用专门的母线保护，而利用供电元件的保护装置就可以把母线故障切除。

① 发电厂的出线端采用单母线接线，此时母线上的故障就可以利用发电机的过电流保护使发电机的断路器跳闸予以切除；

② 对于降压变电所，其低压侧的母线正常时分开运行，则低压母线上的故障就可以由相应变压器的过电流保护使变压器的断路器跳闸予以切除；

③ 如果是双侧电源网络（或环形网络），如图 6.1 所示，当变电所 B 母线上 d 点短路时，则可以由保护 1 和保护 4 的第Ⅱ段动作予以切除，等等。

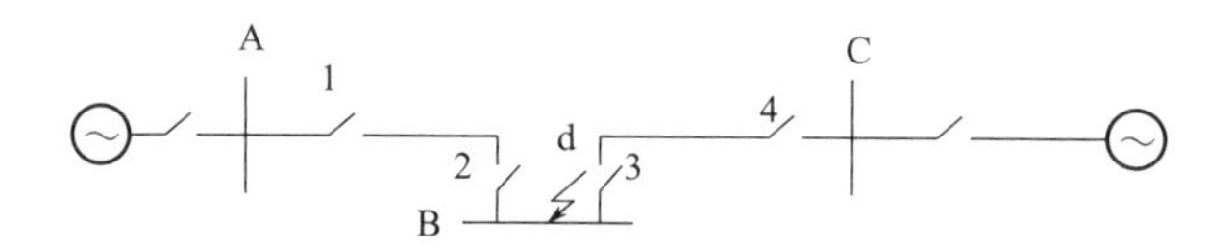

图 6.1 在双侧电源网络上，利用电源侧的保护切除母线故障

当利用供电元件的保护装置切除母线故障时，切除故障的时间一般较长。此外，当双母线同时运行或母线为分段单母线时，上述保护不能保证有选择性地切除故障母线。因此，在下列情况下应装设专门的母线保护：

在 110kV 及以上的双母线和分段单母线上，为保证有选择性地切除任一组（或段）母线上所发生的故障，而另一组（或段）无故障的母线仍能继续运行，应装设专用的母线保护。

110kV 及以上的单母线，重要的发电厂的 35kV 母线或高压侧为 110kV 及以上的重要降压变电所的 35kV 母线，按照装设全线速动保护的要求必须快速切除母线上的故障时，应装设专用的母线保护。

为满足速动性和选择性的要求，母线保护都是按差动原理构成的。

任务 6.2 母线完全电流差动保护

母线完全电流差动保护常用作单母线或只有一组母线经常运行的双母线的保护。母线完全电流差动保护按差动原理构成，其原理接线如图 6.2 所示。

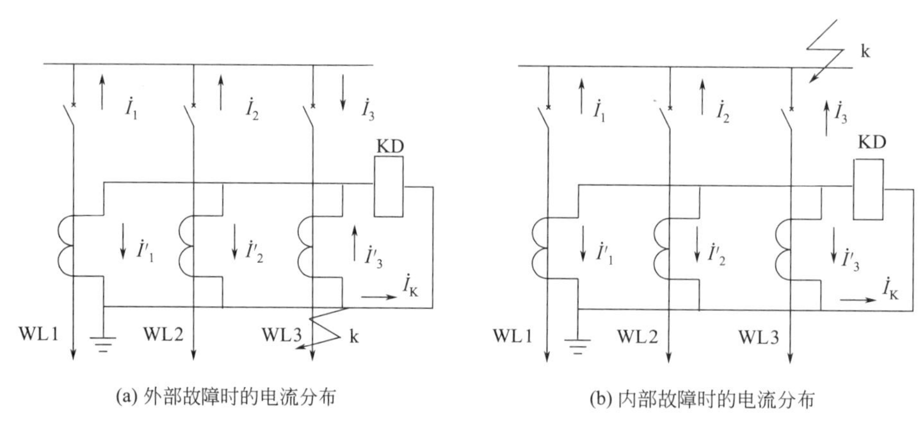

(a) 外部故障时的电流分布

(b) 内部故障时的电流分布

图 6.2 母线完全电流差动保护

(1) 作用原理

将母线的连接元件都包括在差动回路中，需在母线的所有连接元件上装设具有相同变比和特性的 CT（若变比不能一致时，可采用补偿变流器，以降流方式进行补偿）。电流互感

器的二次绕组，在母线侧的端子（与母线一次侧端子相对应）互相连接。差动继电器的绕组和电流互感器的二次绕组并联。各电流互感器之间的一次电气设备，即为母线差动保护的保护区。

正常运行或外部故障时　$I_{in}=I_{out}\quad(I_1+I_2=I_3)$　(6-1)

所以　$\sum\dot{I}=\dot{I}_1+\dot{I}_2-\dot{I}_3=0$

二次侧　$\sum I_J=I'_1+I'_2-I'_3=0$

母线故障时　$\sum\dot{I}=\dot{I}_1+\dot{I}_2+\dot{I}_3=I_d$　(6-2)

二次侧　$\sum I_J=I'_1+I'_2+I'_3=I_d/n_l>I_{dz}$

(2) 整定计算

差动继电器的动作电流按以下两个条件考虑。

① 按躲过外部故障时的最大不平衡电流整定　当母线所有连接元件的电流互感器都满足10%误差曲线的要求，且差动继电器具有速饱和铁芯时，差动继电器的动作电流可按下式计算：

$$I_{dz.J}=K_dI_{bpmax}=K_d\times0.1\times I_{dmax}/n_l \tag{6-3}$$

式中　K_d——可靠系数，取1.3；

I_{bpmax}——保护范围外部故障时，流过母线完全差动电流保护用电流互感器中的最大短路电流；

n_l——母差保护用电流互感器变比。

② 按躲过电流互感器二次回路断线整定　差动继电器的动作电流应大于流经最大负荷电流的连接元件的二次电流（考虑此时电流互感器二次回路断线）

$$I_{dz.J}=K_KI_{fmax}/n_l \tag{6-4}$$

I_{fmax}：母线连接元件中，最大负荷支路上最大负荷电流。

取较大者为定值。

$$K_{lm}=\frac{I_{dmin}}{I_{dz.J}\times n_l}\geqslant2 \tag{6-5}$$

即在最小运行方式下，母线保护范围内部短路时，要求保护元件的最小灵敏系数应大于2。

任务6.3　母线不完全电流差动保护

不完全差动电流保护通常用作发电厂或大容量变电站6～10kV母线保护。保护通常采用两相式，由两段电流保护构成。保护的原理接线图如图6.3所示。

二次绕组按照环流法原理连接。电流继电器KA1、KA2和电流互感器二次绕组并联。由于这种保护的电流互感器不是在所有与母线连接的元件上装设，因此称为不完全差动电流保护。KA1为电流速断保护。其动作电流按躲过线路电抗器后的最大短路电流整定，保护的动作时限是这样整定的：当出线的断路器容量是按线路电抗器后短路选择且出线具有延时过流保护时，电流速断保护做成不带时限的。如果出线的断路器的容量是按线路电抗器前短路选择，且线路上除装设延时过流保护外，还装设了快速动作的保护装置，则电流速断保护做成带时限的，其时限比线路快速动作的保护装置大一个时限级差Δt，以防止线路电抗器后发生短路时保护误动作。

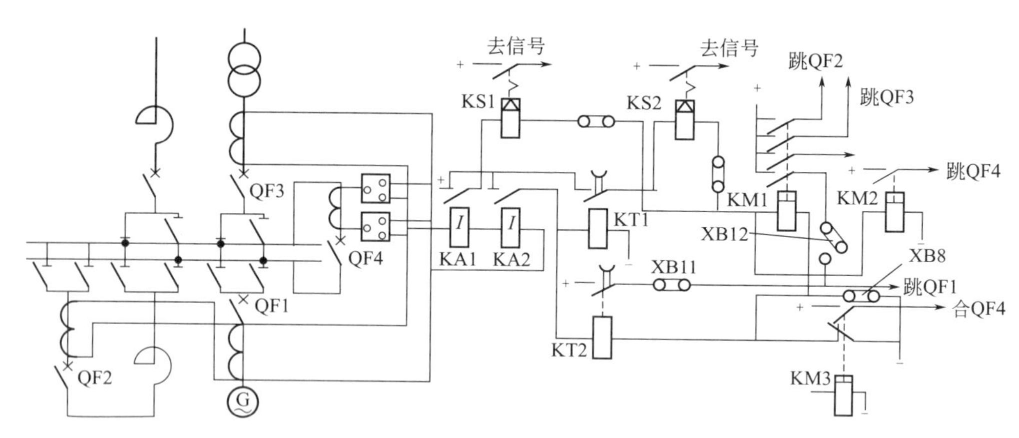

图 6.3　母线不完全电流差动保护原理接线图

KA2 为过电流保护。由于正常运行时流过差动回路的电流等于未接入差动保护的所有连接元件的负荷电流之和，故过流保护的动作电流需躲过上述可能最大的负荷电流（考虑电动机自启动）之和来整定。过流保护的动作时限比出线保护装置的最大动作时限大一时限极差 Δt。过电流保护用作母线的后备保护以及引出线路的后备保护。

当母线或线路电抗器前发生短路时，电流速断保护动作。电流继电器 KA1 动作后，经信号继电器 KS1 启动跳闸继电器 KM1、KM2，从而跳开除发电机断路器外的所有供电元件的断路器。速断保护不断开发电机是考虑故障发生在出线的断路器和电抗器之间时，断开除发电机外的所有供电元件将使故障电流大为减少，从而可以让断路器按电抗器后短路选择的线路的过流保护动作切除故障，而发电机仍可带着母线上的其他负荷继续运行，这样可以提高供电的可靠性。

母线不完全差动电流保护由于只需在供电元件上装设母线保护用的电流互感器，而不需要在母线的全部出线连接元件上装设，因而大大降低了设备费用，简化了保护接线，这对于出线较多的 6～10kV 母线，是比较实用的。

任务 6.4　电流比相式母线保护

电流比相式母线保护的基本原理是根据母线在内部故障和外部故障时，各连接元件电流相位的变化来实现的。母线故障时，所有和电源连接的元件都向故障点供应短路电流，在理想条件下，所有供电元件的电流相位相同；而在正常运行或外部故障时，至少有一个元件的电流相位和其余元件的电流相位相反，也就是说，流入电流和流出电流的相位相反。因此，利用这一原理可以构成比相式母线保护。正常运行或外部故障时的电流分布如图 6.4 所示。

图 6.4（a）示出了正常运行或外部故障时的电流分布。此时，流进母线的电流 $\dot{I}_1$ 和流出母线的电流 $\dot{I}_2$ 大小相等，相位相差 180°；而在内部故障时，电流 $\dot{I}_1$ 和 $\dot{I}_2$ 都流向母线，如图 6.4（b）所示，在理想情况下，两电流相位相同。

电流 $\dot{I}_1$ 和 $\dot{I}_2$ 经过电流互感器的变换，二次电流 $\dot{I}'_1$ 和 $\dot{I}'_2$ 输入中间电流变换器 UA1 和 UA2 的一次绕组。中间变流器的二次电流在其负载电阻上的电压降落造成其二次电压，如图 6.5 所示。

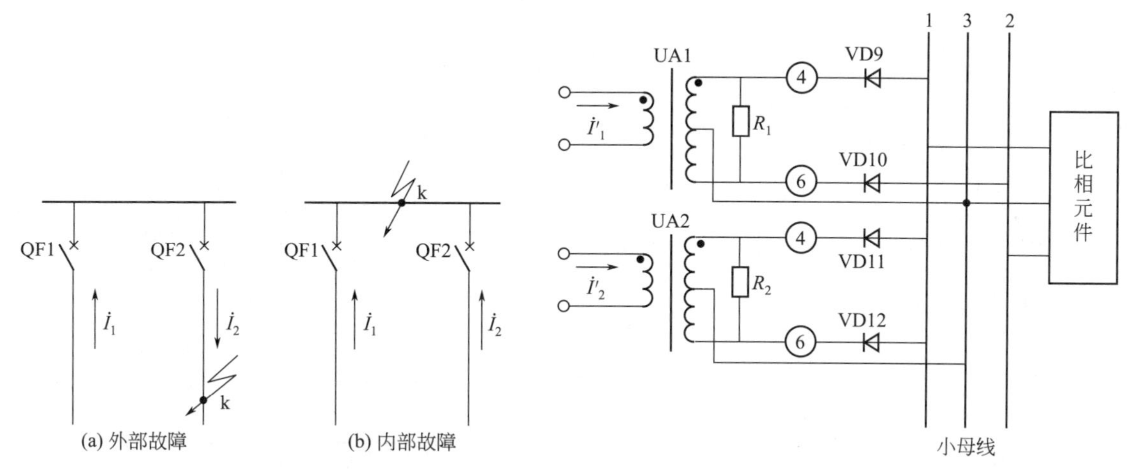

图 6.4 母线外部故障和内部故障时的电流分布

图 6.5 电流比相式母线保护原理图

任务 6.5 母联电流相位比较式母线差动保护

母联电流相位比较式母线差动保护是比较差动回路与母联电流相位关系而取得选择性的一种差动保护。这种保护解决了固定连接方式破坏时，固定连接的全母线差动保护动作无选择性的问题。它不受元件连接方式的影响。

保护的工作原理是基于比较母联断路器回路中电流相位和母线完全电流总差动回路中电流相位来选择故障母线的。在一定运行方式下，无论哪一组母线短路，流过差动回路的电流相位恒定。

在一定运行方式下，无论哪一组母线短路，流过差动回路的电流相位恒定，而流过母联回路的电流，在Ⅰ母线上短路时，与在Ⅱ母线上短路时的相位有 180°变化。若以电流从Ⅱ母线流向Ⅰ母线为母联回路电流的正方向，则Ⅰ母线短路时，母联回路电流与差动回路电流同相，Ⅱ母线短路时，母联回路电流与差动回路电流相位差 180°。因此可以通过比较这两个电流的相位来选择故障母线。无论母线运行方式如何改变，只要每组母线上有一个电源支路，母线短路时，有短路电流通过母联回路，保护都不会失去选择性。

该保护装置的原理接线图如图 6.6 所示。

母联电流相位比较式母线差动保护图中保护的主要部分由启动元件和选择元件组成。启动元件是一个接在差动回路的差动继电器 KD，它在母线保护范围内部故障时动作，而在母线保护范围外部故障时不动作。用它可以防止外部故障时保护误动作。选择元件 KPC 是一个电流相位比较继电器，它的两组绕组 9-16 和 12-13 分别接入差电流和母线联络断路器的电流。它比较两电流的相位而动作。实际上它是一个最大灵敏角为 0°和 180°的双方向继电器。不同的母线故障时，反应母线总故障电流的差动回路的电流电相位是不变的，而母线联络断路器上电流的相位却随故障母线的不同而变化 180°，因此比较母线联络断路器电流和差动回路电流相位，可以选择出故障母线。

这种保护的缺点如下。

① 正常运行时母联断路器必须投入运行。

② 当母线故障，母线保护动作时，如果母联断路器拒动，将造成由非故障母线的连接

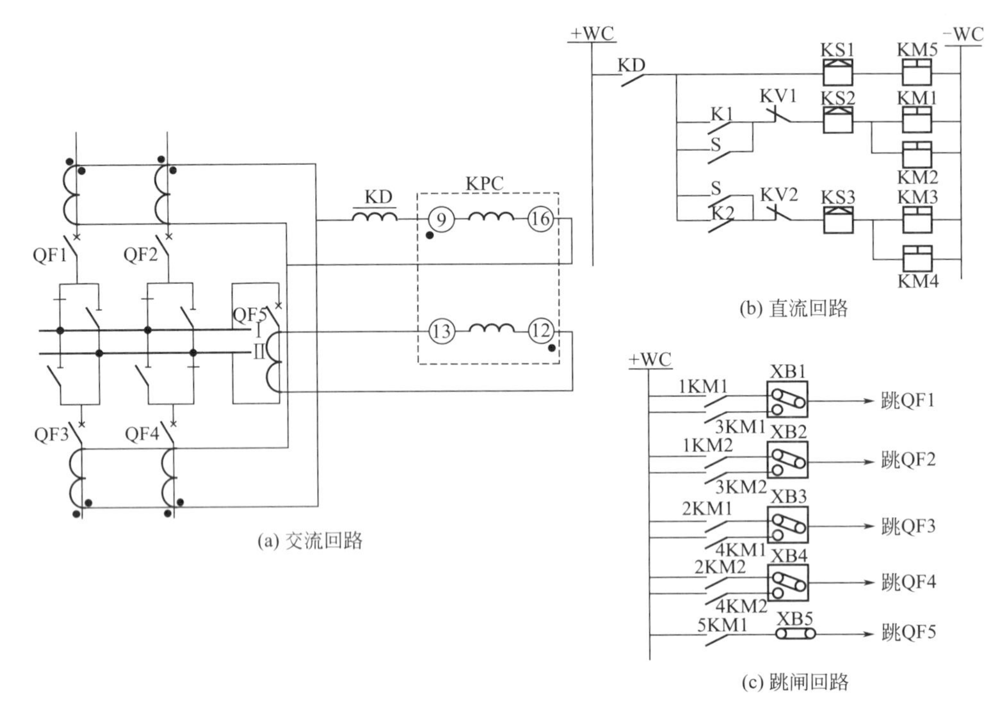

图 6.6 母联电流相位比较式母差保护原理接线图

元件通过母联断路器供给短路电流，使故障不能切除。

③ 当母联断路器和母联电流互感器之间发生故障时，将会切除故障母线，而故障母线反不能切除。

④ 两组母线相继发生故障时，只能切除先发生故障的母线，后发生故障的母线因这时母联断路器已跳闸，选择元件无法进行相位比较而不能动作，因而不能切除。

任务 6.6 断路器失灵保护

所谓断路器失灵保护是指，当故障线路的继电保护动作发出跳闸脉冲后，断路器拒绝动作时，能够以较短的时限切除同一发电厂或变电所内其他有关的断路器，以使停电范围限制为最小的一种后备保护。

由于断路器失灵保护要动作于跳开一组母线上的所有断路器，而且在保护的接线上将所有断路器的操作回路都连接在一起，因此，应注意提高失灵保护动作的可靠性，以防止误动而造成严重的事故。为此，对断路器失灵保护的启动提出了附加的条件，只有当同时具备以下条件时它才能启动：

① 故障线路（或设备）的保护装置出口继电器动作后不返回；

② 在被保护范围内仍然存在着故障。当母线上连接的元件较多时，一般采用检查故障母线电压的方式以确定故障仍然没有切除；当连接元件较少或一套保护动作于几个断路器（如采用多角形接线时）以及采用单相合闸时，一般采用检查通过每个或每相断路器的故障电流的方式，作为判别断路器拒动且故障仍未消除之用。

断路器失灵保护的构成原理如图 6.7 所示。图中 KM1、KM2 为连接在单母线分段 Ⅰ 段上的元件保护的出口继电器。这些继电器动作时，一方面使本身的断路器跳闸，另一方面启

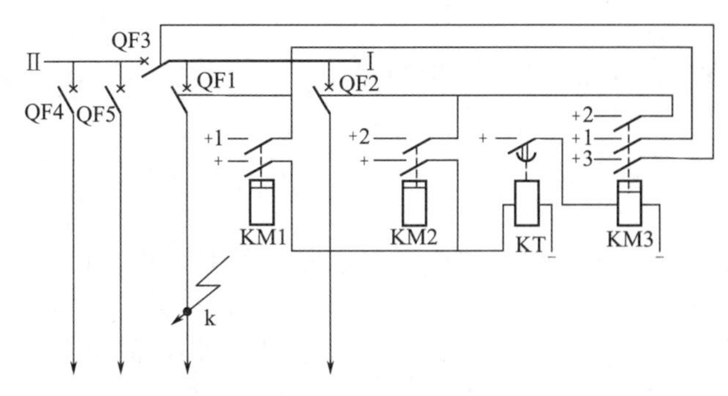

图 6.7 断路器失灵保护的构成原理

动断路器失灵保护的公用时间继电器 KT。时间继电器的延时整定得大于故障元件断路器的跳闸时间与保护装置返回时间之和。

因此，断路器失灵保护在故障元件保护正常跳闸时不会动作跳闸，而是在故障切除后自动返回。只有在故障元件的断路器拒动时，才由时间继电器 KT 启动出口继电器 KM3，使接在Ⅰ段母线上所有带电源的断路器跳闸，从而代替故障处拒动的断路器切除故障（如图中 k 点故障），起到了断路器 QF1 拒动时后备保护的作用。

习 题

一、填空题

1. 母线保护总的来说可以分为两大类型：利用供电元件的保护来切除母线故障或______________________________________。

2. 母线完全电流差动保护中，母线所有引出线上的电流互感器应选用_______________。

3. 元件固定连接的双母线电流保护主要的缺点是：____________________。

4. 元件固定连接的双母线差动电流保护，连接保护用的电流互感器应选用____________。

5. 母差保护分为母线完全差动、固定连接的双母线差动保护、电流比相式差动保护、________________________和____________________。

二、选择题

1. 完全电流差动母线保护不适用于（ ）场合。

A. 单母线　　B. 双母线　　C. 双母线经常有一组母线运行

2. 母线差动保护采用电压闭锁元件的主要目的是（ ）。

A. 系统发生振荡时，母线差动保护不会误动

B. 区外发生故障时，母线差动保护不会误动

C. 由于误碰出口继电器而不致造成母线差动保护误动

3. 母联电流相位比较式母线差动保护，当母联断路器和母联断路器的电流互感器之间发生故障时（ ）。

A. 将会切除非故障母线，而故障母线反而不能切除

B. 将会切除故障母线，非故障母线不能切除

C. 将会切除故障母线和非故障母线

4. 对于双母线接线方式的变电站，当某一连接元件发生故障且断路器拒动时，失灵保护

动作应先跳开（　　）。

A. 拒动断路器所在母线上的所有断路器

B. 母联断路器

C. 故障元件其他断路器

三、判断题

1. 某母线装设有完全差动保护，在外部故障时，各非故障线路的电流方向是背离母线的，故障线路的电流方向是指向母线的，其大小等于各非故障线路电流之和。（　　）

2. 在 220kV 双母线运行方式下，当任一母线故障，母线差动保护动作而母联断路器拒动时，母差保护将无法切除故障，这时需由断路器失灵保护或对侧线路保护来切除故障母线。（　　）

3. 断路器失灵保护，是近后备保护中防止断路器拒动的一项有效措施，只有当远后备保护不能满足灵敏度要求时，才考虑装设断路器失灵保护。（　　）

4. 断路器失灵保护是指当故障设备的继电保护动作发出跳闸脉冲后，断路器拒绝动作时，以较短的时限切除同一发电厂或变电所内其他所有的断路器，以使停电范围限制为最小的一种后备保护。（　　）

5. 微机母线差动保护的实质就是基尔霍夫第一定律，把母线当作一个节点。（　　）

6. 母线故障，母差保护动作，由于断路器拒跳，最后由母差保护启动断路器失灵保护消除母线故障。此时，断路器失灵保护装置按正确动作 1 次统计，母差保护不予评价。（　　）

7. 当元件固定连接运行方式被破坏，母线外部发生故障时，元件固定连接的双母线保护会误动作。（　　）

8. 母线必须装设专用的保护。（　　）

四、问答题

1. 引起母线短路故障的主要原因是什么？母线故障的保护方式有哪些？

2. 简述母线完全电流差动保护的基本原理。

3. 母线完全电流差动保护各引出线上为什么要采用相同型号、相同变比的电流互感器？

附录

附录 1　继电保护和电网安全自动装置检验规程

1　范围

本标准规定了电力系统继电保护和电网安全自动装置及其二次回路接线（以下简称装置）检验的周期、内容及要求。

本标准适用于电网企业、并网运行发电企业及用户负责继电保护运行维护和管理的单位。有关规划设计、研究制造、安装调试单位及部门均应遵守本标准。

2　规范性引用文件

下列文件中的条款通过本标准的引用而成为本标准的条款。凡是注日期的引用文件，其随后所有的修改单（不包括勘误的内容）或修订版均不适用于本标准，然而，鼓励根据本标准达成协议的各方研究是否可使用这些文件的最新版本。凡是不注日期的引用文件，其最新版本适用于本标准。

GB/T 7261—2000　继电器及装置基本试验方法

GB/T 14285—2006　继电保护和安全自动装置技术规程

DL/527—2002　静态继电保护装置逆变电源技术条件

3　总则

3.1　本标准是继电保护及电网安全自动装置在检验过程中应遵守的基本原则。

3.2　本标准中的电网安全自动装置，是指在电力网中发生故障或出现异常运行时，为确保电网安全与稳定运行，起控制作用的自动装置，如自动重合闸、备用电源或备用设备自动投入、自动切负荷、低频和低压自动减载、电厂事故减出力、切机等。

3.3　110kV 及以上电压等级电力系统中电力设备及线路的微机型继电保护和电网安全自动装置，必须按照本标准进行检验。对于其他电压等级或非微机型继电保护装置可参照执行。

3.4　各级继电保护管理及运行维护部门，应根据当地电网具体情况并结合一次设备的检修合理地安排年、季、月的保护装置检验计划。相关调度部门应予支持配合，并作统筹安排。

3.5　装置检验工作应制定标准化的作业指导书及实施方案，其内容应符合本标准。

3.6　检验用仪器、仪表的准确级及技术特性应符合要求，并应定期校验。

3.7　微机型装置的检验，应充分利用其“自检”功能，着重检验“自检”功能无法检测的项目。

4 检验种类及周期

4.1 检验种类

检验分为三种：

a）新安装装置的验收检验；

b）运行中装置的定期检验（简称定期检验）；

c）运行中装置的补充检验（简称补充检验）。

4.1.1 新安装装置的验收检验。

新安装装置的验收检验，在下列情况进行：

a）当新安装的一次设备投入运行时；

b）当在现有的一次设备上投入新安装的装置时。

4.1.2 运行中装置的定期检验。

定期检验分为三种：

a）全部检验；

b）部分检验；

c）用装置进行断路器跳、合闸试验。

全部检验和部分检验的项目见附录1-A、附录1-B、附录1-C、附录1-D。

4.1.3 运行中装置的补充检验。

补充检验分为五种：

a）对运行中的装置进行较大的更改或增设新的回路后的检验；

b）检修或更换一次设备后的检验；

c）运行中发现异常情况后的检验；

d）事故后检验；

e）已投运行的装置停电一年及以上，再次投入运行时的检验。

4.2 定期检验的内容与周期

4.2.1 定期检验应根据本标准所规定的周期、项目及各级主管部门批准执行的标准化作业指导书的内容进行。

4.2.2 定期检验周期计划的制定应综合考虑所辖设备的电压等级及工况，按本标准要求的周期、项目进行。在一般情况下，定期检验应尽可能配合在一次设备停电检修期间进行。220kV电压等级及以上继电保护装置的全部检验及部分检验周期见表1和表2。电网安全自动装置的定期检验参照微机型继电保护装置的定期检验周期进行。

表1 全部检验周期表

编号	设备类型	全部检验周期/年	定义范围说明
1	微机型装置	6	包括装置引入端子外的交、直流及操作回路以及涉及的辅助继电器、操作机构的辅助触点、直流控制回路的自动开关等
2	非微机型装置	4	
3	保护专用光纤通道，复用光纤或微波连接通道	6	指站端保护装置连接用光纤通道及光电转换装置
4	保护用载波通道的设备（包含与通信复用、电网安全自动装置合用且由其他部门负责维护的设备）	6	涉及如下相应的设备：高频电缆、结合滤波器、差接网络、分频器

表 2　部分检验周期表

编号	设备类型	部分检验周期/年	定义范围说明
1	微机型装置	2～3	包括装置引入端子外的交、直流及操作回路以及涉及的辅助继电器、操作机构的辅助触点、直流控制回路的自动开关等
2	非微机型装置	1	
3	保护专用光纤通道，复用光纤或微波连接通道	2～3	指光头擦拭、收信裕度测试等
4	保护用载波通道的加工设备（包含与通信复用、电网安全自动装置合用且由其他部门负责维护的设备）	2～3	指传输衰耗、收信裕度测试等

4.2.3　制定部分检验周期计划时，装置的运行维护部门可视装置的电压等级、制造质量、运行工况、运行环境与条件，适当缩短检验周期、增加检验项目。

a）新安装装置投运后一年内必须进行第一次全部检验。在装置第二次全部检验后，若发现装置运行情况较差或已暴露出了需予以监督的缺陷，可考虑适当缩短部分检验周期，并有目的、有重点地选择检验项目。

b）110kV 电压等级的微机型装置宜每 2～4 年进行一次部分检验，每 6 年进行一次全部检验；非微机型装置参照 220kV 及以上电压等级同类装置的检验周期。

c）利用装置进行断路器的跳、合闸试验宜与一次设备检修结合进行。必要时，可进行补充检验。

4.2.4　母线差动保护、断路器失灵保护及电网安全自动装置中投切发电机组、切除负荷、切除线路或变压器的跳合断路器试验，允许用导通方法分别证实至每个断路器接线的正确性。

4.3　补充检验的内容

4.3.1　因检修或更换一次设备（断路器、电流和电压互感器等）所进行的检验，应由基层单位继电保护部门根据一次设备检修（更换）的性质，确定其检验项目。

4.3.2　运行中的装置经过较大的更改或装置的二次回路变动后，均应由基层单位继电保护部门进行检验，交流工作经验，并按其工作性质，确定其检验项目。

4.3.3　凡装置发生异常或装置不正确动作且原因不明时，均应由基层单位继电保护部门根据事故情况，有目的地拟定具体检验项目及检验顺序，忙进行事故后检验。检验工作结束后，应及提出报告，按设备调度管辖权限上报备查。

4.4　检验管理

4.4.1　对试运行的新型装置（指未经省、部级鉴定的产品），必须进行全面的检查试验，并经网（省）公司继电保护运行管理部门审查。

4.4.2　由于制造质量不良，不能满足运行要求的装置，应由制造厂负责解决，并向上级主管部门报告。

4.4.3　装置出现普遍性问题后，制造厂有义务向运行主管部门及时通报，并提出预防性措施。

5　检验工作应具备的条件

5.1　仪器、仪表的基本要求与配置

5.1.1　装置检验所使用的仪器、仪表必须经过检验合格，并应满足 GB/T 7261—2000 中的规定。定值检验所使用的仪器、仪表的准确级应不低于 0.5 级。

5.1.2　220kV及以上变电站如需调试载波通道应配置高频振荡器和选频表。220kV及以上变电站或集控站应配置一套至少可同时输出三相电流、四相电压的微机成套试验仪及试验线等工具。

5.1.3　继电保护班组应至少配置以下仪器、仪表：

指针式电压、电流表，数字式电压、电流表，钳形电流表，相位表，毫秒计，电桥等；500V、1000V及2500V兆欧表；可记忆示波器；载波通道测试所需的高频振荡器和选频表、无感电阻、可变衰耗器等；微机成套试验仪。

建议配置便携式录波器（波形记录仪）、模拟断路器。

如需调试纵联电流差动保护宜配置：GPS对时天线和选用可对时触发的微机成套试验仪。

需要调试光纤纵联通道时应配置：光源、光功率计、误码仪、可变光衰耗器等仪器。

5.2　检验前的准备工作

5.2.1　在现场进行检验工作前，应认真了解被检验装置的一次设备情况及其相邻的一、二次设备情况，及与运行设备关联部分的详细情况，据此制定在检验工作全过程中确保系统安全运行的技术措施。

5.2.2　应具备与实际状况一致的图纸、上次检验的记录、最新定值通知单、标准化作业指导书、合格的仪器仪表、备品备件、工具和连接导线等。

5.2.3　规定有接地端的测试仪表，在现场进行检验时，不允许直接接到直流电源回路中，以防止发生直流电源接地的现象。

5.2.4　对新安装装置的验收检验，应先进行如下的准备工作：

a）了解设备的一次接线及投入运行后可能出现的运行方式和设备投入运行的方案，该方案应包括投入初期的临时继电保护方式。

b）检查装置的原理接线图（设计图）及与之相符合的二次回路安装图，电缆敷设图，电缆编号图，断路器操动机构图，电流、电压互感器端子箱图及二次回路分线箱图等全部图纸以及成套保护、自动装置的原理和技术说明书及断路器操动机构说明书，电流、电压互感器的出厂试验报告等。以上技术资料应齐全、正确。若新装置由基建部门负责调试，生产部门继电保护验收人员验收全套技术资料之后，再验收技术报告。

c）根据设计图纸，到现场核对所有装置的安装位置是否正确。

5.2.5　对装置的整定试验，应按有关继电保护部门提供的定值通知单进行。工作负责人应熟知定值通知单的内容，核对所给的定值是否齐全，所使用的电流、电压互感器的变比值是否与现场实际情况相符合（不应仅限于定值单中设定功能的验证）。

5.2.6　继电保护检验人员在运行设备上进行检验工作时，必须事先取得发电厂或变电站运行人员的同意，遵照电业安全工作相关规定履行工作许可手续，并在运行人员利用专用的连接片将装置的所有出口回路断开之后，才能进行检验工作。

5.2.7　检验现场应提供安全可靠的检修试验电源，禁止从运行设备上接取试验电源。

5.2.8　检查装设保护和通信设备的室内的所有金属结构及设备外壳均应连接于等电位地网。

5.2.9　检查装设静态保护和控制装置屏柜下部接地铜排已可靠连接于等电位地网。

5.2.10　检查等电位接地网与厂、站主接地网紧密连接。

6　现场检验

6.1　电流、电压互感器的检验

6.1.1　新安装电流、电压互感器及其回路的验收检验。

检查电流、电压互感器的铭牌参数是否完整，出厂合格证及试验资料是否齐全。如缺乏上述数据时，应由有关制造厂或基建、生产单位的试验部门提供下列试验资料：

a）所有绕组的极性；

b）所有绕组及其抽头的变比；

c）电压互感器在各使用容量下的准确级；

d）电流互感器各绕组的准确级（级别）、容量及内部安装位置；

e）二次绕组的直流电阻（各抽头）；

f）电流互感器各绕组的伏安特性。

6.1.2 电流、电压互感器安装竣工后，继电保护检验人员应进行下列检查：

6.1.2.1 电流、电压互感器的变比、容量、准确级必须符合设计要求。

6.1.2.2 测试互感器各绕组间的极性关系，核对铭牌上的极性标识是否正确。检查互感器各次绕组的连接方式及其极性关系是否与设计符合，相别标识是否正确。

6.1.2.3 有条件时，自电流互感器的一次分相通入电流，检查工作抽头的变比及回路是否正确（发、变组保护所使用的外附互感器、变压器套管互感器的极性与变比检验可在发电机做短路试验时进行）。

6.1.2.4 自电流互感器的二次端子箱处向负载端通入交流电流，测定回路的压降，计算电流回路每相与中性线及相间的阻抗（二次回路负担）。将所测得的阻抗值按保护的具体工作条件和制造厂家提供的出厂资料来验算是否符合互感器10%误差的要求。

6.2 二次回路检验

6.2.1 在被保护设备的断路器、电流互感器以及电压回路与其他单元设备的回路完全断开后方可进行。

6.2.2 电流互感器二次回路检查。

a）检查电流互感器二次绕组所有二次接线的正确性及端子排引线螺钉压接的可靠性。

b）检查电流二次回路的接地点与接地状况，电流互感器的二次回路必须分别且只能有一点接地；由几组电流互感器二次组合的电流回路，应在有直接电气连接处一点接地。

6.2.3 电压互感器二次回路检查。

6.2.3.1 检查电压互感器二次、三次绕组的所有二次回路接线的正确性及端子排引线螺钉压接的可靠性。

6.2.3.2 经控制室中性线小母线（N600）连通的几组电压互感器二次回路，只应在控制室将N600一点接地，各电压互感器二次中性点在开关场的接地点应断开；为保证接地可靠，各电压互感器的中性线不得接有可能断开的熔断器（自动开关）或接触器等。独立的、与其他互感器二次回路没有直接电气联系的二次回路，可以在控制室也可以在开关场实现一点接地。来自电压互感器二次回路的4根开关场引入线和互感器三次回路的2（3）根开关场引入线必须分开，不得共用。

6.2.3.3 检查电压互感器二次中性点在开关场的金属氧化物避雷器的安装是否符合规定。

6.2.3.4 检查电压互感器二次回路中所有熔断器（自动开关）的装设地点、熔断（脱扣）电流是否合适（自动开关的脱扣电流需通过试验确定）、质量是否良好，能否保证选择性，自动开关线圈阻抗值是否合适。

6.2.3.5 检查串联在电压回路中的熔断器（自动开关）、隔离开关及切换设备触点接触的可靠性。

6.2.3.6 测量电压回路自互感器引出端子到配电屏电压母线的每相直流电阻，并计算电压互感器在额定容量下的压降，其值不应超过额定电压的3%。

6.2.4 二次回路绝缘检查。

在对二次回路进行绝缘检查前，必须确认被保护设备的断路器、电流互感器全部停电，交流电压回路已在电压切换把手或分线箱处与其他回路断开，并与其他回路隔离完好后，才允许进行。

在进行绝缘测试时，应注意：

a）试验线连接要紧固；

b）每进行一项绝缘试验后，须将试验回路对地放电；

c）对母线差动保护、断路器失灵保护及电网安全自动装置，如果不可能出现被保护的所有设备都同时停电的机会时，其绝缘电阻的检验只能分段进行，即哪一个被保护单元停电，就测定这个单元所属回路的绝缘电阻。

6.2.4.1 进行新安装装置验收试验时，从保护屏柜的端子排处将所有外部引入的回路及电缆全部断开，分别将电流、电压、直流控制、信号回路的所有端子各自连接在一起，用1000V兆欧表测量绝缘电阻，其阻值均应大于10MΩ的回路如下：

a）各回路对地；

b）各回路相互间。

6.2.4.2 定期检验时，在保护屏柜的端子排处将所有电流、电压、直流控制回路的端子的外部接线拆开，并将电压、电流回路的接地点拆开，用1000V兆欧表测量回路对地的绝缘电阻，其绝缘电阻应大于1MΩ。

6.2.4.3 对使用触点输出的信号回路，用1000V兆欧表测量电缆每芯对地及对其他各芯间的绝缘电阻，其绝缘电阻应不小于1MΩ。定期检验只测量芯线对地的绝缘电阻。

6.2.4.4 对采用金属氧化物避雷器接地的电压互感器的二次回路，需检查其接线的正确性及金属氧化物避雷器的工频放电电压。

定期检查时可用兆欧表检验金属氧化物避雷器的工作状态是否正常。一般当用1000V兆欧表时，金属氧化物避雷器不应击穿；而用2500V兆欧表时，则应可靠击穿。

6.2.5 新安装二次回路的验收检验。

a）对回路的所有部件进行观察、清扫与必要的检修及调整。所述部件包括：与装置有关的操作把手、按钮、插头、灯座、位置指示继电器、中央信号装置及这些部件回路中端子排、电缆、熔断器等。

b）利用导通法依次经过所有中间接线端子，检查由互感器引出端子箱到操作屏柜、保护屏柜、自动装置屏柜或至分线箱的电缆回路及电缆芯的标号，并检查电缆簿的填写是否正确。

c）当设备新投入或接入新回路时，核对熔断器（和自动开关）的额定电流是否与设计相符或与所接入的负荷相适应，并满足上下级之间的配合。

d）检查屏柜上的设备及端子排上内部、外部连线的接线应正确，接触应牢靠，标号应完整准确，且应与图纸和运行规程相符合。检查电缆终端和沿电缆敷设路线上的电缆标牌是否正确完整，并应与设计相符。

e）检验直流回路确实没有寄生回路存在。检验时应根据回路设计的具体情况，用分别断开回路的一些可能在运行中断开（如熔断器、指示灯等）的设备及使回路中某些触点闭合的方法来检验。每一套独立的装置，均应有专用于直接到直流熔断器正负极电源的专用端子对，这一套保护的全部直流回路包括跳闸出口继电器的线圈回路，都必须且只能从这一对专用端子取得直流的正、负电源。

f）信号回路及设备可不进行单独的检验。

6.2.6 断路器、隔离开关及二次回路的检验：

a）断路器及隔离开关中的一切与装置二次回路有关的调整试验工作，均由管辖断路器、隔离开关的有关人员负责进行。继电保护检验人员应了解掌握有关设备的技术性能及其调试结果，并负责检验自保护屏柜引至断路器（包括隔离开关）二次回路端子排处有关电缆线连接的正确性及螺钉压接的可靠性。

b）继电保护人员还应了解以下内容：

1）断路器的跳闸线圈及合闸线圈的电气回路接线方式(包括防止断路器跳跃回路、三相不一致回路等措施)；

2）与保护回路有关的辅助触点的开、闭情况，切换时间，构成方式及触点容量；

3）断路器二次操作回路中的气压、液压及弹簧压力等监视回路的工作方式；

4）断路器二次回路接线图；

5）断路器跳闸及合闸线圈的电阻值及在额定电压下的跳、合闸电流；

6）断路器跳闸电压及合闸电压，其值应满足相关规程的规定；

7）断路器的跳闸时间、合闸时间以及合闸时三相触头不同时闭合的最大时间差，应不大于规定值。

6.2.7 新安装或经更改的电流、电压回路，应直接利用工作电压检查电压二次回路，利用负荷电流检查电流二次回路接线的正确性。

6.3 屏柜及装置检验

6.3.1 检验时须注意如下问题以避免装置内部元器件损坏：

a）断开保护装置的电源后才允许插、拔插件，且必须有防止因静电损坏插件的措施。

b）调试过程中发现有问题要先找原因，不要频繁更换芯片。必须更换芯片时，要用专用起拔器。应注意芯片插入的方向，插入芯片后需经第二人检查无误后，方可通电检验或使用。

c）检验中尽量不使用烙铁，如元件损坏等必须在现场进行焊接时，要用内热式带接地线烙铁或烙铁断电后再焊接。所替换的元件必须使用制造厂确认的合格产品。

d）用具有交流电源的电子仪器（如示波器、频率计等）测量电路参数时，电子仪器测量端子与电源侧绝缘必须良好，仪器外壳应与保护装置在同一点接地。

6.3.2 装置外部检查。

a）装置的实际构成情况如：装置的配置、装置的型号、额定参数（直流电源额定电压、交流额定电流、电压等）是否与设计相符合。

b）主要设备、辅助设备的工艺质量，以及导线与端子采用材料的质量。

装置内部的所有焊接点、插件接触的牢靠性等属于制造工艺质量的问题，主要依靠制造厂负责保证产品质量。进行新安装装置的检验时，试验人员只作抽查。

c）屏柜上的标志应正确完整清晰，并与图纸和运行规程相符。

d）检查安装在装置输入回路和电源回路的减缓电磁干扰器件和措施应符合相关标准和制造厂的技术要求。在装置检验的全过程应保持这些减缓电磁干扰器件和措施处于良好状态。

e）应将保护屏柜上不参与正常运行的连接片取下，或采取其他防止误投的措施。

f）定期检验的主要检查项目：

1）检查装置内、外部是否清洁无积尘；清扫电路板及屏柜内端子排上的灰尘。

2）检查装置的小开关、拨轮及按钮是否良好；显示屏是否清晰，文字清楚。

3）检查各插件印刷电路板是否有损伤或变形，连线是否连接好。

4）检查各插件上元件是否焊接良好，芯片是否插紧。

5）检查各插件上变换器、继电器是否固定好，有无松动。

6）检查装置横端子排螺丝是否拧紧，后板配线连接是否良好。

7）按照装置技术说明书描述的方法，根据实际需要，检查、设定并记录装置插件内的选择跳线和拨动开关的位置。

6.3.3 绝缘试验：

a）仅在新安装装置的验收检验时进行绝缘试验。

b）按照装置技术说明书的要求拔出插件。

c）在保护屏柜端子排内侧分别短接交流电压回路端子、交流电流回路端子、直流电源回路端子、跳闸和合闸回路端子、开关量输入回路端子、厂站自动化系统接口回路端子及信号回路端子。

d）断开与其他保护的弱电联系回路。

e）将打印机与装置连接断开。

f）装置内所有互感器的屏蔽层应可靠接地。在测量某一组回路对地绝缘电阻时，应将其他各组回路都接地。

g）用500V兆欧表测量绝缘电阻值，要求阻值均大于20Mf～。测试后，应将各回路对地放电。

6.3.4 上电检查：

a）打开装置电源，装置应能正常工作。

b）按照装置技术说明书描述的方法，检查并记录装置的硬件和软件版本号、校验码等信息。

c）校对时钟。

6.3.5 逆变电源检查：

6.3.5.1 对于微机型装置，要求插入全部插件。

6.3.5.2 有检测条件时，应测量逆变电源的各级输出电压值，测量结果应符合：DL/T 527—2002。

定期检验时只测量额定电压下的各级输出电压的数值，必要时测量外部直流电源在最高和最低电压下的保护电源各级输出电压的数值。

6.3.5.3 直流电源缓慢上升时的自启动性能检验建议采用以下方法：合上装置逆变电源插件上的电源开关，试验直流电源由零缓慢上升至80%额定电压值，此时逆变电源插件面板上的电源指示灯应亮。固定试验直流电源为80%额定电压值，拉合直流开关，逆变电源应可靠启动。

6.3.5.4 定期检验时还应检查逆变电源是否达到DL/T 527—2002所规定的使用年限。

6.3.6 开关量输入回路检验。

a）新安装装置的验收检验时：

1）在保护屏柜端子排处，按照装置技术说明书规定的试验方法，对所有引入端子排的开关量输入回路依次加入激励量，观察装置的行为。

2）按照装置技术说明书所规定的试验方法，分别接通、断开连接片及转动把手，观察装置的行为。

b）全部检验时，仅对已投入使用的开关量输入回路依次加入激励量，观察装置的行为。

c）部分检验时，可随装置的整组试验一并进行。

6.3.7 输出触点及输出信号检查。

a）新安装装置的验收检验时：在装置屏柜端子排处，按照装置技术说明书规定的试验方法，依次观察装置所有输出触点及输出信号的通断状态。

b）全部检验时，在装置屏柜端子排处，按照装置技术说明书规定的试验方法，依次观察装置已投入使用的输出触点及输出信号的通断状态。

c）部分检验时，可随装置的整组试验一并进行。

6.3.8 在6.3.6、6.3.7检验项目中，如果几种保护共用一组出口连接片或共用同一告警信号时，应将几种保护分别传动到出口连接片和保护屏柜端子排。如果几种保护共用同一开入量，应将此开入量分别传动至各种保护。

6.3.9 模数变换系统检验。

a）检验零点漂移；

进行本项目检验时，要求装置不输入交流电流、电压量。

观察装置在一段时间内的零漂值满足装置技术条件的规定。

b）各电流、电压输入的幅值和相位精度检验：

1）新安装装置的验收检验时，按照装置技术说明书规定的试验方法，分别输入不同幅值和相位的电流、电压量，观察装置的采样值满足装置技术条件的规定。

2）全部检验时，可仅分别输入不同幅值的电流、电压量。

3）部分检验时，可仅分别输入额定电流、电压量。

6.4 整定值的整定及检验

6.4.1 整定值的整定及检验是指将装置各有关元件的动作值及动作时间按照定值通知单进行整定后的试验。该项试验在屏柜上每一元件检验完毕之后才可进行。具体的试验项目、方法、要求视构成原理而异，一般须遵守如下原则：

a）每一套保护应单独进行整定检验。试验接线回路中的交、直流电源及时间测量连线均应直接接到被试保护屏柜的端子排上。交流电压、电流试验接线的相对极性关系应与实际运行接线中电压、电流互感器接到屏柜上的相对相位关系（折算到一次侧的相位关系）完全一致。

b）在整定检验时，除所通入的交流电流、电压为模拟故障值并断开断路器的跳、合闸回路外，整套装置应处于与实际运行情况完全一致的条件下，而不得在试验过程中人为地予以改变。

c）装置整定的动作时间为自向保护屏柜通入模拟故障分量（电流、电压或电流及电压）至保护动作向断路器发出跳闸脉冲的全部时间。

d）电气特性的检验项目和内容应根据检验的性质，装置的具体构成方式和动作原理拟定。检验装置的特性时，在原则上应符合实际运行条件，并满足实际运行的要求。每一检验项目都应有明确的目的，或为运行所必需，或用以判别元件、装置是否处于良好状态和发现可能存在的缺陷等。

6.4.2 在定期检验及新安装装置的验收检验时，整定检验要求如下：

a）新安装装置的验收检验时，应按照定值通知单上的整定项目，依据装置技术说明书或制造厂推荐的试验方法，对保护的每一功能元件进行逐一检验。

b）在全部检验时，对于由不同原理构成的保护元件只需任选一种进行检查。建议对主保护的整定项目进行检查，后备保护如相间Ⅰ、Ⅱ、Ⅲ段阻抗保护只需选取任一整定项目进行检查。

c）部分检验时，可结合装置的整组试验一并进行。

6.5 纵联保护通道检验

6.5.1 对于载波通道的检查项目如下：

a）继电保护专用载波通道中的阻波器、结合滤波器、高频电缆等设备的试验项目与电力线载波通信规定的相一致。与通信合用通道的试验工作由通信部门负责，其通道的整组试验特性除满足通信本身要求外，也应满足继电保护安全运行的有关要求。在全部检验时，只进行结合滤波器、高频电缆的相关试验。

b）投入结合设备的接地刀闸，将结合设备的一次（高压）侧断开，并将接地点拆除之后，用1000V兆欧表分别测量结合滤波器二次侧（包括高频电缆）及一次侧对地的绝缘电阻及一、二次间的绝缘电阻。

c）测定载波通道传输衰耗。部分检验时，可以简单地以测量接收电平的方法代替（对侧发信机发出满功率的连续高频信号），将接收电平与最近一次通道传输衰耗试验中所测量到的接收电平相比较，其差若大于3dB时，则须进一步检查通道传输衰耗值变化的原因。

d）对于专用收发信机，在新投入运行及在通道中更换了（增加或减少）个别设备后，所进行的传输衰耗试验的结果，应保证收信机接收对端信号时的通道裕量不低于8.686dB，否则保护不允许投入运行。

6.5.2 对于光纤及微波通道的检查项目如下：

a）对于光纤及微波通道可以采用自环的方式检查光纤通道是否完好。

b）对于与光纤及微波通道相连的保护用附属接口设备应对其继电器输出触点、电源和接口设备的接地情况进行检查。

c）通信专业应对光纤及微波通道的误码率和传输时间进行检查，指标应满足GBH’14285的要求。

d）对于利用专用光纤及微波通道传输保护信息的远方传输设备，应对其发信电平、收信灵敏电平进行测试，并保证通道的裕度满足运行要求。

6.5.3 传输远方跳闸信号的通道，在新安装或更换设备后应测试其通道传输时间。采用允许式信号的纵联保护，除了测试通道传输时间，还应测试“允许跳闸”信号的返回时间。

6.5.4 继电保护利用通信设备传送保护信息的通道（包括复用载波机及其通道），还应检查各端子排接线的正确性、可靠性。继电保护装置与通信设备之间的连接（继电保护利用通信设备传送保护信息的通道）应有电气隔离，并检查各端子排接线的正确性和可靠性。

6.6 操作箱检验

6.6.1 操作箱检验应注意：

a）进行每一项试验时，试验人员须准备详细的试验方案，尽量减少断路器的操作次数。

b）对分相操作断路器，应逐相传动防止断路器跳跃回路。

c）对于操作箱中的出.口继电器，还应进行动作电压范围的检验，其值应在55%～70%额定电压之间。对于其他逻辑回路的继电器，应满足80%额定电压下可靠动作。

6.6.2 操作箱的检验根据厂家调试说明书并结合现场情况进行，并重点检验下列元件及回路的正确性：

a）防止断路器跳跃回路和三相不一致回路。

如果使用断路器本体的防止断路器跳跃回路和三相不一致回路，则检查操作箱的相关回路是否满足运行要求。

b）交流电压的切换回路。

c）合闸回路、跳闸1回路及跳闸2回路的接线正确性，并保证各回路之间不存在寄生回路。

6.6.3 新建及重大改造设备需利用操作箱对断路器进行下列传动试验：

a）断路器就地分闸、合闸传动。

b）断路器远方分闸、合闸传动。

c）防止断路器跳跃回路传动。

d）断路器三相不一致回路传动。

e）断路器操作闭锁功能检查。

f）断路器操作油压或空气压力继电器、SF_6 密度继电器及弹簧压力等触点的检查。检查各级压力继电器触点输出是否正确。检查压力低闭锁合闸、闭锁重合闸、闭锁跳闸等功能是否正确。

g）断路器辅助触点检查，远方、就地方式功能检查。

h）在使用操作箱的防止断路器跳跃回路时，应检验串联接入跳合闸回路的自保持线圈，其动作电流不应大于额定跳合闸电流的50%，线圈压降小于额定值的5%。

i）所有断路器信号检查。

6.6.4 操作箱定期检验时可结合装置的整组试验一并进行。

6.7 整组试验

6.7.1 装置在做完每一套单独保护（元件）的整定检验后，需要将同一被保护设备的所有保护装置连在一起进行整组的检查试验，以校验各装置在故障及重合闸过程中的动作情况和保护回路设计正确性及其调试质量。

6.7.2 若同一被保护设备的各套保护装置皆接于同一电流互感器二次回路，则按回路的实际接线，自电流互感器引进的第一套保护屏柜的端子排上接入试验电流、电压，以检验各套保护相互间的动作关系是否正确；如果同一被保护设备的各套保护装置分别接于不同的电流回路时，则应临时将各套保护的电流回路串联后进行整组试验。

6.7.3 新安装装置的验收检验或全部检验时，需要先进行每一套保护（指几种保护共用一组出口的保护总称）带模拟断路器（或带实际断路器或采用其他手段）的整组试验。

每一套保护传动完成后，还需模拟各种故障，用所有保护带实际断路器进行整组试验。

6.7.4 新安装装置或回路经更改后的整组试验由基建单位负责时，生产部门继电保护验收人员应参加试验，了解掌握试验情况。

6.7.5 部分检验时，只需用保护带实际断路器进行整组试验。

6.7.6 整组试验包括如下内容：

a）整组试验时应检查各保护之间的配合、装置动作行为、断路器动作行为、保护启动故障录波信号、调度自动化系统信号、中央信号、监控信息等正确无误。

b）借助于传输通道实现的纵联保护、远方跳闸等的整组试验，应与传输通道的检验一同进行。必要时，可与线路对侧的相应保护配合一起进行模拟区内、区外故障时保护动作行为的试验。

c）对装设有综合重合闸装置的线路，应检查各保护及重合闸装置间的相互动作情况与设计相符合。为减少断路器的跳合次数，试验时，应以模拟断路器代替实际的断路器。使用模拟断路器时宜从操作箱出口接入，并与装置、试验器构成闭环。

d）将装置及重合闸装置接到实际的断路器回路中，进行必要的跳、合闸试验，以检验各有关跳、合闸回路、防止断路器跳跃回路、重合闸停用回路及气（液）压闭锁等相关回路动作的正确性。检查每一相的电流、电压及断路器跳合闸回路的相别是否一致。

e）在进行整组试验时，还应检验断路器、合闸线圈的压降不小于额定值的90%。

6.7.7 对母线差动保护、失灵保护及电网安全自动装置的整组试验，可只在新建变电所投产时进行。

定期检验时允许用导通的方法证实到每一断路器接线的正确性。一般情况下，母线差动保护、失灵保护及电网安全自动装置回路设计及接线的正确性，要根据每一项检验结果（尤其是电流互感器的极性关系）及保护本身的相互动作检验结果来判断。

变电站扩建变压器、线路或回路发生变动，有条件时应利用母线差动保护、失灵保护及电网安全自动装置传动到断路器。

6.7.8 对设有可靠稳压装置的厂站直流系统，经确认稳压性能可靠后，进行整组试验时，应按额定电压进行。

6.7.9 在整组试验中着重检查如下问题：

a）各套保护间的电压、电流回路的相别及极性是否一致。

b）在同一类型的故障下，应该同时动作并发出跳闸脉冲的保护，在模拟短路故障中是否均能动作，其信号指示是否正确。

c）有两个线圈以上的直流继电器的极性连接是否正确，对于用电流启动（或保持）的回路，其动作（或保持）性能是否可靠。

d）所有相互间存在闭锁关系的回路，其性能是否与设计符合。

e）所有在运行中需要由运行值班员操作的把手及连接片的连线、名称、位置标号是否正确，在运行过程中与这些设备有关的名称、使用条件是否一致。

f）中央信号装置的动作及有关光字、音响信号指示是否正确。

g）各套保护在直流电源正常及异常状态下（自端子排处断开其中一套保护的负电源等）是否存在寄生回路。

h）断路器跳、合闸回路的可靠性，其中装设单相重合闸的线路，验证电压、电流、断路器回路相别的一致性及与断路器跳合闸回路相连的所有信号指示回路的正确性。对于有双跳闸线圈的断路器，应检查两跳闸接线的极性是否一致。

i）自动重合闸是否能确实保证按规定的方式动作并保证不发生多次重合情况。

6.7.10 整组试验结束后应在恢复接线前测量交流回路的直流电阻。工作负责人应在继电保护记录中注明哪些保护可以投入运行，哪些保护需要利用负荷电流及工作电压进行检验以后才能正式投入运行。

7 与厂站自动化系统、继电保护及故障信息管理系统的配合检验

7.1 检验前的准备

7.1.1 检验人员在与厂站自动化系统、继电保护及故障信息管理系统的配合检验前应熟悉图纸，并了解各传输量的具体定义并与厂站自动化系统、继电保护及故障信息管理系统的信息表进行核对。

7.1.2 现场应制定配合检验的传动方案。

7.1.3 定期检验时，可结合整组试验一并进行。

7.2 重点检查项目

7.2.1 对于厂站自动化系统：各种继电保护的动作信息和告警信息的回路正确性及名称的正确性。

7.2.2 对于继电保护及故障信息管理系统：各种继电保护的动作信息、告警信息、保护状态信息、录波信息及定值信息的传输正确性。

8 装置投运

8.1 投入运行前的准备工作

8.1.1 现场工作结束后，工作负责人应检查试验记录有无漏试项目，核对装置的整定值是否与定值通知单相符，试验数据、试验结论是否完整正确。盖好所有装置及辅助设备的盖子，对必要的元件采取防尘措施。

8.1.2 拆除在检验时使用的试验设备、仪表及一切连接线，清扫现场，所有被拆动的或临时接入的连接线应全部恢复正常，所有信号装置应全部复归。

8.1.3 清除试验过程中微机装置及故障录波器产生的故障报告、告警记录等所有报告。

8.1.4 填写继电保护工作记录，将主要检验项目和传动步骤、整组试验结果及结论、定值通知单执行情况详细记载于内，对变动部分及设备缺陷、运行注意事项应加以说明，并修改运行人员所保存的有关图纸资料。向运行负责人交代检验结果，并写明该装置是否可以投入运行。最后办理工作票结束手续。

8.1.5 运行人员在将装置投入前，必须根据信号灯指示或者用高内阻电压表以一端对地测端子电压的方法检查并证实被检验的继电保护及安全自动装置确实未给出跳闸或合闸脉冲，才允许将装置的连接片接到投入的位置。

8.1.6 检验人员应在规定期间内提出书面报告，主管部门技术负责人应详细审核，如发现不妥且足以危害保护安全运行时，应根据具体情况采取必要的措施。

8.2 用一次电流及工作电压的检验

8.2.1 对新安装的装置，各有关部门需分别完成下列各项工作后，才允许进行本章所列的试验工作：

a）符合实际情况的图纸与装置的技术说明及现场使用说明。

b）运行中需由运行值班员操作的连接片、电源开关、操作把手等的名称、用途、操作方法等应在现场使用说明中详细注明。

8.2.2 对新安装的或设备回路有较大变动的装置，在投入运行以前，必须用一次电流及工作电压加以检验和判定：

a）对接入电流、电压的相互相位、极性有严格要求的装置（如带方向的电流保护、距离保护等），其相别、相位关系以及所保护的方向是否正确。

b）电流差动保护（母线、发电机、变压器的差动保护、线路纵联差动保护及横差保护等）接到保护回路中的各组电流回路的相对极性关系及变比是否正确。

c）利用相序滤过器构成的保护所接入的电流（电压）的相序是否正确、滤过器的调整是否合适。

d）每组电流互感器（包括备用绕组）的接线是否正确，回路连线是否牢靠。

定期检验时，如果设备回路没有变动（未更换一次设备电缆、辅助变流器等），只需用简单的方法判明曾被拆动的二次回路接线确实恢复正常（如对差动保护测量其差电流、用电压表测量继电器电压端子上的电压等）即可。

8.2.3 用一次电流与工作电压检验，一般需要进行如下项目：

a）测量电压、电流的幅值及相位关系。

b）对使用电压互感器三次电压或零序电流互感器电流的装置，应利用一次电流与工作电压向装置中的相应元件通入模拟的故障量或改变被检查元件的试验接线方式，以判明装置接线的正确性。

由于整组试验中已判明同一回路中各保护元件间的相位关系是正确的，因此该项检验在同一回路中只须选取其中一个元件进行检验即可。

c）测量电流差动保护各组电流互感器的相位及差动回路中的差电流（或差电压），以判明差动回路接线的正确性及电流变比补偿回路的正确性。所有差动保护（母线、变压器、发电机的纵、横差等）在投入运行前，除测定相回路和差回路外，还必须测量各中性线的不平衡电流、电压，以保证装置和二次回路接线的正确性。

d）检查相序滤过器不平衡输出的数值，应满足装置的技术条件。

e）对高频相差保护、导引线保护，须进行所在线路两侧电流电压相别、相位一致性的检验。

f）对导引线保护，须以一次负荷电流判定导引线极性连接的正确性。

8.2.4　对变压器差动保护，需要用在全电压下投入变压器的方法检验保护能否躲开励磁涌流的影响。

8.2.5　对发电机差动保护，应在发电机投入前进行的短路试验过程中，测量差动回路的差电流，以判明电流回路极性的正确性。

8.2.6　对零序方向元件的电流及电压回路连接正确性的检验要求和方法，应由专门的检验规程规定。

对使用非自产零序电压、电流的并联高压电抗器保护、变压器中性点保护等，在正常运行条件下无法利用一次电流、电压测试时，应与调度部门协调，创造条件进行利用工作电压检查电压二次回路，利用负荷电流检查电流二次回路接线的正确性。

8.2.7　装置未经本章所述的检验，不能正式投入运行。对于新安装变压器，在变压器充电前，应将其差动保护投入使用。在一次设备运行正常且带负荷之后，再由试验人员利用负荷电流检查差动回路的正确性。

8.2.8　对用一次电流及工作电压进行的检验结果，必须按当时的负荷情况加以分析，拟订预期的检验结果，凡所得结果与预期的不一致时，应进行认真细致的分析，查找确实原因，不允许随意改动保护回路的接线。

8.2.9　纵联保护需要在线路带电运行情况下检验载波通道的衰减及通道裕量，以测定载波通道运行的可靠性。

8.2.10　建议使用钳形电流表检查流过保护二次电缆屏蔽层的电流，以确定 $100mm^2$ 铜排是否有效起到抗干扰的作用，当检测不到电流时，应检查屏蔽层是否良好接地。

注：抗干扰措施是保障微机保护安全运行的一个重要环节，在设备投运或是服役前应认真检查。

附　录　1-A

（资料性附录）

各种功能继电器的全部、部分检验项目

A.1　极化继电器的检验

A.1.1　对极化继电器，其全部检验项目如下：

a）测定线圈电阻，其值与标准值相差不大于10%。

b）用500V兆欧表测定继电器动作前及动作后触点对铁芯的绝缘。

c）动作电流与返回电流的检验，其新安装装置的验收检验分别用外接的直流电源及实际回路中的整流输出电源进行，定期检验可只在实际回路中进行测量，或以整组动作值（例如包括负序滤过器的电流）代替。

继电器的动作安匝及返回系数应符合制造厂的规定。对有多组线圈的，应分别测量每一组线圈的动作电流。

对有平衡性要求的两组线圈，应按反极性串联连接后通入电流，以检验其平衡度。

d）作外部检查，以观察触点应无烧损现象。

A.1.2　对极化继电器，其部分检验项目如下：

a）测定线圈电阻，其值与标准值相差不大于10%。

b）动作电流与返回电流的检验，定期检验可只在实际回路中进行测量，或以整组动作值（例如包括负序滤过器的电流）代替。

对有多组线圈的应分别测量每一组线圈的动作电流。

c）进行外部检查，以观察触点应无烧损现象。

A.2　机电型时间继电器的检验

A.2.1　对机电型时间继电器，其全部检验项目如下：

a）测量线圈的直流电阻。

b）动作电压与返回电压试验，其部分检验可用80%额定电压的整组试验代替。

c）最大、最小及中间刻度下的动作时间校核、时间标度误差及动作离散值应不超出技术说明规定的范围。

d）整定点的动作时间及离散值的测定，可在装置整定试验时进行。

A.2.2　对机电型时间继电器，其部分检验项目如下：

a）测量线圈的直流电阻。

b）动作电压与返回电压试验，其部分检验可用80%额定电压的整组试验代替。

c）整定点的动作时间及离散值的测定，可在装置整定试验时进行。

A.3　电流（电压）继电器的检验

A.3.1　对电流（电压）继电器，其全部检验项目如下：

a）动作标度在最大、最小、中间三个位置时的动作与返回值。

b）整定点的动作与返回值。

c）对电流继电器，通以1.05倍动作电流及保护装设处可能出现的最大短路电流检验其动作及复归的可靠性（设有限幅特性的继电器，其最大电流值可适当降低）。

d）对低电压及低电流继电器，应分别加入最高运行电压或通入最大负荷电流，检验其应无抖动现象。

e）对反时限的感应型继电器，应录取最小标度值及整定值时的电流一时间特性曲线。定期检验只核对整定值下的特性曲线。

A. 3. 2　对电流（电压）继电器，其部分检验项目如下：

a）整定点的动作与返回值。

b）对反时限的感应型继电器，应核对整定值下的特性曲线。

A. 4　电流平衡继电器的检验

A. 4. 1　对电流平衡继电器，其全部检验项目如下：

a）制动电流、制动电压分别为零值及额定值时的动作电流及返回电流。

b）动作线圈与制动线圈的相互极性关系。

c）录取制动特性曲线时，做其中一组曲线的两、三点，以作核对。

d）按实际运行条件，模拟制动回路电流突然消失、动作回路电流成倍增大的情况下，观察继电器触点应无抖动现象。

A. 4. 2　对电流平衡继电器，其部分检验项目如下：

制动电流、制动电压分别为零值及额定值时的动作电流及返回电流。

A. 5　功率方向继电器的检验

A. 5. 1　对功率方向继电器，其全部检验项目如下：

a）检验继电器电流及电压的潜动，不允许出现动作方向的潜动，但允许存在不大的非动作方向（反向）的潜动。

b）检验继电器的动作区并校核电流、电压线圈极性标识的正确性和灵敏角，且应与技术说明书一致。

c）在最大灵敏角下或在与之相关不超过20°的情况下，测定继电器的最小动作伏安及最低动作电压。

d）测定电流、电压相位在0°、60°两点的动作伏安，校核动作特性的稳定性。部分检验时，只测定0°时的动作伏安。

e）测定2倍、4倍动作伏安下的动作时间。

f）检查在正、反方向可能出现的最大短路容量时，触点的动作情况。

A. 5. 2　对功率方向继电器，其部分检验项目如下。

a）检验继电器电流及电压的潜动，不允许出现动作方向的潜动，但允许存在不大的非动作方向（反向）的潜动。

b）检验继电器的动作区和灵敏角。

c）测定电流、电压相位在0°的动作伏安，校核动作特性的稳定性。

A. 6　对带饱和变流器的电流继电器（差动继电器）的检验

A. 6. 1　对带饱和变流器的电流继电器（差动继电器），其全部检验项目如下：

a）测量饱和变流器一、二次绕组的绝缘电阻及二次绕组对地的绝缘电阻。

b）执行元件动作电流的检验。

c）饱和变流器一次绕组的安匝与二次绕组的电压特性曲线（电流自零值到电压饱和值）。

d）校核一次绕组在各定值（抽头）下的动作安匝。

e）如设有均衡（补偿）绕组而实际又使用时，则需校核均衡绕组与工作绕组极性标号的正确性及补偿匝数的准确性。

f）测定整定匝数下的动作电流与返回电流（核对是否符合其动作安匝）及执行元件线

圈两端的动作电压。

g）对具有制动特性的继电器，检验制动与动作电流在不同相位下的制动特性。录取电流制动特性曲线时，检验两电流相位相同时特性曲线中的两、三点，以核对特性的稳定性。

h）通入4倍动作电流（安匝），检验执行元件的端子电压，其值应为动作值的1.3～1.4倍，并观察触点工作的可靠性。

i）测定2倍动作安匝时的动作时间。

A.6.2　对带饱和变流器的电流继电器（差动继电器），其部分检验项目如下：

a）测量饱和变流器一、二次绕组的绝缘电阻及二次绕组对地的绝缘电阻。

b）执行元件动作电流的检验。

c）饱和变流器一次绕组的安匝与二次绕组的电压特性曲线（电流自零值增加到绕组电压饱和为止）。

d）校核一次绕组在定值（抽头）下的动作安匝。

e）测定整定匝数下的动作电流与返回电流（核对是否符合其动作安匝）及执行元件线圈两端的动作电压。

f）通入4倍动作电流（安匝），检验执行元件的端子电压，其值应为动作值的1.3～1.4倍，并观察触点工作的可靠性。

A.7　电流方向继电器（用作母线差动保护中的电流相位比较继电器属于此类）的检验

A.7.1　对电流方向继电器（用作母线差动保护中的电流相位比较继电器属于此类），其全部检验项目如下：

a）测定继电器中各互感器各绕组间的绝缘电阻及二次绕组对地的绝缘电阻。

b）执行元件动作性能的检验。

c）分别向每一电流线圈通入可能的最大短路电流，以检查是否有潜动（允许略有非动作方向的潜动）。

d）检验继电器两个电流线圈的电流相位特性。分别在5A（1A）及可能最大的短路电流下进行，其动作范围不超过180°，此时应确定两电流线圈的相互极性。

注意检验不同动作方向的两个执行元件不应出现同时动作的区域。新安装装置检验时，尚应于动作边缘区附近突然通入、断开正反方向的最大电流，观察继电器的暂态行为。

e）在最大灵敏角下，测定当其中一个线圈通入5A（1A），另一线圈的最小动作电流，并测两倍最小动作电流时的动作时间。

f）同时通入两相位同相（或180°）的最大短路电流，检验执行元件工作的可靠性，当突然断开其中一个回路的电流时，处于非动作状态的执行元件不应出现任何抖动的现象。

A.7.2　对电流方向继电器（用作母线差动保护中的电流相位比较继电器属于此类），其部分检验项目如下：

a）测定继电器中各互感器各绕组间的绝缘电阻及二次绕组对地的绝缘电阻。

b）检验继电器整组动作值。

c）在最大灵敏角下，测定当其中一个线圈通入5A（1A），另一线圈的最小动作电流，并测两倍最小动作电流时的动作时间。

A.8　方向阻抗继电器的检验

A.8.1　对方向阻抗继电器，其全部检验项目如下：

a）测量所有隔离互感器（与二次回路没有直接的联系）二次与一次绕组及二次绕组与互感器铁芯的绝缘电阻。

b）整定变压器各抽头变比的正确性检验。

c）电抗变压器的互感阻抗（绝对值及阻抗角）的调整与检验，并录取一次电流与二次电压的特性曲线（一次匝数最多的抽头）。

检验各整定抽头互感阻抗比例关系的正确性。

d）执行元件的检验。

e）极化回路调谐元件的检验与调整，并测定其分布电压及回路阻抗角。

f）检验电流、电压回路的潜动。

g）调整、测录最大灵敏角及其动作阻抗与返回阻抗，并以固定电压的方法检验与最大灵敏角相差60°时的动作阻抗，以判定动作阻抗圆的性能。新安装装置试验需测录每隔30°的动作阻抗圆特性。

检验接入第三相电压后对最大灵敏角及动作阻抗的影响（除特殊说明外，对阻抗元件本身的特性检验均以不接入第三相电压为准），对于定值按躲负荷阻抗整定的方向阻抗继电器，按固定90%额定电压做动作阻抗特性圆试验。

h）检验继电器在整定阻抗角下的暂态性能是否良好。

i）在整定阻抗角（整定变压器在100%位置及整定值位置）下，校核静态的最小动作电流及最小精确工作电流。

j）检验2倍精确工作电流及最大短路电流下的记忆作用及记忆时间。

k）检验2倍精确工作电流下，90%、70%、50%动作阻抗的动作时间。

l）测定整定点的动作阻抗与返回阻抗。

m）测定整定点的最小动作电压。

A.8.2　对方向阻抗继电器，其部分检验项目如下：

a）测量所有隔离互感器（与二次回路没有直接的联系）二次与一次绕组及二次绕组与互感器铁芯的绝缘电阻。

b）检验2倍精确工作电流及最大短路电流下的记忆作用及记忆时间。

c）测定整定点的动作阻抗与返回阻抗。

d）测定整定点的最小动作电压。

A.9　偏移特性的阻抗继电器的检验

A.9.1　对偏移特性的阻抗继电器，其全部检验项目如下：

a）同方向阻抗继电器A.8.1的a）～d）的检验项目。

b）测录继电器的$Z_{op}=f(\Phi)$阻抗圆特性，确定最大、最小动作阻抗，并计算其偏移度。

c）检验在最大动作阻抗值下的暂态性能是否良好。

d）在最大动作阻抗值下测定稳态的$Z_{op}=f(I)$特性，并确定最小精确工作电流。新安装装置检验分别在互感器接入匝数最多的位置及整定位置下进行，定期检验只校核整定位置的最小精确工作电流。

e）检验2倍精确工作电流下，90%、70%、50%动作阻抗的动作时间。

f）测定整定点的动作阻抗与返回阻抗。

g）测定整定点的最小动作电流。

A.9.2　对偏移特性的阻抗继电器，其部分检验项目如下：

a）测定整定点的动作阻抗与返回阻抗。

b）测定整定点的最小动作电流。

A.10 频率继电器的检验

A.10.1 对频率继电器，其全部检验项目如下：

a）调整或校验继电器内的调谐回路，并测量各元件的分布电压。

b）执行元件检验。

c）校核最大、最小、中间刻度的动作频率与返回频率。

d）对数字型继电器，检验各整定位置是否与技术说明书一致。

e）整定动作频率，并录取输入电压在0.5～1.1倍额定电压下的动作频率特性 $Z_{op}=f(U)$。

f）如继电器装设地点冬季无取暖设备或夏季无良好的通风设备，其温度变化超过继电器保证误差范围时，应在室温变化较大的时期内，复核继电器受温度变化影响的动作特性，如离散值超过规定值应采取相应的措施。

A.10.2 对频率继电器，其部分检验项目如下：

a）整定动作频率，并录取输入电压在0.5～1.1倍额定电压下的动作频率特性 $Z_{op}=f(U)$。

b）如继电器装设地点冬季无取暖设备或夏季无良好的通风设备，其温度变化超过继电器保证误差范围时，应在室温变化较大的时期内，复核继电器受温度变化影响的动作特性，如离散值超过规定值，应采取相应的措施。

A.11 三相自动重合闸继电器的检验

A.11.1 对三相自动重合闸继电器，其全部检验项目如下：

a）各直流继电器的检验。

b）充电时间的检验。

c）只进行一次重合的可靠性检验。

d）停用重合闸回路的可靠性检验。

A.11.2 对三相自动重合闸继电器，其部分检验项目如下：

a）各直流继电器的检验。

b）充电时间的检验。

c）只进行一次重合的可靠性检验。

d）停用重合闸回路的可靠性检验。

A.12 负序电流滤过器的检验

A.12.1 对负序电流滤过器，其全部检验项目如下：

a）测定电流二次回路有隔离回路的所有互感器二次绕组与一次绕组及二次绕组对铁芯的绝缘。对铁芯绝缘的测定，用1000V兆欧表进行。

b）调整滤过器内的电感、电阻或电容的数值，并利用单相电源的方法调试滤过器的平衡度，使在5A（1A）时的离散值为最小。

c）检验最大短路电流下的输出电压（电流），校核接于输出回路中的各元件是否保证可靠工作。

d）测定“滤过器—继电器”的整组动作特性，确定其动作值与返回值。

e）在被保护设备负荷电流不低于40%额定电流下，测定滤过器的不平衡输出，其值应小于执行元件的返回值。

A.12.2 对负序电流滤过器，其部分检验项目如下：

测定“滤过器一继电器”的整组动作特性，确定其动作值与返回值。

A.13　正序或负序电压滤过器的检验

A.13.1　对正序或负序电压滤过器，其全部检验项目如下：

a）调整滤过器的电容及电阻值，并用单相电源方法，调整滤过器的对称性。

b）测定“滤过器一继电器”组的整组动作特性，确定一次的动作值与返回值。

c）检验输入最大负序（正序）电压时的输出电压（电流）值，并校核回路各元件工作的可靠性。

d）在实际电压回路中测定负序滤过器的不平衡输出（正序滤过器则以反相序电压接入），以确定滤过器调整的正确性。

A.13.2　对正序或负序电压滤过器，其部分检验项目如下：

a）测定“滤过器一继电器”组的整组动作特性，确定一次的动作值与返回值。

b）在实际电压回路中测定负序滤过器的不平衡输出（正序滤过器则以反相序电压接入），以确定滤过器调整的正确性。

A.14　正序或负序电流复式滤过器的检验

A.14.1　对负序、正序电流复式滤过器（$I_1 \pm kI_2$），其全部检验项目如下：

a）测定与电流二次回路存在隔离回路的互感器的一、二次绕组及二次绕组对铁芯（地）的绝缘电阻。

b）调整、检验滤过器的电感、电阻，并以单相电源方法调整滤过器输入电流与输出电压的关系及其“k”值。测定输入电流与输出电压的关系。

c）检验滤过器一次电流（I）与输出电压（U）的相位关系，并作出$U=f(I)$的变动范围（如保护回路设计对相位有要求时），试验用单相电源，电流由零值变到最大短路电流值。

d）检验最大短路电流（两相短路时的）下的最大输出电压（设有限幅或稳压措施的，最大试验电流可适当降低），并校核输出回路各元件工作的可靠性。

e）在实际回路中，利用三相负荷电流测量滤过器的输出值，并在同一负荷电流下，将输入电流相序反接，测量其负序输出值，以所得结果校核滤过器的“k”值。若二次输出接有稳压回路，该试验应在稳压回路未工作的条件下进行。

A.14.2　对负序、正序电流复式滤过器（$I_1 \pm kI_2$），其部分检验项目如下：

a）调整、检验滤过器的电感、电阻，并以单相电源方法调整滤过器输入电流与输出电压的关系。

b）在实际回路中，利用三相负荷电流测量滤过器的输出值，并在同一负荷电流下，将输入电流相序反接，测量其负序输出值，以所得结果校核滤过器的“k”值。若二次输出接有稳压回路，该试验应在稳压回路未工作的条件下进行。

A.15　负序功率方向继电器的检验

A.15.1　对负序功率方向继电器，其全部检验项目如下：

a）负序电流、电压滤过器的检验按A.13.1、A.14.1所列的项目进行。

b）分别测定电压，电流滤过器一次输入与二次输出的相位角。

c）执行元件的检验。

d）检验整套保护一次侧负荷电压与电流的动作区，并确定其最大灵敏角。

e）在与最大灵敏角相关不大于20%的条件下，测定继电器一次侧启动伏安、返回伏安、最小动作电压及动作电流。

f）测定输入伏安与动作时间的特性，由动作伏安的1.5倍开始到动作时间稳定为止，测录特性曲线3～4点数据即可。

A.15.2 对负序功率方向继电器，其部分检验项目如下：

a）负序电流、电压滤过器的检验按A.13.2、A.14.2所列的项目进行。

b）执行元件的检验。

c）在与最大灵敏角相差不大于20°的条件下，测定继电器一次侧启动伏安、返回伏安、最小动作电压及动作电流。

A.16 静态继电器的检验

A.16.1 对静态继电器，其全部检验项目如下：

a）对于静态继电器，除需按各元件的基本检验项目进行外，尚需进行b）～f）的项目检验。

b）保护所用逆变电源及逆变回路工作正确性及可靠性的检验。

c）检查设计及制造部门提出的抗干扰措施的实施情况。

d）各指定测试点工作电位或工作电流正确性的测定。

e）各逻辑回路工作性能的检验。

f）时间元件及延时元件工作时限的测定。

A.16.2 对静态继电器，其部分检验项目如下：

a）对于静态继电器，除需按各元件的基本检验项目进行外，尚需进行b）～e）的项目检验。

b）保护所用逆变电源及逆变回路工作正确性及可靠性的检验。

c）各指定测试点工作电位或工作电流正确性的测定。

d）各逻辑回路工作性能的检验。

e）时间元件及延时元件工作时限的测定。

A.17 气体继电器的检验

对气体继电器其检验项目如下：

a）加压，试验继电器的严密性。

b）检查继电器机械情况及触点工作情况。

c）检验触点的绝缘（耐压）。

d）检查继电器对油流速的定值。

e）检查在变压器上的安装情况。

f）检查电缆接线盒的质量及防油、防潮措施的可靠性。

g）用打气筒或空气压缩器将空气打入继电器，检查其动作情况，如果有条件，亦可用按动探针的方法进行。

h）对装设于强制冷却变压器中的继电器，应检查当循环油泵启动与停止时，以及在冷却系统油管切换时所引起的油流冲击与变压器振动等各种运行工况时，继电器是否会误动作。

i）当变压器新投入、大小修或定期检查时，应由管理一次设备的运行人员检查呼吸器是否良好，阀门内是否积有空气，管道的截面有无改变。

继电保护人员应在此期间测定继电器触点间及全部引出端子对地的绝缘。

A.18 辅助变流器的检验

A.18.1 对辅助变流器，其全部检验项目如下：

a）测定绕组间及绕组对铁芯的绝缘。

b）测定绕组的极性。

c）录制工作抽头下的励磁特性曲线及短路阻抗，并验算所接入的负担在最大短路电流下是否能保证比值误差不超过5%。

d）检验额定电流下的变比。

A.18.2 对辅助变流器，其部分检验项目如下：

a）测定绕组间及绕组对铁芯的绝缘。

b）录制工作抽头下的励磁特性曲线及短路阻抗。

c）检验工作抽头在额定电流下的变比。

A.19 导引线继电器的检验

A.19.1 对导引线继电器，其全部检验项目如下：

a）综合变流器或电流滤过器及隔离（或绝缘）变压器接线正确性的检验。

b）绝缘试验：

1）用1000V兆欧表测量电流输入回路对地及用2500V兆欧表测量综合变流器一、二次绕组间及接导引线一侧的绕组（以后该侧均简称二次侧）对地的绝缘。

2）综合变流器及隔离变压器二次侧绕组对输入侧绕组和对铁芯的绝缘耐压试验。对用于小电流接地系统的继电器，耐压值为5000V；用于大电流接地系统的，则为15000V。当导引线输入端接有综合电抗器时，可按5000V考虑。

与二次侧直接相连接的所有设备及连接线（包括端子排，但不包括导引电缆线），一并参与耐压试验。

c）执行元件电气性能检验。

d）继电器单相及相间分别通入试验电流，在整定位置校核每一种试验情况下最灵敏的动作电流值与返回电流值，对用于小电流接地系统的继电器，则做两种相间通电试验。

e）检验继电器输入电流与二次侧输出电压的电流—电压特性，以判别回路中所有稳定（或稳流）元件（如非线性电阻等）工作是否正常。可只检查特性曲线3～4数据（包括稳压元件工作之前与稳压之后），并检查是否与原试验记录一致。

f）检验隔离变压器的变化。

g）对于制造厂要求配对出厂的继电器，需要将两侧的继电器送到同一试验地点，校验继电器所采用的稳压（或稳流）元件工作性能的一致性。

该项试验主要是考核继电器在穿越性故障时工作的安全性，一般是以继电器的电流动作特性的试验来考核。

h）根据导引电缆的实测电阻值，整定继电器内部参数。

按单电流供电的方式，模拟校验继电器在区内故障时两侧继电器的动作电流及返回电流。

定期检验只做动作值的校核。

i）在现场实际接线条件下，进行继电器的制动特性及相位特性试验，并以此判定继电器工作的安全性。

A.19.2 对导引线继电器，其部分检验项目如下：

a）继电器单相及相间通入试验电流，在整定位置校核每一种试验情况下最灵敏的动作电流值与返回电流值。对用于小电流接地系统的继电器，则做两种相间通电试验。

b）检验继电器输入电流与二次侧输出电压的电流—电压特性，以判别回路中所有稳定（或稳流）元件（如非线性电阻等）工作是否正常。可只检查特性曲线3～4点数据（包括稳压元件工作之前与稳压之后)，并检查是否与原试验记录一致。

c）根据导引电缆的实测电阻值，整定继电器内部参数。

按单电源供电的方式，模拟校验继电器在区内故障时两侧继电器的动作电流及返回电流。定期检验只做动作值的校核。

d）在现场实际接线条件下，进行继电器的制动特性及相位特性试验，并以此判定继电器工作的安全性。

附　录　1-B

(规范性附录)

各种继电保护装置的全部、部分检验项目

B.1　电磁型保护的检验

B.1.1　对电磁型保护，除需按各元件的基本检验项目进行外，尚需进行下列项目检验：

a）外观检查。

b）回路的绝缘检查（仅对停电元件）。

c）各逻辑回路、以及有配合关系的回路之间的工作性能的检验。

d）定值测定、时间元件及延时元件工作时限的测定。

e）各输出回路工作性能的检验。

f）检验各信号回路正常。

g）保护装置的整组试验及整组动作时间的测定。

B.1.2　对电磁型保护，其部分检验项目如下：

对于电磁型保护装置，除需按各元件的基本检验项目进行外，尚需进行下列项目检验。

a）外观检查。

b）回路的绝缘检查（仅对停电元件）。

c）各逻辑回路、以及有配合关系的回路之间的工作性能的检验。

d）各输出回路工作性能的检验。

e）定值测定。

f）保护装置的整组试验及整组动作时间的测定。

B.2　晶体管型、集成电路型保护的检验

对于晶体管型、集成电路型保护装置，除需按各元件的基本检验项目进行外，尚需进行下列项目检验：

a）外观检查。

b）回路的绝缘检查（仅对停电元件）。

c）保护所用逆变电源及逆变回路工作正确性及可靠性的检验。

d）检查设计及制造厂提出的抗干扰措施的实施情况。

e）检验回路中各规定测试点的工作参数。

f）各逻辑回路、以及有配合关系的回路之间工作性能的检验。

g）定值测定、时间元件及延时元件工作时限的测定。

h）各开关量输入回路工作性能的检验。

i）各输出回路工作性能的检验。

j）检验装置信号回路正常。

k）装置的整组试验。

B.3　微机型保护的检验

微机型保护的全部、部分检验项目参见表B.1。

表 B.1 微机型保护的全部、部分检验项目表

序号	检验项目	新安装	全部检验	部分检验	技术条件及检验方法	全部、部分检验项目的检验方法
1	检验前准备工作	√	√	√	5.2	5.2.1、5.2.2、5.2.4～5.2.6
2	回路检验	—	—	—	6.1、6.2	—
3	电流、电压互感器检验	√			6.1	定期检验不做
4	回路检验	√	√	√	6.2	6.2.1～6.2.3
5	二次回路绝缘检查	√	√	√	6.2.4	6.2.4
6	屏柜及装置检验	—	—	—	6.3	—
7	外观检查	√	√	√	6.3.2	6.3.2.5、6.3.2.6
8	绝缘试验	√			6.3.3	定期检验不做
9	上电检查	√	√	√	6.3.4	6.3.4
10	逆变电源检查	√	√	√	6.3.5	6.3.5.1、6.3.5.2、6.3.5.4
11	开关量输入回路检验	√	√	√	6.3.6	6.3.6.2、6.3.6.3
12	输出触点及输出信号检查	√	√	√	6.3.7	6.3.7.2、6.3.7.3
13	模数变换系统检验	√	√	√	6.3.9	6.3.9.2
14	整定值的整定及检验	√	√	√	6.4	6.4.2.2、6.4.2.3
15	纵联保护通道检验	√	√	√	6.5	6.5.1.1、6.5.1.3、6.5.2.2、6.5.4
16	操作箱检验	√	√	√	6.6	6.6.4
17	整组试验	√	√	√	6.7	6.7
18	与厂站自动化系统、继电保护及故障信息管理系统配合检验	√	√	√	7	7.1.3
19	装置投运	√	√	√	8	8.1

B.4 继电保护专用电力线载波收发信机的检验

B.4.1 对继电保护专用电力线载波专用收发信机，其全部检验项目如下：

a）外回路绝缘电阻测定。

b）外观检查。

c）附属仪表和其他指示信号的校验。

d）检验回路中各规定测试点的工作参数。

e）检验机内各调谐槽路调谐频率的正确性。

f）测试发信振荡频率。

g）发信输出功率及输出波形的检测。

h）检验通道监测回路工作应正常。

i）收信机收信灵敏度的检测，可与高频通道的检测同时进行。

j）对用于相差高频保护的发信机要检验其完全操作的最低电压值，高频方波信号的宽度及各级方波的形状无畸变现象。

k）检验发信、收信回路应不存在寄生振荡。

l）检验发信输出在不发信时的残压应符合规定。

B.4.2 对继电保护专用电力线载波专用收发信机，其部分检验项目如下：

a）外回路绝缘电阻测定。

b）外观检查。

c）测试发信工作频率的正确性。

d）收发信机发信电平、收信电平及灵敏启动电平的测定。

e）检验通道监测回路工作应正常。

f）收信机收信灵敏度的检测，可与高频通道的检测同时进行。

B.5 保护专用光纤接口装置的检验

B.5.1 对保护专用光纤接口装置，其全部检验项目如下：

a）附属仪表和其他指示信号的检验及外观检查。

b）装置继电器输出触点、装置接地及其电源检查。

c）模拟光纤通道的各种工况，检验机内各输出触点的动作情况。

d）检验通道监测回路和告警回路。

B.5.2 对保护专用光纤接口装置，其部分检验项目如下：

a）外观检查。

b）装置继电器输出触点、装置接地及其电源检查。

c）检验通道监测回路和告警回路。

附　录　1-C

（规范性附录）

各种电网安全自动装置的全部、部分检验项目

C.1　微机型区域安全稳定控制系统（装置）检验项目

C.1.1　区域安全稳定控制系统（装置）全部检验检项目：

a）外观检查。

b）交流回路的绝缘检查（仅对停电元件）。

c）上电检查（时钟、保护程序的版本号、校验码等程序正确性及控制策略表逻辑、功能的检查）。

d）逆变电源工作正确性及可靠性的检验。

e）检查设计及制造部门提出的抗干扰措施的实施情况。

f）数据采集回路正确性、准确性的测定。

g）各开出、开入回路工作性能的检验。

h）检验各信号回路正常。

i）外部通信通道及回路检查，命令传输正确性和可靠性检查。

j）装置整组试验（允许用导通方法分别证实到每个断路器接线的正确性）。

k）远传信息及远方控制功能联合试验。

l）核对定值、检查控制策略。

C.1.2　区域安全稳定控制系统（装置）部分检验项目：

a）外观检查。

b）交流回路的绝缘检查（仅对停电元件）。

c）上电检查（时钟、保护程序的版本号、校验码等程序正确性及控制策略表逻辑、功能的检查）。

d）逆变电源工作正确性及可靠性的检验。

e）数据采集回路正确性、准确性的测定。

f）外部通信通道及回路检查。

g）装置整组试验（允许用导通方法分别证实到每个断路器接线的正确性）。

h）核对定值、检查控制策略。

C.2　微机型失步（振荡）解列、过频切机（解列）、低频切负荷（解列）、低压切负荷（解列）及备用电源自动投入装置检验项目

C.2.1　微机型失步（振荡）解列、过频切机（解列）、低频切负荷（解列）、低压切负荷（解列）及备用电源自动投入装置全部检验项目：

a）外观检查。

b）交流回路的绝缘检查（仅对停电元件）。

c）上电检查（时钟、保护程序的版本号、校验码等程序正确性及完整性的检查）。

d）逆变电源工作正确性及可靠性的检验。

e）检查设计及制造部门提出的抗干扰措施的实施情况。

f）数据采集回路正确性、准确性的测定。

g）各开出、开入回路工作性能的检验。

h）检验各信号回路正常。

i）装置整组动作时间的测定。

j）装置整组试验（允许用导通方法分别证实到每个断路器接线的正确性）。

k）核对定值。

C.2.2　微机型失步（振荡）解列、过频切机（解列）、低频切负荷（解列）、低压切负荷（解列）及备用电源自动投入装置部分检验项目：

a）外观检查。

b）交流回路的绝缘检查（仅对停电元件）。

c）上电检查（时钟、保护程序的版本号、校验码等程序正确性及完整性的检查）。

d）逆变电源工作正确性及可靠性的检验。

e）数据采集回路正确性、准确性的测定。

f）装置整组试验（允许用导通方法分别证实到每个断路器接线的正确性）。

g）核对定值。

附 录 1-D

(规范性附录)

厂站自动化系统、继电保护及故障信息管理系统的全部、部分检验项目

D.1 厂站自动化系统中的各种测量、控制装置的检验项目

D.1.1 对厂站自动化系统中的各种测量、控制装置，其全部检验项目如下：

a) 外观检查。

b) 交流回路的绝缘检查（仅对停电元件）。

c) 上电检查（时钟、保护程序的版本号、校验码等程序正确性及完整性的检查）。

d) 所用稳压电源及稳压回路工作正确性及可靠性的检验。

e) 检查设计及制造部门提出的抗干扰措施的实施情况。

f) 数据采集回路各采样值、计算值正确性的测定。

g) 各开入、开出回路工作性能的检验。

h) 各逻辑回路（手合、同期）工作性能的检验。

i) 时间元件及延时元件工作时限的确定。

j) 装置网络地址及设置的检查。

k) 至监控系统和调度自动化系统的通信和网络功能的检验。

l) 各种告警信号的完好性。

D.1.2 厂站自动化系统中的各种测量、控制装置，其部分检验项目如下：

a) 外观检查。

b) 交流回路的绝缘检查（仅对停电元件）。

c) 所用稳压电源及稳压回路工作正确性及可靠性的检验。

d) 上电检查（时钟、保护程序的版本号、校验码等程序正确性及完整性的检查）。

e) 数据采集回路各采样值、计算值正确性的测定。

f) 各开入、开出回路工作性能的检验。

g) 各逻辑回路（手合、同期）工作性能的检验。

h) 时间元件及延时元件工作时限的测定。

i) 装置网络地址及设置的检查。

j) 至监控系统和调度自动化系统的通信和网络功能的检验。

k) 各种告警信号的完好性。

D.2 厂站自动化系统的监控后台的检验

D.2.1 对厂站自动化系统的监控后台，其全部检验项目如下：

a) 所用稳压电源和不间断电源工作正确性及可靠性的检验。

b) 所用计算机及其外围设备的工作正确性及可靠性的检验。

c) 检查设计及制造部门提出的抗干扰措施的实施情况。

d) 监控软件的版本号、校验码等程序正确性及完整性的检验。

e) 监控系统后台机与系统中各测量、控制、保护装置的通信和网络功能的检验。

f) 监控系统数据库的正确性及完备性的检查。

g) 各种数字、模拟信号及其计算值的正确性及完备性的检查。

h) 监控系统实时监控程序各种功能（遥控操作、防误闭锁、权限设置、信号复归等）

的正确性及完备性的检查。

i）各种实时监控信息的分类、合并及重要程度排序的正确性及完备性检查。

j）监控系统其他各子系统（报表、趋势分析等）的正确性及完备性检查。

k）监控系统与调度自动化系统的通信和网络功能的检验。

l）监控系统上送调度自动化系统的信息内容的正确性及完备性检查。

m）监控系统各种告警信号的完好性。

n）对监控系统的系统备份和数据备份检查。

D.2.2 对厂站自动化系统的监控后台，其部分检验项目如下：

a）监控软件的版本号、校验码等程序正确性及完整性的检验。

b）监控系统后台机与系统中各测量、控制、保护装置的通信和网络功能的检验。

c）监控系统数据库的正确性及完备性的检查。

d）各种数字、模拟信号及其计算值的正确性及完备性的检查。

e）监控系统实时监控程序各种功能（遥控操作、防误闭锁、权限设置、信号复归等）的正确性及完备性的检查。

f）监控系统与调度自动化系统的通信和网络功能的检验。

g）监控系统各种告警信号的完好性。

h）对监控系统的系统备份和数据备份检查。

D.3 继电保护及故障信息管理系统的检验

D.3.1 对于继电保护及故障信息管理系统，其全部检验项目如下：

a）所用稳压电源和不间断电源工作正确性及可靠性的检验。

b）所用计算机及其外围设备的工作正确性及可靠性的检验。

c）检查设计及制造部门提出的抗干扰措施的实施情况。

d）继电保护及故障信息管理系统软件的版本号、校验码等程序正确性及完整性的检验。

e）继电保护及故障信息管理系统与系统中各保护装置的通信和网络功能的检验。

f）继电保护及故障信息管理系统数据库的正确性及完备性的检查。

g）各种保护信息的分类、合并及重要程度排序的正确性及完备性检查。

h）继电保护及故障信息管理系统其他各子系统（定值检查、录波分析等）的正确性及完备性检查。

i）继电保护及故障信息管理系统与厂站自动化系统、调度自动化系统或管理信息系统的通信和网络功能的检验。

j）继电保护及故障信息管理系统上送厂站自动化系统、调度自动化系统或管理信息系统的信息内容的正确性及完备性检查。

k）系统备份和数据备份。

D.3.2 对于继电保护及故障信息管理系统，其部分检验项目如下：

a）系统软件的版本号、校验码等程序正确性及完整性的检验。

b）继电保护及故障信息管理系统与系统中各保护装置的通信和网络功能的检验。

c）各种继电保护及故障信息管理系统数据库的正确性及完备性的检查。

d）继电保护及故障信息管理系统其他各子系统（定值检查、录波分析等）的正确性及完备性检查。

e）继电保护及故障信息管理系统与厂站自动化系统、调度自动化系统或管理信息系统的通信和网络功能的检验。

f）对保护信息采集系统的系统备份和数据备份。

附录 2　防止电气误操作装置管理规定

第一章　总　则

第一条　为了加强防止电气误操作装置（以下简称防误装置）的管理，做好防误装置的选型、安装、验收、运行、维护和检修等工作，使其在电力安全生产中更好地发挥作用。根据《电业安全工作规程》（发电厂和变电所电气部分）、《防止电力生产重大事故的二十五项重点要求》等有关规程规定，制定本规定。

第二条　防误装置是防止工作人员发生电气误操作的有效技术措施。

本规定所指的防误装置包括：微机防误、电气闭锁、电磁闭锁、机械联锁、机械程序锁，机械锁、带电显示装置等。

第三条　本规定适用于国家电网公司系统的变电站、换流站、发电厂（公司）等防误装置的管理。

第四条　各区域、省（区. 市）公司及直（代）管的供电公司（局），发电厂（公司）应按照本规定，结合运行规程、反事故措施及现场实际情况，制定相应的管理办法或实施细则。

第五条　防误装置实行统一管理、分级负责的原则，管理工作归口于国家电网公司生产运营部，技术工作归口于中国电力科学研究院，日常管理工作和运行维护工作由各区域，省（区、市）电网公司及直（代）管的供电公司（局）、发电厂（公司）分级实施，并配备防误装置专责人员。

第六条　各供电公司（局）、发电厂（公司）应定期对管辖范围内的防误装置进行试验、检查、维护，检修，以确保装置的正常运行。对新建或更新改造的电气设备，防误装置必须同步设计、同步施工、同步投运。

第七条　各级负责防误装置管理工作的领导以及有关专业人员均应熟悉本规定，并在选用、安装、验收，运行、维护和检修等工作中贯彻执行。

第二章　责任制

第八条　国家电网公司负责防误装置的管理规定，重大技术措施和反事故措施的制定和修订。每两年组织召开一次专业会议。

第九条　防误装置技术标准根据技术发展和用户技术需求，每三至五年修订一次；防误操作年度技术报告由中国电力科学研究院负责编写。

第十条　各区域、省（区，市）电网公司负责防误装置的管理工作。

1. 制定防误装置的管理办法、技术措施和年度工作计划并定期检查防误计划落实情况。

2. 省（区、市）电网公司每年二月底向区域电网公司上报上年度的专业工作总结（附统计报表），同时报国家电网公司，抄中国电力科学研究院；区域电网公司汇总后于三月底前报国家电网公司，抄中国电力科学研究院。

3. 定期召开防误装置专业会议。

4. 审定直（代）管单位的防误装置技术方案及年度工作计划。

5. 加电气误操作事故的调查分析，制定反事故措施。

6. 负责所辖单位的防误装置技术监督、信息反馈和经验交流。

第十一条　各供电公司（局），发电厂（公司）负责防误装置的日常运行、维护和检修

工作。

1. 制订防误装置管理规定的实施细则。

2. 每年一月底前上报上年度防误工作总结、防止电气误操作装置及相关电气误操作统计表及本年度工作计划。

3. 将防误装置的反措和技改项目纳入各单位的反事故技术措施计划或安全技术劳动保护措施计划。

4. 组织防误装置的技术培训。

5. 制定运行、巡视、验收、维护、检修、台账、备品名件管理等规章制度。

6. 参加新建、扩建、改建的变电、发电工程中有关防误装置选型、设计审查。投运前验收工作。

第三章 运行管理

第十二条 防误装置正常情况下严禁解锁或退出运行。防误装置的解锁工具（钥匙）或备用解锁工具（钥匙）必须有专门的保管和使用制度。

第十三条 电气操作时防误装置发生异常，应立即停止操作，及时报告运行值班负责人，在确认操作无误，经变电站负责人或发电厂当班值长同意后，方可进行解锁操作，并做好记录。

第十四条 当防误装置确因故障处理和检修工作需要，必须使用解锁工具（钥匙）时，需经变电站负责人或发电厂当班值长同意，做好相应的安全措施，在专人监护下使用，并做好记录。

第十五条 在危及人身，电网、设备安全且确需解锁的紧急情况下，经变电站负责人或发电厂当班值长同意后，可以对断路器进行解锁操作。

第十六条 防误装置整体停用应经本单位总工程师批准，才能退出，并报有关主管部门备案。同时，要采取相应的防止电气误操作的有效措施，并加强操作监护。

第十七条 运行值班人员（或操作人员）及检修维护人员应熟悉防误装置的管理规定和实施细则，做到“三懂二会”（懂防误装置的原理、性能、结构；会操作、维护）。新上岗的运行人员应进行使用防误装置的培训。

第十八条 防误装置的管理应纳入厂站的现场规程，明确技术要求，运行巡视内容等，并定期维护。

第十九条 防误装置的检修工作应与主设备的检修项目协调配合，定期检查防误装置的运行情况，并做好检查记录。

第二十条 防误装置的缺陷定性应与主设备的缺陷管理相同。

第四章 防误装置的技术原则和使用原则

第二十一条 防误装置应实现以下功能（简称“五防”）：

1. 防止误分、误合开关；

2. 防止带负荷拉、合隔离刀闸；

3. 防止带电挂（合）接地线（接地刀闸）；

4. 防止带接地线（接地刀闸）合开关（隔离刀闸）；

5. 防止误入带电间隔。

凡有可能引起以上事故的一次电气设备，均应装设防误装置。

第二十二条　选用防误装置的原则：

1. 防误装置的结构应简单、可靠，操作维护方便，尽可能不增加正常操作和事故处理的复杂性。

2. 电磁锁应采用间隙式原理，锁栓能自动复位。

3. 成套高压开关设备，应具有机械联锁或电气闭锁。

4. 防误装置应有专用的解锁工具（钥匙）。

5. 防误装置应满足所配设备的操作要求，并与所配用设备的操作位置相对应。

6. 防误装置应不影响开关、隔离刀闸等设备的主要技术性能（如合闸时间、分闸时间、速度、操作传动方向角度等）。

7. 防误装置所用的直流电源应与继电保护，控制回路的电源分开，使用的交流电源应是不间断供电系统。

8. 防误装置应做到防尘、防蚀、不卡涩、防干扰、防异物开启。户外的防误装置还应防水、耐低温。

9. “五防”功能中除防止误分、误合开关可采用提示性方式，其余“四防”必须采用强制性方式。

10. 变、配电装置改造加装防误装置时，应优先采用电气闭锁方式或微机“五防”。

11. 对使用常规闭锁技术无法满足防误要求的设备（或场合），宜加装带电显示装置达到防误要求。

12. 采用计算机监控系统时，远方、就地操作均应具备电气“五防”闭锁功能。若具有前置机操作功能的，亦应具备上述闭锁功能。

13. 开关和隔离刀闸电气闭锁回路严禁用重动继电器，凡直接用开关和隔离刀闸的辅助接点。

14. 防误装置应选用符合产品标准、并经国家电网公司或区域、省（区、市）电网公司鉴定的产品。已通过鉴定的防误装置，必须经运行考核，取得运行经验后方可推广使用。

第二十三条　新型防误装置的试用应经国家电网公司或区域、省（区、市）电网公司同意。

第二十四条　新建的变电站、发电厂（110kV 及以上电气设备）防误装置应优先采用单元电气闭锁回路加微机（“五防”的方案；变电站，发电厂采用计算机监控系统时，计算机监控系统中应具有防误闭锁功能；无人值班变电站采用在集控站配置中央监控防误闭锁系统时，应实现对受控站的远方防误操作。对上述三种防误闭锁设施，应做到：

1. 对防误装置主机中一次电气设备的有关信息做好备份当信息变更时，要及时更新备份，信息备份应存储在磁带、磁盘或光盘等外介质上，满足当防误装置主机发生故障时的恢复要求。

2. 制定防误装置主机数据库、口令权限管理办法。

3. 防误装置主机不能和办公自动化系统合用，严禁与因特网互联，网络安全要求等同于电网二次系统实时控制系统。

4. 对微机防误闭锁装置：现场操作通过电脑钥匙实现，操作完毕后，要将电脑钥匙中当前状态信息返回给防误装置主机进行状态更新，以确保防误装置主机与现场设备状态的一致性。

5. 对计算机监控系统的防误闭锁功能：应具有所有设备的防误操作规则，并充分应用监控系统中电气设备的闭锁功能实现防误闭锁。

6.对中央监控防误闭锁系统：要实现对受控站电气设备设置信号.电控锁的锁销位置信号以及其他辅助接点信号的实时采集，实现防误装置主机与现场设备状态的一致性，当这些信号故障时应发出告警信息，中央监控防误闭锁系统能实现远程解锁功能。

第二十五条　新建的变、发电（包括输、变电）工程中采用防误装置必须符合本规定第二十二条、第二十三条和第二十四条的要求。“五防”实施方案，应经运行主管部门审查并同意。

第二十六条　远方操作无人值班的受控变电站，应具备完善的闭锁功能，集控站通过该功能进行操作。

参考文献

[1] 赵福纪.电力系统继电保护与自动装置［M］.北京：中国电力出版社，2020.

[2] 周长锁，史德明.电力系统继电保护［M］.北京：化学工业出版社，2020.

[3] 高春如.大型发电机组继电保护整定计算与运行技术［M］.北京：中国电力出版社，2020.

[4] 李玮.继电保护及自动装置运行与调试［M］.北京：中国电力出版社，2020.

[5] 李玮.继电保护原理与运行分析［M］.北京：中国电力出版社，2020.

[6] 郑玉平.电网继电保护技术与应用［M］.北京：中国电力出版社，2019.

[7] 国网浙江省电力有限公司温州供电公司.变电站继电保护智能运维技术［M］.北京：中国电力出版社，2019.

[8] 国家电力调度中心.电力系统继电保护实用技术问答［M］.北京：中国电力出版社，2018.

[9] 许建安，路文梅.电力系统继电保护技术［M］.北京：机械工业出版社，2018.

[10] 柏吉宽，段新辉.继电保护二次回路试验［M］.北京：中国电力出版社，2015.

[11] 陈根永.电力系统继电保护整定计算原理与算例［M］.北京：化学工业出版社，2013.

[12] 许建安，连晶晶.继电保护技术［M］.北京：中国水利水电出版社，2004.

[13] GB/T 15145—2001 微机线路保护装置通用技术条件.

[14] GB/T 15147—2001 电力系统安全自动装置设计技术规定.

[15] DL/T 478—2001 静态继电保护及安全自动装置通用技术条件.

[16] DL/T 769—2001 电力系统微机继电保护技术导则.